Automobiltechnische Bibliothek, Bd. VII.

Bobeth, Die Leistungsverluste und die Abfederung von Kraftfahrzeugen.

Automobiltechnische Bibliothek

Die Automobiltechnik in Einzeldarstellungen

Bd. I. Der Automobilmotor und seine Konstruktion von W. Pfitzner und R. Urtel, Dipl.-Ingenieure.

Bd. II. Der Automobilzug des Colonel Charles Renard von W. A. Th. Müller, Oberingenieur.

Bd. III. Automobilvergaser von Heinrich Dechamps, Dipl.-Ingenieur.

Bd. IV. Die Kugellagerungen von Aug. Bauschlicher, Ingenieur.

Bd. V. Der Konstruktionsstahl und seine Mikrostruktur von A. Haenig, Ingenieur.

Bd. VI. Das Fahrgestell von Gaskraftwagen von Prof. Dr.-Ing. R. Lutz. 2 Teile.

Berlin W.
Verlag von M. Krayn

Die Leistungsverluste und die Abfederung

von Kraftfahrzeugen

Von

Dr.-Ing. Erich Bobeth

Mit 146 Abbildungen

Berlin W.
Verlag von M. Krayn
1913

Rosenthal & Co., Berlin NW., Alt Moabit 105.

Inhaltsverzeichnis

Vorwort.

Zahlreiche wissenschaftliche Untersuchungen sind durchgeführt worden, um den Einblick in den Arbeitsvorgang der Antriebsmaschinen von Kraftfahrzeugen zu vertiefen. Nur sehr vereinzelt dagegen hat sich die technische Forschung mit der Aufgabe befaßt, zu ermitteln, in welcher Weise die Hauptteile der Fahrgestelle von Kraftfahrzeugen, das sind die Teile der Kraftübertragung und der Abfederung, beim Lauf des Fahrzeuges auf seiner Fahrbahn zusammenarbeiten.

Nicht dadurch, daß die Bedeutung einer guten Kraftübertragung und Abfederung unterschätzt wurde, ist diese Sachlage entstanden, sondern sie ist auf den Umstand zurückzuführen, daß die Prüfung der in Frage stehenden Arbeitsvorgänge ausgedehnte und kostspielige Versuchseinrichtungen voraussetzt. Erfordert schon die Untersuchung der Kraftübertragung infolge der notwendigen, zuverlässigen Bestimmung der Leistungsverluste genaue Meßvorrichtungen, so verlangt die experimentelle Ermittlung der Federungsvorgänge am Kraftfahrzeug komplizierte, für den besonderen Zweck ausgearbeitete Versuchsmethoden, da es sich um die Messung dynamischer Vorgänge handelt. Es ist in der Technik hinreichend bekannt, welche Schwierigkeiten sich ganz allgemein der Untersuchung dynamischer Vorgänge entgegenstellen.

Während die Automobilfabriken sich in der Hauptsache auf die Leistungsprüfung von Motoren beschränken, fällt die wissenschaftliche Forschung den Versuchsanstalten der technischen Hochschulen zu, doch sind bis heute nur einige wenige technische Hochschulen mit Prüfeinrichtungen ausgestattet, um neben umfassender Prüfung der Motoren auch betriebsfertige Kraftfahrzeuge oder deren Fahrgestelle zu untersuchen.

Die K. S. Mechanisch-Technische Versuchsanstalt an der Technischen Hochschule Dresden besitzt die älteste derartige Prüfeinrichtung Deutschlands, und die vorgenommenen zahlreichen Prüfungen haben der Industrie wichtige Fingerzeige gegeben. Durch das liebenswürdige Entgegenkommen des Schöpfers dieser Anstalt, des Herrn Geheimrat Professor H. Scheit, standen dem Verfasser für die Versuche über die Leistungsverluste und die Abfederung von Kraftfahrzeugen nicht nur diese Anlage, sondern auch die reichen Hilfsmittel zur Verfügung, die diese Anstalt zur Durchführung von Materialprüfungen besitzt. Die Jubiläumsstiftung der deutschen Industrie und die Stiftung der sächsischen Industrie an der Technischen Hochschule Dresden stellten die für die Ausführung der Versuche nötigen, nicht unbeträchtlichen Geldmittel zur Verfügung, und die Industrie unterstützte die Arbeiten durch bereitwillige Hergabe von Versuchsmaterial *). Hierdurch wurde es dem Verfasser ermöglicht, die Versuche in der nötigen Ausführlichkeit zur Durchführung zu bringen.

Der folgende Versuchsbericht enthält im ersten Abschnitt die Ergebnisse der Versuche zur Bestimmung der Leistungsverluste, im zweiten Abschnitt diejenigen über die Abfederung der Kraftfahrzeuge.

*) Der für die Versuche benutzte Kardanwagen wurde von den Protos-Automobil-Werken, Berlin, geliefert, der Kettenwagen von der Automobilfabrik E. Nacke, Coswig i. Sa.; das gesamte Reifenmaterial wurde von der Continental-Caoutchouc- u. Gutta-Percha-Compagnie, Hannover, zur Verfügung gestellt.

E. Bobeth.

Versuche über die Leistungsverluste.

Die vom Antriebsmotor eines Kraftwagens entwickelte Leistung kann nicht vollkommen zum Vortrieb des Wagens ausgenutzt werden. Es treten in den Teilen der Kraftübertragung des Fahrzeuges erhebliche Verluste auf. Nicht nur die Zahnräder des Getriebekastens und der Hinterachse, nicht nur die Gelenkwellen der Kardanwagen, die Antriebsketten der Kettenwagen verursachen Leistungsverluste, sondern es entstehen auch in der Bereifung der Wagenräder Verluste von beträchtlicher Größe.

Es bestand daher die Aufgabe, durch eingehende Versuche die Größe der Leistungsverluste unter den verschiedensten Bedingungen des Fahrbetriebes festzustellen. Die vom Motor entwickelte Leistung wurde dabei als das Gegebene betrachtet. Es erstrecken sich die Versuche nicht auf die Prüfung der Mittel, durch die die Motorenleistung hervorgebracht oder vergrößert werden kann, sondern lediglich darauf, festzustellen, welcher Teil der von der Kraftquelle gelieferten Leistung an den Wagenhinterrädern für die Überwindung von Fahrwiderständen zur Verfügung steht. Dabei ist es gleichgültig, welcher Art diese Fahrwiderstände sind; sie werden teils darin bestehen, daß Steigungen und Unebenheiten der Fahrbahn zu überwinden sind, teils darin, daß sich der Luftwiderstand dem Vortrieb des Wagens entgegengesetzt, teils darin, daß die Vorderräder mit ihrer Bereifung einen Rollwiderstand bestimmter Größe ergeben.

Für die Versuche standen ein Kardan- und ein Kettenwagenuntergestell zur Verfügung. Die Figuren 1 bis 3 lassen die Bauart des Kardanwagens erkennen, es sind jedoch nur die zur Kraftübertragung gehörigen Teile des Wagens dargestellt worden. Das Untergestell des Kardanwagens ist für einen Motor der Leistung 18/38 PS bestimmt, das Untergestell des Kettenwagens für einen Motor der Leistung 26/45 PS. Die Leistungen 18 PS und 26 PS stellen die Steuerleistungen der Wagen dar, berechnet nach der bekannten, allgemein gebräuchlichen Formel $N = 0{,}3\,i\,d^2 s$. Die Untersuchungen wurden also für große Wagentypen durchgeführt. Der Getriebekasten

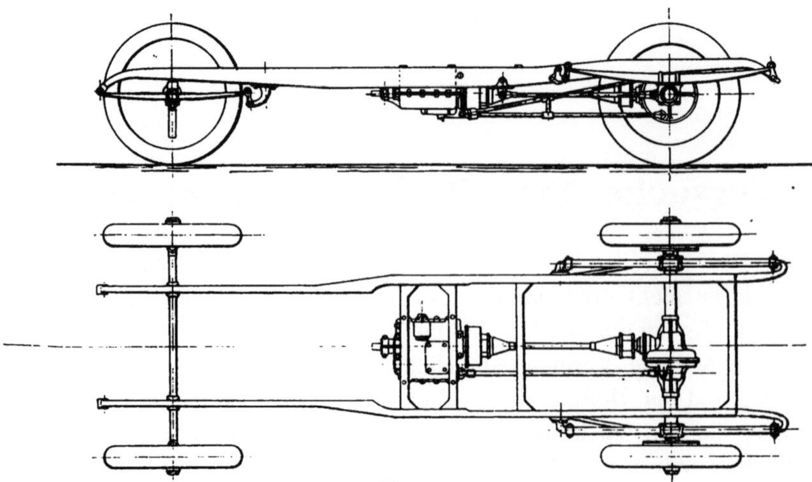

Fig. 1.

des Kardanwagens besitzt vier Geschwindigkeitsgänge für die Vorwärtsfahrt und einen Gang für die Rückwärtsfahrt, der vierte Gang für größte Geschwindigkeit in Vorwärtsfahrt ist mit direktem Eingriff ausgerüstet, die Vorlegewelle läuft für diesen Gang leer mit. Die Hauptwelle des Getriebekastens besitzt eine mittlere Lagerung, die Übersetzungsverhältnisse für den Getriebekasten sind:

1. Gang für Vorwärtsfahrt	1 : 4,60
2. „ „ „	1 : 2,82
3. „ „ „	1 : 1,63
4. „ „ „	1 : 1

Die Kardanwelle ist doppelgelenkig. Die Kegelradübersetzung in der Hinterachse beträgt 16 : 50, so daß die Übersetzung zwischen Motorwelle und Hinterradwelle beträgt:

1. Gang für Vorwärtsfahrt	1 : 14,37
2. „ „ „	1 : 8,80
3. „ „ „	1 : 5,09
4. „ „ „	1 : 3,13

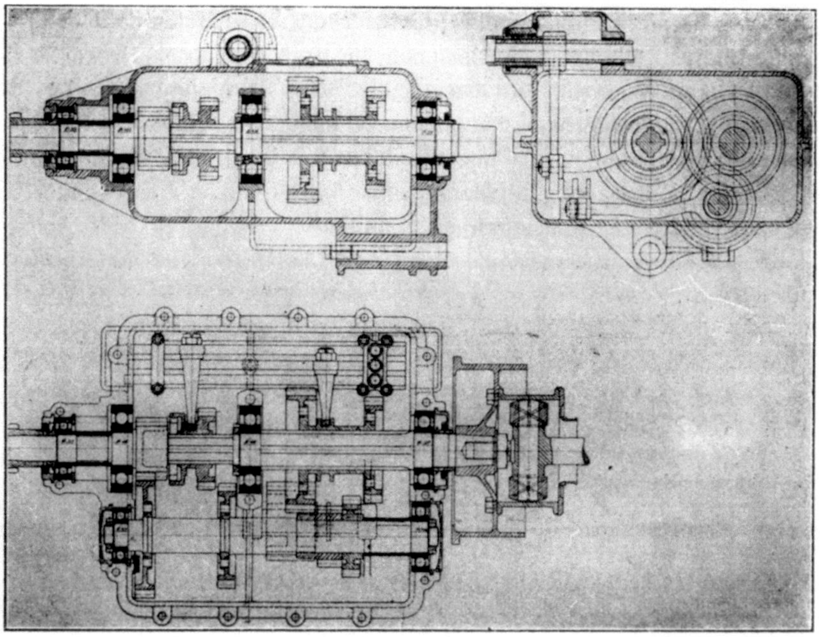

Fig. 2.

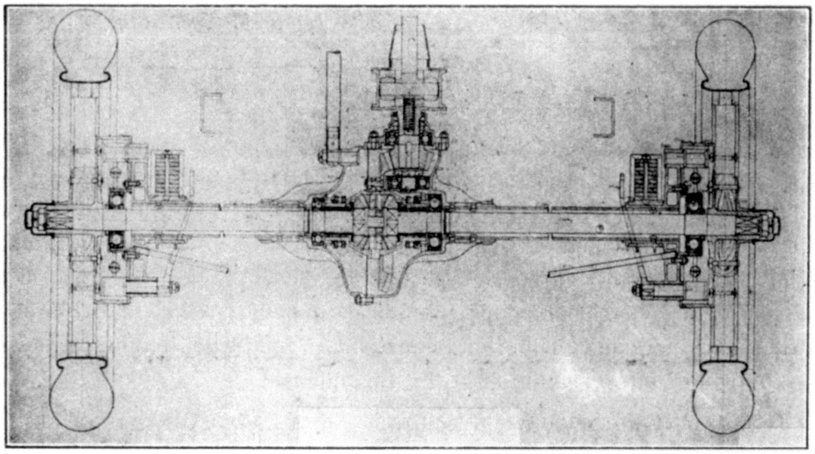

Fig. 3.

Die Hinterradachse ist zur Übertragung der Schubkräfte auf den Wagenrahmen mit zwei seitlichen Stangen angelenkt. Die Gelenke dieser Schubstangen bestehen in Bolzen, deren Drehachsen parallel zur Wagenhinterachse liegen. Zur Aufnahme des Drehmomentes der Kegelräder dient eine pendelnd am Rahmen befestigte Dreieckverstrebung. Die Federn sind an beiden Enden in Schwinglaschen an dem Rahmen angelenkt. Ihre Mitten sitzen auf besonderen Gehäusen, die die Achse umfassen und die drehbar auf der Achse angeordnet sind. Die Wagenräder sind Holzräder normaler Ausführungsart.

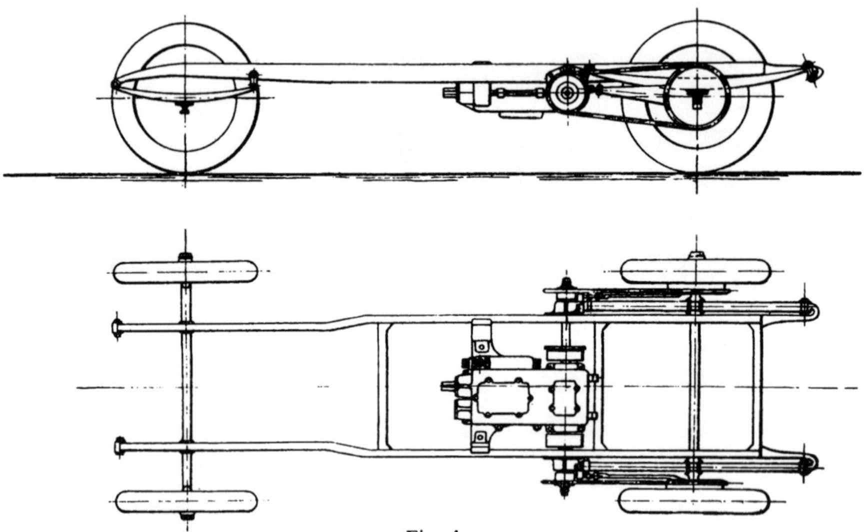

Fig. 4.

Die Figuren 4 und 5 zeigen die Bauart des Kettenwagenuntergestells. Der Getriebekasten hat ebenfalls vier Geschwindigkeitsgänge, von denen der Gang für schnellste Vorwärtsfahrt direkten Eingriff besitzt; die Vorlegewelle läuft für diesen Gang leer mit. Das Gehäuse des Getriebekastens umfaßt in üblicher Weise das Kegelräderpaar und das Differentialgetriebe. Die Übersetzungen des Kettenwagenuntergestells sind die folgenden:

1. Gang für Vorwärtsfahrt	. . . . .	1 : 12,09
2. „ „ „	. . . . .	1 : 8,52
3. „ „ „	. . . . .	1 : 5,39
4. „ „ „	. . . . .	1 : 3,17

Die Kettenspanner, die gleichzeitig die Achsenabstützung besorgen, sind an ihren vorderen Enden kugelig gelagert.

Die Messung der Leistungsverluste geschah in der Weise, daß eine Leistung bestimmter Größe vom Antriebsmotor auf die Hauptwelle des Wechselräderwerkes übertragen und sodann ermittelt wurde, welche Leistung am Umfang der Hinterradbereifung abgenommen werden konnte. Dabei war es nötig, die Verhältnisse, unter

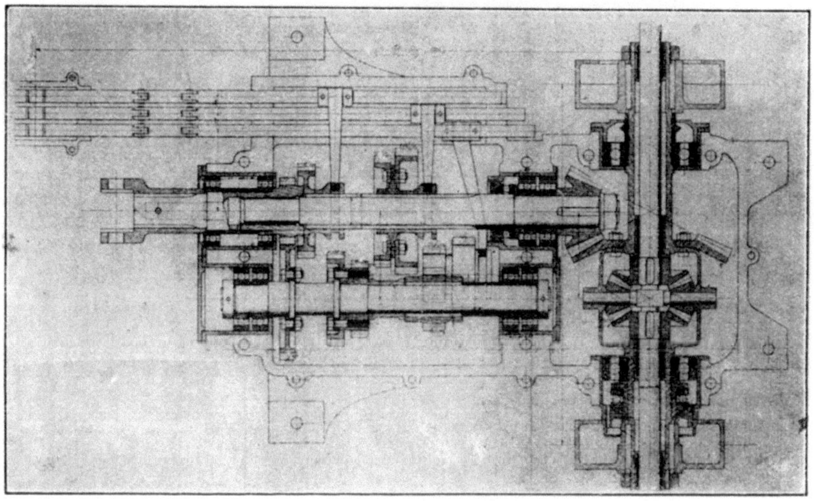

Fig. 5.

denen die Leistungsübertragung vor sich ging, dem Fahrbetriebe auf der Landstraße anzupassen.

Für eine einwandfreie Verlustbestimmung ist die genaue Messung der aufgenommenen und abgegebenen Leistungen die erste Vorbedingung. Es wurden daher nicht die Benzinmotoren der Fahrgestelle zum Antrieb benutzt, sondern sie wurden durch einen Elektromotor von gleicher Leistung und gleicher Umdrehungszahl ersetzt. Denn es besteht nicht die Möglichkeit, die Leistung eines Benzinmotors beim Arbeiten im Fahrgestell in jedem Augenblick einwandfrei festzustellen, da es keine hinreichend zuverlässigen Hilfsmittel gibt, um die Leistung des Motors zu messen, ohne bei dieser Messung die Leistung selbst zu vernichten, wie dies etwa bei Benutzung des

Fig. 6.

Pronyschen Bremszaumes geschieht. Zuverlässige Torsionsdynamometer, die hier am Platze gewesen sein würden, bestehen zurzeit noch nicht.

Die Methode, den Motor im ausgebauten Zustand auf dem Bock zu bremsen, ihn dann in das Fahrgestell einzubauen und anzunehmen, daß bei gleicher Umdrehungszahl und gleicher Einstellung der Motor im Fahrgestell unbedingt auch die gleiche Leistung entwickelt als auf dem Bock, erschien nicht hinreichend zuverlässig.

Die Messung der Leistung am Umfang der Hinterradbereifung erfolgte ebenfalls auf elektrischem Wege. Figur 6 zeigt den Kardanversuchswagen auf dem Prüfstand. Der Elektromotor *a* von 28 PS normaler Leistung und einer Umdrehungszahl von normal 1200 pro Min. übertrug seine Drehbewegung mit Hilfe der Kardanwelle *b* auf die Hauptwelle des Getriebekastens *c*. Die Räder *d* wurden angetrieben und liefen auf Holzscheiben *e*, die auf eine gemeinsame Welle *f* aufgesetzt waren. Mit den Enden dieser Welle war je eine elektrische Maschine gekuppelt; die Maschinen waren fremderregte Nebenschlußdynamomaschinen, deren Strom in einem aus 520 Glühlampen bestehenden Lampenwiderstand verbraucht wurde. Die Lampen konnten in verschiedenen Gruppen neben- und hintereinander geschaltet werden, so daß hierdurch und in Verbindung mit der Regulierbarkeit der Fremderregung die Belastung der Dynamomaschinen in weiten Grenzen und in feiner Abstufung geregelt werden konnte.

Da der Wirkungsgrad des Antriebsmotors und der Bremswelle mit den Dynamomaschinen bekannt war und fortlaufend nachgeprüft wurde, war es möglich, die Größe der in der gesamten Kraftübertragung auftretenden Verluste in jedem einzelnen Betriebszustande zu ermitteln.

Um jedoch beurteilen zu können, welcher Teil der Gesamtverluste auf die Bereifung entfällt, wurden die Verluste, die in der Kraftübertragung ausschließlich der Bereifung, d. h. in dem mechanischen Triebwerk des Kraftfahrzeuges, auftreten, gesondert bestimmt. Diese Verluste seien als Triebwerksverluste bezeichnet im Gegensatz zu den Verlusten in der gesamten Kraftübertragung. Die Versuchsanordnung ist durch die Figur 7 veranschaulicht. Der Elektromotor *a* ist wiederum gelenkig mit der Hauptwelle des Getriebekastens verbunden und treibt die Wellen der Kraftübertragung an. Von den Felgen der Hinterräder wurden die Reifen abgenommen und an ihre Stelle 300 mm breite Holzriemenscheiben aufgesetzt, durch die mittels eines Riementriebes zwei Dynamomaschinen *b* und *c* angetrieben wurden. Es sind die gleichen Dynamomaschinen, die bei der

Fig. 7.

vorherbeschriebenen Prüfungsanordnung mit den Enden der Bremswelle verbunden waren. Aus den Leistungen des Antriebsmotors und der Dynamomaschinen konnten die im Triebwerk des Untergestells auftretenden Leistungsverluste einwandfrei ermittelt werden. Die Anordnung des Riemenzuges war so gewählt, daß die gleichen Lagerdrücke in der Kraftübertragung entstanden wie bei der Fahrt des Wagens auf der Straße.

Die Versuchsdurchführung geschah in der Weise, daß bei normaler Umdrehungszahl des Motors von 1200 pro Min. die einzelnen Gänge des Wechselräderwerkes eingeschaltet wurden. Die vom Antriebsmotor auf die Hauptwelle des Getriebekastens übertragene Leistung wurde dabei von kleinsten Werten beginnend bis auf die Volleistung des Motors gesteigert, um die Abhängigkeit des Wirkungsgrades von der Größe der übertragenen Leistung zu ermitteln. Diese Art der Versuchsführung ist die zweckmäßigste und entspricht am besten dem praktischen Fahrbetrieb. Denn es wird, gleiche Verhältnisse in der Kraftübertragung vorausgesetzt, von der Bodenbeschaffenheit, von den Neigungsverhältnissen der Fahrbahn, von dem Winddruck und anderen äußeren, vom Fahrer weder vorauszusehenden noch zu beeinflussenden Umständen abhängen, ob für den Vortrieb des Kraftwagens mit bestimmter Geschwindigkeit vom Antriebsmotor eine große oder eine kleine Leistung hervorgebracht werden muß. Von besonderer Wichtigkeit sind dabei für jede Fahrgeschwindigkeit diejenigen Werte für den Wirkungsgrad, die sich bei Volleistung des Motors ergeben. Denn wenn der Antriebsmotor voll beansprucht wird, ist eine gute Ausnutzung der Motorleistung vor allem erforderlich. Zu der Volleistung eines Benzinmotors gehört aber eine Umdrehungszahl, die von der normalen nur wenig verschieden ist. Es war also zweckmäßig, für die Versuche die normale Umdrehungszahl des Antriebsmotors konstant beizubehalten und die vom Motor entwikkelte Leistung von kleinen bis zu größten Werten zu verändern.

Leistungsverluste im Triebwerk des Kardanuntergestells.

Es wurden zunächst die Versuche zur Bestimmung der Leistungsausnutzung im Triebwerk des Kardanwagens durchgeführt. Es ergaben sich bei Einschaltung des vierten, des direkten Schaltganges im Wechselräderwerk die durch die Tabelle 1 und die Figur 8

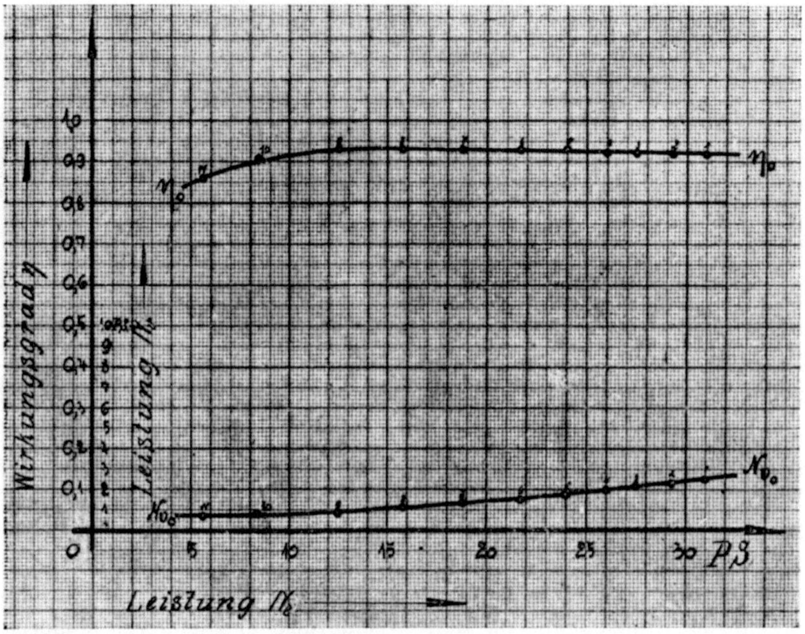
Wirkungsgrad η
Leistung N_{v_0}
Leistung N_e
PS
η_0
N_{v_0}

Fig. 8.

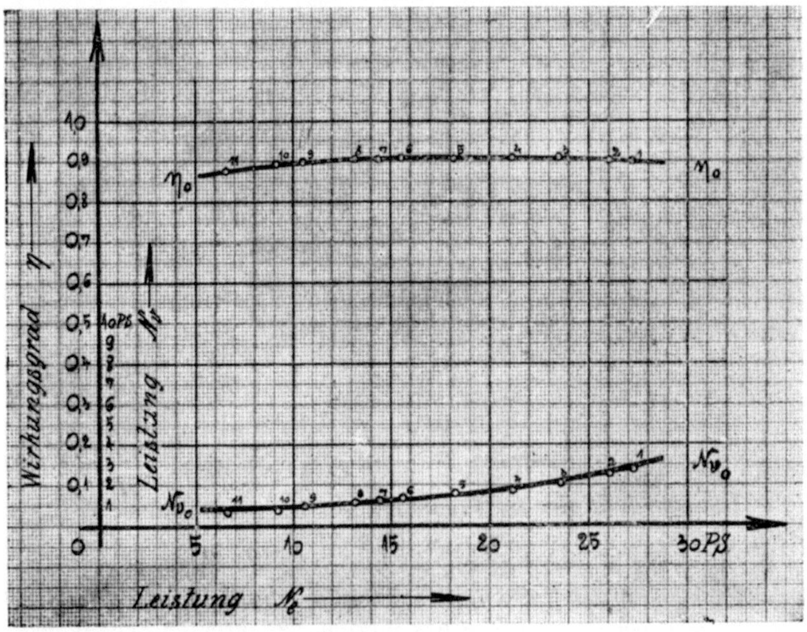
Wirkungsgrad η
Leistung N_{v_0}
Leistung N_e
PS
η_0
N_{v_0}

Fig. 9.

Tabelle 1.

Versuch No.	N_e Eingeführte Leistung in PS.	N_a Abgenommene Leistung in PS.	$\eta_0 = \frac{N_a}{N_e} 100$ Wirkungsgrad der Kraftübertragung in v. H.	$N_{v_0} = N_e - N_a$ Getriebeverlust in PS.
1	30.98	28,46	91,9	2,52
2	29,30	27,00	92,2	2,30
3	27,51	25,41	92,3	2,10
4	26,00	24.00	92.3	2,00
5	24,00	22,22	92,6	1,78
6	21.67	20,19	93,2	1,40
7	18.87	17,52	92,9	1,35
8	15,82	14,75	93,2	1,07
9	12,48	11,65	93,3	0.83
10	8,37	7,60	90,8	0,77
11	5,61	4,83	86,2	0,78

Tabelle 2.

Versuch No.	N_e	N_a	$\eta_0 = \frac{N_a}{N_e} 100$	$N_{v_0} = N_e - N_a$
1	27,23	24.50	90,0	2,73
2	26,01	23,46	90,2	2,55
3	23,50	21,38	91,0	2,12
4	21,12	19,26	91,2	1,86
5	18,21	16,62	91,3	1,59
6	15,52	14,13	91,1	1,39
7	14,39	13,09	91,0	1,30
8	13,11	11,92	90,9	1,90
9	10,54	9,51	90.2	1,03
10	9,09	8,17	89,9	0,92
11	6,51	5,73	88,0	0,78

Tabelle 3.

Versuch No.	N_e	N_a	$\eta_0 = \frac{N_a}{N_e} 100$	$N_{v_0} = N_e - N_a$
1	28,83	25,08	87,0	3,75
2	25,58	22,83	89,3	2,75
3	25,27	22,47	89,0	2,80
4	24,17	21,73	90,0	2,44
5	22,15	19,77	89,3	2,38
6	21,23	18,96	89,3	2,27
7	19,75	17,82	90,2	1,93
8	16,80	15,38	91.6	1,42
9	15,18	13,78	90,8	1,40
10	10,93	10,07	92,1	0,86
11	8,46	7,88	93,2	0,58
12	6,28	5,77	91,8	0,51

wiedergegebenen Verhältnisse. Die η_0-Kurve zeigt außerordentlich hohe Werte und hat einen annähernd geradlinigen, horizontalen Verlauf, d. h. der Wirkungsgrad ist von der Größe der übertragenen Leistung nahezu unabhängig, eine Erscheinung, die sich allgemein für Triebwerke beobachten läßt. Der Wirkungsgrad erreicht Werte bis zu 93 v. H. Die zweite der eingezeichneten Kurven, die N_{v_0}-Kurve, gibt die im Triebwerk verlorene Leistung in PS an in Abhängigkeit von der Größe der Leistung des Antriebsmotors.

Bei Schaltgang 3 des Wechselräderwerkes ergab sich ein Verlauf der η_0-Kurve nach Figur 9. Die Werte sind ebenfalls von der Leistung nahezu unabhängig und sind um ein geringes kleiner als die Werte für den direkten Schaltgang. Sie erreichen einen Höchstwert von 91,3 v. H. Die N_{v_0}-Kurve zeigt wiederum die Beträge der verlorenen Leistung (Tabelle 2).

Die Figuren 10 und 11 und die Tabellen 3 und 4 zeigen die η_0- und die N_{v_0}-Kurven für den Schaltgang 2 und 1; die Kurven haben einen ähnlichen Verlauf, die η_0-Werte sind ebenfalls außerordentlich hoch.

Die Versuche ergeben somit, daß für sämtliche Schaltgänge des Getriebekastens die Leistungsausnutzung eine außerordentlich gute ist. Dieses Ergebnis stimmt überein mit früher angestellten Versuchen. Bestrebungen, durch bauliche Veränderungen der Kraftübertragung bessere Wirkungsgrade zu erzielen, erscheinen also wenig aussichtsreich. Es ist ohne weiteres erklärlich, daß die Leistungsausnutzung bei direktem Schaltgang, bei dem im Getriebekasten Zahnräderpaare nicht zusammenarbeiten, die beste ist. Für den 1. bis 3. Schaltgang arbeitet je ein Zahnräderpaar im Getriebekasten, die Drehungsgeschwindigkeit der Kardanwelle und der Hinterachse ist jedoch für den 1. und 2. Schaltgang geringer als für den 3. Gang. Der etwas bessere Wirkungsgrad des 1. und 2. dem 3. gegenüber ist durch diesen Sachverhalt erklärt. Die Unterschiede in der Leistungsausnutzung sind jedoch recht gering.*)

*) Die Verluste des Riementriebes sind unberücksichtigt geblieben. Sie dürften auf 1 bis höchstens 2 v. H. zu schätzen sein, sodaß die tatsächlichen Wirkungsgrade der Kraftübertragung sich noch um diese Beträge erhöhen.

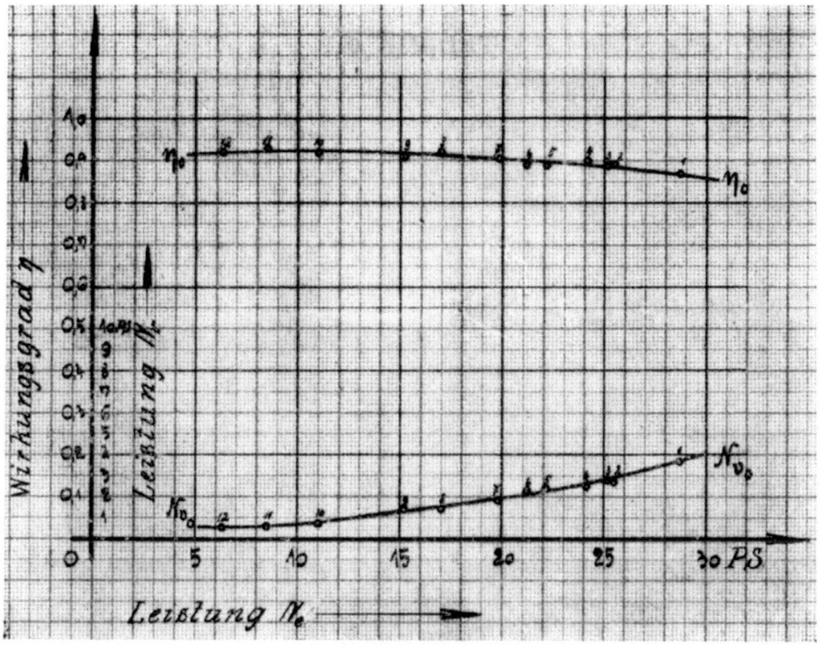
Wirkungsgrad η
Leistung N_v
1,0
0,9
0,8
0,7
0,6
0,5
0,4
0,3
0,2
0,1
0
η₀
N_{v_0}
5
10
15
20
25
30 PS
Leistung N_e

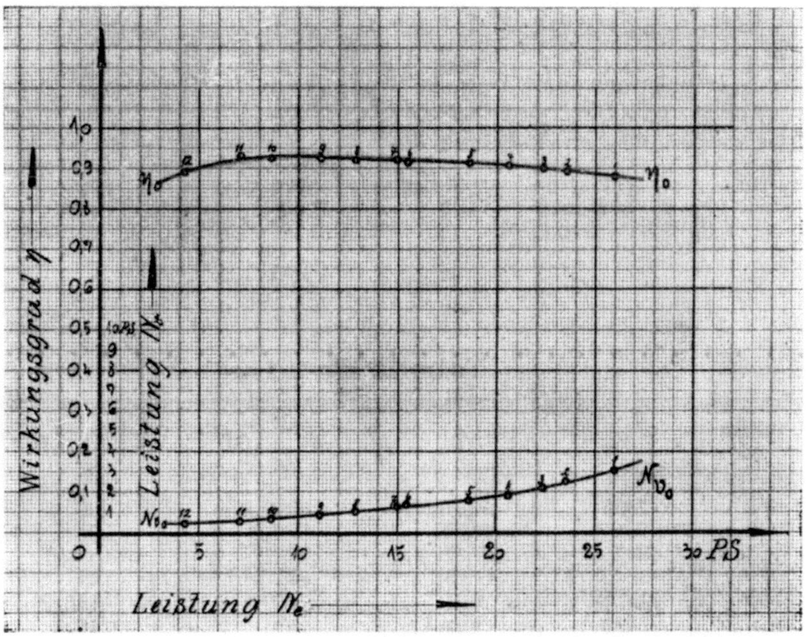
Wirkungsgrad η
Leistung N_v
1,0
0,9
0,8
0,7
0,6
0,5
0,4
0,3
0,2
0,1
0
η₀
N_{v_0}
5
10
15
20
25
30 PS
Leistung N_e

Fig. 11.

Tabelle 4.

Versuch No.	N_e Eingeführte Leistung in PS.	N_a Abgenommene Leistung in PS.	$\eta_0 = \frac{N_a}{N_e} 100$ Wirkungsgrad der Kraftübertragung in v. H.	$N_{v_0} = N_e - N_a$ Getriebeverlust in PS.
1	25,82	22,73	88,1	3,09
2	23,60	21,10	89,4	2,50
3	22,29	20,10	90,2	2,19
4	20,63	18,74	90,8	1,89
5	18,62	17,03	91,5	1,59
6	15,49	14,17	91,5	1,32
7	14,95	13,70	91,7	1,25
8	12,89	11,86	92,0	1,03
9	11,14	10,31	92,5	0,83
10	8,60	7,95	92,4	0,65
11	7,07	6,57	93,0	0,50
12	4,29	3,82	89,2	0,47

Tabelle 5.

Versuch No.	N_e	N_a	$\eta_0 = \frac{N_a}{N_e} 100$	$N_{v_0} = N_e - N_a$
1	30,10	25,00	83,0	5,10
2	26,87	22,07	82,0	4,80
3	23,83	19,19	80,5	4,64
4	20,73	15,81	76,3	4,92
5	17,49	12,73	72,8	4,76
6	12,12	7,39	61,0	4,73
7	7,08	2,60	36,7	4,48

Tabelle 6.

Versuch No.	N_e	N_a	$\eta_0 = \frac{N_a}{N_e} 100$	$N_{v_0} = N_e - N_a$
1	28,57	24,57	86,0	4,00
2	25,88	22,02	85,1	3.86
3	21,03	17,47	83,1	3,56
4	17,53	14,06	80,2	3,47
5	11,98	8,81	73,5	3,17
6	5,67	3,21	56,6	2,46

Leistungsverluste in der gesamten Kraftübertragung des Kardanuntergestells.

Es wurden die Versuche zur Bestimmung der Leistungsverluste in der gesamten Kraftübertragung des Kardanuntergestells angeschlossen. Die Figur 6 hat bereits die Versuchsanordnung gezeigt. Für die ersten Versuche wurden möglichst normale, mittlere Ver-

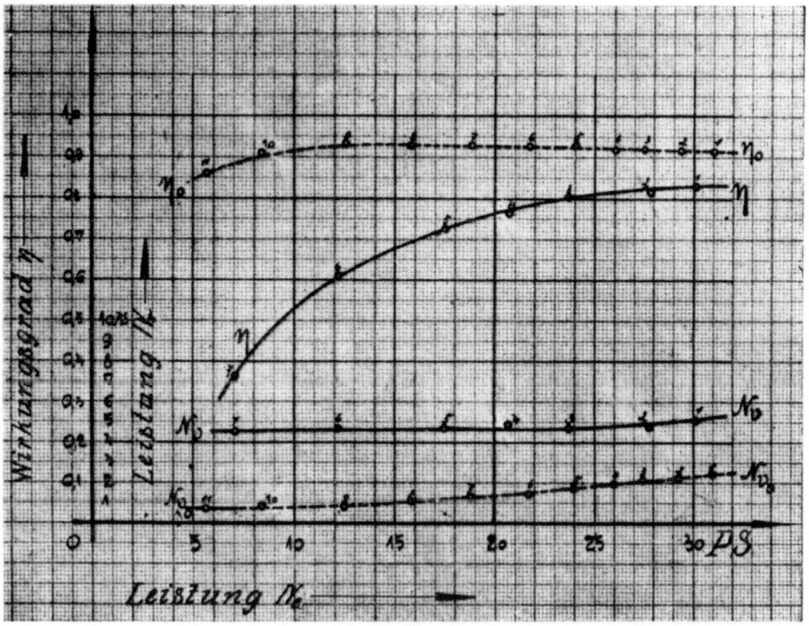

Fig. 12.

hältnisse gewählt. Es wurde die einfachste Bereifungsart verwendet, der flache Luftreifen, es wurde ein für die Wagengröße mittleres Profil benutzt, 895/135, und es wurde ein Luftdruck von 7 at eingehalten, wie er zur Zeit der Versuche für Reifen der benutzten Größe von den Reifenfabriken vorgeschrieben wurde. Die Belastung des Untergestells wurde so gewählt, daß der Hinterachsdruck 1200 kg betrug. Dieser Achsdruck entspricht etwa einer mittelschweren, vollbesetzten Karosserie.

Die für den 4. Geschwindigkeitsgang sich ergebenden Verhältnisse zeigt die Tabelle 5 und die Figur 12. In diese Figur wurde gleichzeitig die Kurve des Triebwerkwirkungsgrades η_0 aus Figur 8 punktiert mit eingezeichnet, um den Vergleich beider Linienzüge zu erleichtern. Die η-Kurve der gesamten Kraftübertragung hat im Gegensatz zur η_0-Kurve einen stark ansteigenden Verlauf. Die N_v-Kurve gibt in bekannter Weise die in der Kraftübertragung verlorene Leistung in PS an, die ebenfalls aufgenommene N_{v_0}-Kurve die Verluste im Triebwerk. Die N_v-Kurve hat einen sehr

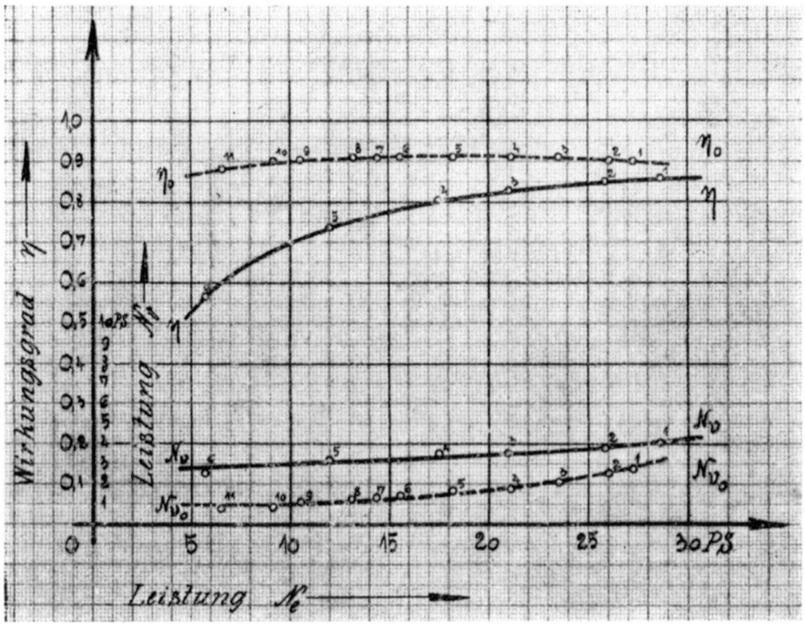

Fig. 13.

schwach ansteigenden Verlauf. Die Kurven zeigen somit, daß die Verluste in der gesamten Kraftübertragung mit der Größe der übertragenen Leistung nur sehr wenig zunehmen. Der Wirkungsgrad wächst also mit steigender Leistungsübertragung erheblich. Dies ist ein Ergebnis von größter Wichtigkeit.

Figur 13 und Tabelle 6 enthalten die Versuchsergebnisse für Schaltgang 3. Die Kurven haben den gleichen Verlauf; die Verluste nehmen ebenfalls mit der Leistung wenig zu, es sind daher die Werte für den Wirkungsgrad bei großen Leistungen wesentlich höher als bei kleinen Leistungen. Zu beachten ist, daß sich höhere Gesamtwerte des Wirkungsgrades ergeben als bei Schaltgang 4, obwohl die Triebwerkverluste, wie die η_0-Kurve gezeigt hat, bei dem 3. Schaltgang größer sind als beim 4. Gang.

Die Schaltgänge 2 und 1 ergeben die gleichen günstigen Werte für η. Für diese Gänge konnte die übertragene Leistung nicht bis zur Volleistung des Antriebsmotors gesteigert werden, denn es drehen sich für diese Gänge bei den normalen Umdrehungszahlen des An-

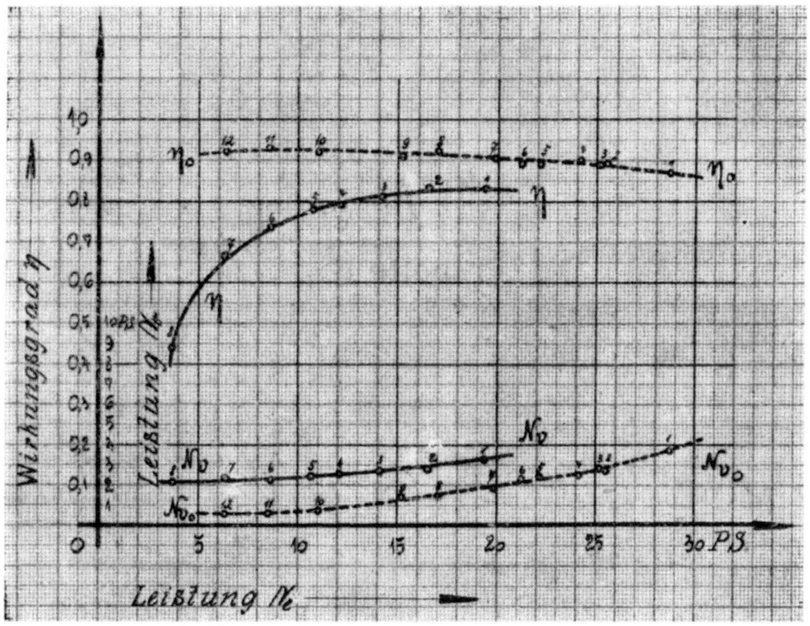

Fig. 14.

triebsmotors die Hinterräder des Untergestells außerordentlich langsam. Die Dynamomaschinen der Bremswelle laufen daher mit sehr geringer Umdrehungszahl. Infolgedessen ist die von den Maschinen erzeugte Spannung sehr gering. Zu einer Leistung von 30 PS würde eine größere Stromstärke gehören, als die Ankerwicklung der Dynamomaschinen aufzunehmen imstande ist. Es war daher für diese Gänge nur möglich, die Untersuchung bis zu einer Leistung von 20 PS bzw. 15 PS des Antriebsmotors durchzuführen. Trotz dieser Beschränkung lassen sich auch für diese Gänge die Verhältnisse klar überblicken. Die η-Kurven erreichen schon bei verhältnismäßig ge-

Tabelle 7.

Versuch No.	N_e Eingeführte Leistung in PS.	N_a Abgenommene Leistung in PS.	$\eta_0 = \frac{N_a}{N_e} 100$ Wirkungsgrad der Kraftübertragung in v. H.	$N_{v_0} = N_e - N_a$ Getriebeverlust in PS.
1	19,40	16,10	83,0	3,30
2	16,47	13,69	83,2	2,78
3	14,11	11,47	81,3	2,64
4	12,13	9,64	79,5	2,49
5	10,84	8,44	77,9	2,40
6	8,70	6,45	74,2	2,25
7	6,33	4,22	66,8	2,11
8	3,71	1,64	44,2	2,07

Tabelle 8.

Versuch No.	N_e	N_a	$\eta_0 = \frac{N_a}{N_e} 100$	$N_{v_0} = N_e - N_a$
1	14,90	12,23	82,1	2,67
2	11,25	9,18	81,7	2,07
3	10,23	8,35	81,6	1,88
4	6,93	5,31	76,6	1,62
5	5,65	4,13	73,2	1,52
6	4,62	3,31	71,8	1,31
7	3,29	1,81	55,0	1,48

Tabelle 9.

Versuch No.	N_e	N_a	$\eta_0 = \frac{N_a}{N_e} 100$	$N_{v_0} = N_e - N_a$
1	24,80	17,36	70,0	7,44
2	21,10	13.62	64,6	7.48
3	18,36	11,58	63,1	6,78
4	13,18	6,94	52,6	6,24
5	10,08	4,26	42,2	5,82

ringen Werten der übertragenen Leistung hohe Werte des Wirkungsgrades und zeigen von hier ab einen nahezu horizontalen Verlauf (Figur 14 und 15, Tabelle 7 und 8).

Figur 16 (Tabelle 9) zeigt einen Sonderversuch. Es wurde bei Benutzung des 4. Schaltganges unter sonst gleichen Verhältnissen die Umdrehungszahl des Antriebsmotors auf 1500 pro Min. gesteigert. Dies entspricht dem Fall des praktischen Fahrbetriebes,

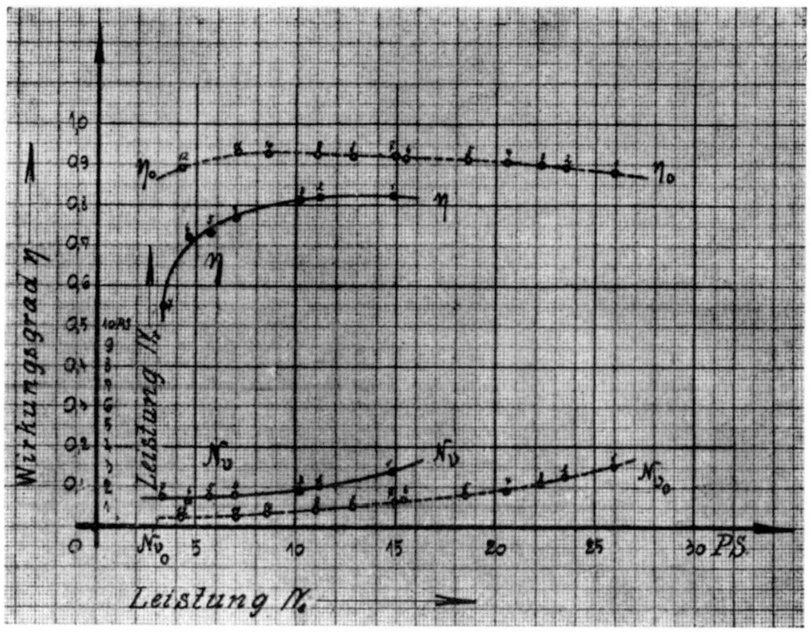

Fig. 15.

daß bei günstigen Straßenverhältnissen durch Erhöhung der Motorumdrehungszahl dem Wagen gelegentlich eine besonders hohe Fahrgeschwindigkeit erteilt wird. Es ist von Interesse, zu ersehen, in welch hohem Maße bei einer derartigen Steigerung der Fahrgeschwindigkeit (75 km pro Std.) die Verluste anwachsen. Die η- und die N_v-Kurven zeigen die eintretenden Veränderungen.

Ursachen der Leistungsverluste in der Bereifung.

Die Leistungsverluste in der Bereifung entstehen durch Reibungsarbeit innerhalb des Reifenmaterials. Der Reifen ist aus Gewebeeinlagen aufgebaut, die in einer Gummibettung liegen. Läuft der Reifen beim Arbeiten am Kraftwagen auf der Fahrbahn, so tritt an der Bodenberührstelle eine Abflachung des runden Reifenprofils ein,

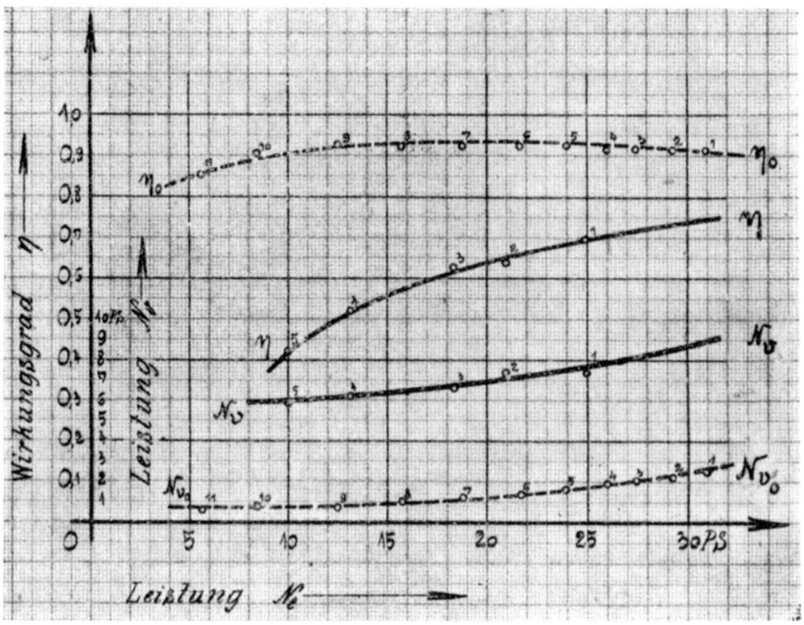

Fig. 16.

die Lauffläche und die Seitenwände des Reifens erfahren mehr oder weniger starke Einbiegungen. Es müssen sich daher die Gewebeeinlagen und die Gummiteilchen gegeneinander verschieben. Durch diese innere Bewegung und Reibung entstehen Leistungsverluste, die sich durch eine Erwärmung des Reifens nach außen hin kenntlich machen.

Die Größe der Leistungsverluste infolge der Walkarbeit hängt von verschiedenen Ursachen ab, in erster Linie von der Geschwindigkeit, mit der sich der Reifen auf der Fahrbahn abrollt, denn der Leistungsverlust ist um so größer, je schneller die Einbiegungen des Reifenumfanges erfolgen. Die Verluste hängen ferner davon ab, wie groß die Abflachungen und Einbiegungen der Reifendecke sind. Die Abflachung ist aber um so größer, je größer der Raddruck und je weicher der Reifen ist. Es müssen sich daher die in der Bereifung auftretenden Verluste mit der Fahrgeschwindigkeit, der Luftschlauchinnenpressung, der Achsbelastung, der Reifenbauart und der Reifengröße verändern.

Da bei einer Steigerung der durch die Reifen übertragenen Leistung eine Vermehrung der Reifenabflachung nicht eintritt, die Reifen im Gegenteil unter starker Leistungsübertragung eher härter werden und sich deshalb weniger stark einbiegen, kann eine wesentliche Vermehrung der Leistungsverluste bei einer Steigerung der übertragenen Leistung nicht erwartet werden.

Bei den bisher beschriebenen Versuchen wurde aber von den erwähnten Größen nur die Fahrgeschwindigkeit und die Größe der übertragenen Leistung geändert. Es konnte eine wesentliche Steigerung der Verluste bei wachsender Fahrgeschwindigkeit beobachtet werden; der Vergleich der Figuren 12 und 16 zeigt diese Erscheinung besonders deutlich. Die Steigerung der Fahrgeschwindigkeit von 60 km pro Std. auf 75 km pro Std. ergibt bei gleichem Schaltgang des Getriebekastens wesentlich größere Verluste. Ebenso ist die Steigerung der Verluste infolge der größeren Umdrehungszahl der Hinterräder vom 3. zum 4. Schaltgang so groß, daß sich trotz des besseren Wirkungsgrades η_1 des Triebwerkes für den 4. Gang geringere Werte des Gesamtwirkungsgrades η ergeben, als für den 3. Schaltgang.

Die erreichbare Höchstgeschwindigkeit eines Wagens wird daher nicht allein dadurch bestimmt, daß bei Steigerung der Fahrgeschwindigkeit der Luftwiderstand und die Widerstände der Fahrbahn wachsen, sondern vor allem auch dadurch, daß die Verluste in der Kraftübertragung und zwar hauptsächlich in der Bereifung in hohem Maße zunehmen. Die Leistungsausnutzung wird um vieles schlechter. Nach Figur 16 beträgt beispielsweise der Leistungsverlust rund 9 PS bei einer Leistung des Antriebsmotors von 30 PS.

Abhängigkeit der Leistungsverluste von der Luftschlauch-innenpressung.

Um die Abhängigkeit der Leistungsverluste von der Luftschlauchinnenpressung zu ermitteln, wurden besondere Versuche angestellt. Da die bisher beschriebenen Untersuchungen gezeigt hatten, daß die Verluste in der Bereifung um so größer werden, je schneller

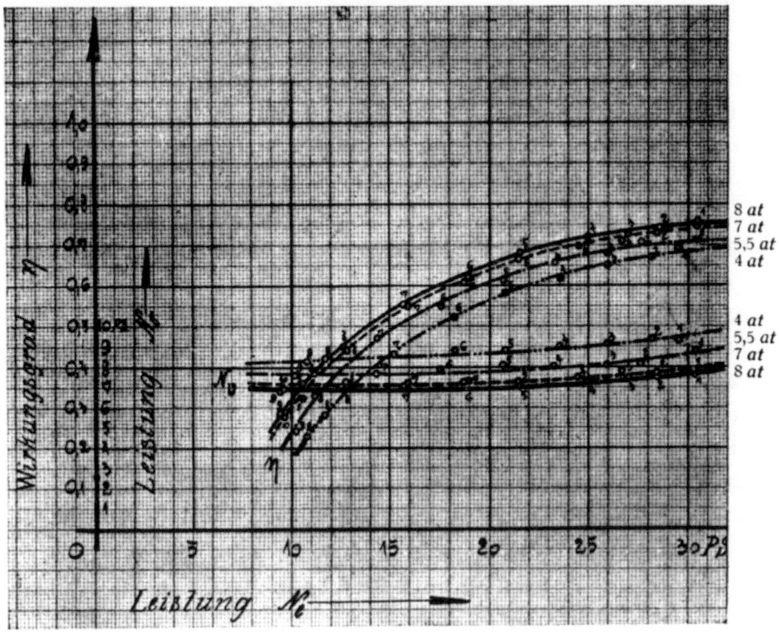

Fig. 17.

die Radreifen sich abrollen, mußte angenommen werden, daß sich die Unterschiede infolge geänderter Luftschlauchinnenpressung am deutlichsten zeigen würden, wenn für die weiteren Versuche der vierte Geschwindigkeitsgang benutzt würde. Außerdem wurde eine Reifenart auf die Räder aufgelegt, die verhältnismäßig große Verluste erwarten ließ. Ferner wurde aus dem gleichen Grunde ein hoher Achsdruck angewendet. Die Versuche wurden durchgeführt mit einer Bereifung Gummigleitschutz mit Stahlnieten, Profilgröße 895/135, mit einer Fahrgeschwindigkeit von 60 km pro Std. und einem Achsdruck von 1400 kg. Benutzt wurde wiederum das Kardanuntergestell. Der Luftdruck wurde in der Abstufung 8, 7, 5,5 und 4 at verändert.

Tabelle 10.

Versuch No.	Luftschlauch-innenpressung in *at.*	N_e Eingeführte Leistung in PS.	N_a Abgenommene Leistung in PS.	$\eta = \frac{N_a}{N_e} 100$ Wirkungsgrad der Kraftübertragung in v. H.	$N_v = N_e - N_a$ Verluste in der Kraftübertragung in PS.
1		30,47	22,70	74,6	7,77
2		28,37	21,04	73,3	7,69
3		26,80	19,35	72,2	7,45
4		25,02	17,77	71,0	7,25
5	8	21,65	14,60	67,4	7,05
6		18.86	11,62	61,6	7.24
7		15,92	8,76	55,0	7,16
8		12,75	5,67	44,5	7,08
9		9,58	2,68	28,0	6,90
1		30,42	22,53	74,1	7,89
2		28,48	20,73	72,8	7,75
3		26,67	18,82	70,6	7,85
4		24,53	16,96	69,2	7,57
5	7	21,51	14,27	66,4	7,24
6		18,78	11,45	61,0	7,33
7		15,94	8,78	55,1	7,16
8		12,73	5,59	43,9	7,14
9		10,57	3,40	32,2	7,17
10		9,57	2,63	27,5	6,94
1		30,41	21,61	71,1	8,80
2		27.69	19,58	70.7	8,11
3		25,82	17,57	68,1	8,25
4		23.27	15,27	65,7	8,06
5	5,5	20,66	12,59	61,0	8,07
6		17,57	9,63	54,8	7,94
7		14,40	6,71	46,6	7,69
8		11,10	3,36	30,3	7,74
9		10,15	2,52	24,8	7,63
1		29,54	20,30	68,7	9,24
2		28,21	18,84	66,9	9,37
3		25,97	16,85	64,9	9,12
4		23,46	14,63	61,9	9,01
5	4	20,79	12,10	58,2	8,69
6		18,25	9,44	51,7	8,81
7		15,31	6,65	43,4	8,66
8		11,74	3,33	28,3	8,41
9		10,72	2,42	22,6	8,30

Es ergeben sich die in Figur 17 (Tabelle 10) wiedergegebenen Kurven für den Wirkungsgrad. Die Verschlechterung der Leistungsausnutzung mit Verminderung des Luftdruckes ist deutlich zu erkennen. Ein hoher Luftdruck ergibt eine gute Ausnutzung der Leistung und eine Schonung der Reifen infolge Verminderung der Walkarbeit.

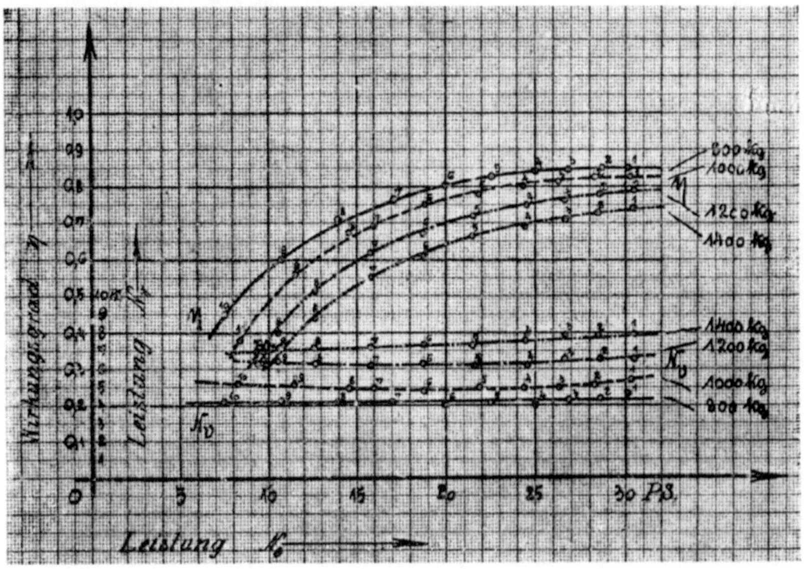

Fig. 18.

Abhängigkeit der Leistungsverluste von der Größe des Achsdruckes.

Durch weitere Versuche wurde der Einfluß des Achsdruckes auf die Leistungsverluste ermittelt. Es wurde wiederum das Kardanuntergestell für die Versuche benutzt und der 4. Geschwindigkeitsgang eingeschaltet. Auf die Räder wurden Gummigleitschutzreifen mit Stahlnieten, Profilgröße 895/135, aufgelegt und es wurde eine Luftschlauchinnenpressung von 7 at eingehalten. Der Achsdruck wurde in den Abstufungen 800, 1000, 1200 und 1400 kg verändert. Der Druck von 800 kg entspricht dem Achsdruck eines Wagens mit besonders leichter, offener Karosserie, der Achsdruck von 1400 kg einem Kraftfahrzeug mit geschlossenem Wagenkasten schwerster Art.

Tabelle 11.

Versuch No.	Hinter-achsdruck in kg.	N_e Eingeführte Leistung in PS.	N_a Abgenommene Leistung in PS.	$\eta = \frac{N_a}{N_e} 100$ Wirkungsgrad der Kraftübertragung in v. H.	$N_v = N_e - N_a$ Verluste in der Kraftübertragung in PS.
1	800	30,20	25,61	84,8	4,59
2		28,75	24,36	84,7	4,39
3		26,85	22,63	84,3	4,22
4		24,97	20,99	84,1	3,98
5		22,54	18,53	82,2	4,01
6		19,97	16,00	80,2	3,97
7		17,10	12,99	76,0	4,11
8		13,96	9,88	70,8	4,08
9		10,75	6,45	60,0	4,30
10		7,42	3 30	44,5	4,12
1	1000	30,25	24,89	82,3	5,36
2		28,33	23,27	82,1	5,06
3		26,30	21,38	81,3	4,92
4		24,28	19,38	79,8	4,90
5		21,90	17,06	77,9	4,84
6		18,93	14,16	74,8	4,77
7		16,00	11,07	69,2	4,93
8		14,63	9,78	66,8	4,85
9		11,50	6,44	56,0	5,06
10		8,40	3,21	38,2	5,19
1	1200	30,50	24,03	78,8	6,47
2		28,62	22,07	77,1	6,55
3		26,75	20,31	75,9	6,44
4		24,57	18,37	74,8	6,20
5		21,58	15,53	72,0	6,05
6		18 83	12,66	67,2	6,17
7		15,90	9,80	61,6	6,10
8		12,72	6,48	51,0	6,24
9		10,55	4,18	39,6	6,37
10		9,40	3,29	35,0	6,11
1	1400	30,43	22,54	74,1	7,89
2		28,47	20,70	72,8	7,77
3		26,66	18,80	70,6	7,86
4		24,53	16,95	69,1	7,58
5		21,51	14,28	66,4	7,23
6		18,78	11,46	61,0	7,32
7		15,94	8,78	55,1	7,16
8		12,73	5,59	43,9	7,14
9		10,57	3,40	32,2	7,17
10		9,56	2,63	27,5	6,93

Die Tabelle 11 und die Figur 18 zeigen die sich ergebenden Werte für den Wirkungsgrad. Die Lage der η-Kurven ist stark von der Höhe des Achsdruckes abhängig. Ein verhältnismäßig geringes Ansteigen der Radbelastung ergibt eine beträchtliche Steigerung der Verluste. Die Steigerung ist wesentlich größer als beispielsweise die Unterschiede, die bei Veränderung der Luftschlauchinnenpressung festgestellt werden konnten. Es muß daher im Interesse einer guten Ausnutzung der Motorenleistung und der Schonung der Bereifung besonders auf ein Geringhalten der Achsbelastung gesehen werden. Dabei ist zu beachten: Ein mäßiges Wagengewicht gibt nicht die Sicherheit, daß die Achsdrücke sich in zulässigen Grenzen halten, denn die Achsdrücke sind von der Verteilung der Last abhängig. Eine nach hinten stark überhängend gebaute Karosserie, aufgeschnallte Gepäckstücke und dergleichen können den Druck der Hinterachse in durchaus unzulässiger Weise erhöhen. Die zermürbenden Wirkungen der Walkarbeit werden durch hohen Achsdruck bedeutend gesteigert, die Wärmeentwicklung im Reifen wird so groß, daß sich die Gummiteilchen von den Gewebeeinlagen loslösen und der Reifen in kurzer Zeit unbrauchbar wird.

Nach der praktischen Erfahrung zeigen große und schwere Wagen eine schlechte Ausnutzung der Leistung und einen großen Reifenverbrauch. Das Anwachsen der Verluste mit der Belastung ist recht ungünstig; die Verluste sind in den Fällen, in denen eine große Leistung zur Vorwärtsbewegung großer Nutzlasten nötig ist, besonders groß. Aus diesem Zustand erklärt es sich, daß ein kleiner, leichter Wagen mit schwachem Antriebsmotor einem großen starken Kraftwagen bisweilen an Geschwindigkeit weit überlegen ist.

Für Rennwagen ist die Frage der richtigen Achsbelastung besonders wichtig. Diese Wagen haben im allgemeinen einen verhältnismäßig geringen Hinterachsdruck. Um ein Gleiten der Räder zu vermeiden, wird der Achsdruck durch besondere Maßnahmen beim Bau des Wagens, beispielsweise durch Zurücklegen der Führersitze, des Benzingefäßes und der Wagenreserveteile, vergrößert. Da aber durch Mehrbelastung der Hinterachse nach den Versuchen auch die Leistungsausnutzung eine schlechtere ist, muß sorgfältig darauf geachtet werden, daß die Achse nicht mehr belastet wird, als die Vermeidung des Gleitens der Räder dies unbedingt erfordert.

Abhängigkeit der Leistungsverluste von der Profilgröße und Bauart der Reifen.

Nach den bisher beschriebenen Versuchen liegt die Vermutung nahe, daß die in der Bereifung eines Kraftwagens auftretenden Leistungsverluste sowohl von der Profilgröße als auch von der Bauart der Reifen abhängig sind. Es wird für die Größe der Verluste nicht gleichgültig sein, ob für einen Kraftwagen ein besonders großes Reifenprofil gewählt wird, oder ob der Wagen mit Reifen ausgerüstet ist, die für die Wagengröße eben noch ausreichen. Ebenso wird es für die Größe der Verluste von Bedeutung sein, ob für den Wagen einfache, glatte Reifen benutzt werden, oder ob beispielsweise zur Erzielung von Gleitschutzwirkungen Reifen mit Stahlnietenlaufflächen zur Verwendung kommen.

Es wurden daher Reifen verschiedener Profilgröße und verschiedener Bauart auf die Räder des Kardanversuchswagens aufgelegt. Eine Luftschlauchinnenpressung von 7 at wurde eingehalten. Sodann wurden die in der Kraftübertragung auftretenden Leistungsverluste bei Schaltgang 3 und 4 bestimmt, wobei wiederum für den 4. Schaltgang der Antriebsmotor sowohl mit der normalen Umdrehungszahl von rund 1200 pro Min. als auch mit der gesteigerten Umdrehungszahl von rund 1500 pro Min. lief. Die Schaltgänge 1 und 2 wurden nicht geprüft. Die Prüfungen schienen entbehrlich, einerseits weil die Ausnutzung für diese Gänge von geringerer Bedeutung ist, und weil andererseits die Ergebnisse der Versuche mit hoher Fahrgeschwindigkeit sichere Rückschlüsse auf die Zustände bei geringer Fahrgeschwindigkeit erlauben. Aus den bereits beschriebenen Versuchen ist überdies bekannt, daß die in der Bereifung auftretenden Verluste bei geringer Fahrgeschwindigkeit klein sind. Dagegen wurde, da es sich gezeigt hatte, daß der Achsdruck die Verluste in der Bereifung in besonders hohem Maße beeinflußt, jeder Versuch mit zwei verschiedenen Achsdrücken, 1200 und 1400 kg, durchgeführt. Die übertragene Leistung wurde von kleinen Werten beginnend bis auf die Volleistung des Antriebsmotors gesteigert.

Untersucht wurden zur Ermittlung des Einflusses der Profilgrößen die Reifen:

Flaches Profil 880/120
„ „ 895/135
„ „ 935/135

und zur Ermittlung des Einflusses der Reifenbauart außerdem die Reifen:

Type Course extra stark - 3 Rippen . 895/135
Ledergleitschutz mit Stahlnieten . . . 895/135
Gummigleitschutz mit Stahlnieten . . . 895/135.

Um ferner erkennen zu können, welche Unterschiede im Leistungsverbrauch zwischen Luftreifen und Vollgummireifen bestehen, wurden überdies Vollgummireifen der Größe 900/100 geprüft.

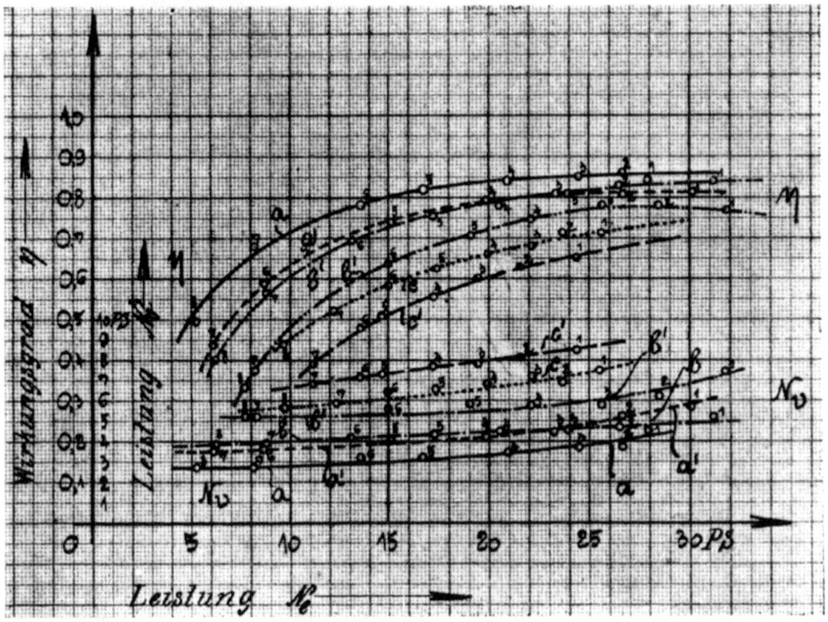

Fig. 19.
Flaches Profil 880/120.

Für diese Reifen wurden die Prüfungen jedoch nur bei einer Fahrgeschwindigkeit von 40 km pro Std. und 60 km pro Std. und für Achsdrücke von 1200 kg und 1400 kg durchgeführt. Wenn auch in der Praxis Vollgummireifen nicht mit diesen Geschwindigkeiten gefahren werden, so empfahl es sich doch, für die Prüfung angenähert dieselben Geschwindigkeiten einzuhalten wie bei den Luftreifen, um beide Reifenarten inbezug auf die Leistungsverluste vergleichen zu können.

Die Figuren 19 bis 25 (Tabellen 12 bis 18) zeigen die sich ergebenden Kurven des Wirkungsgrades und der Leistungsverluste.

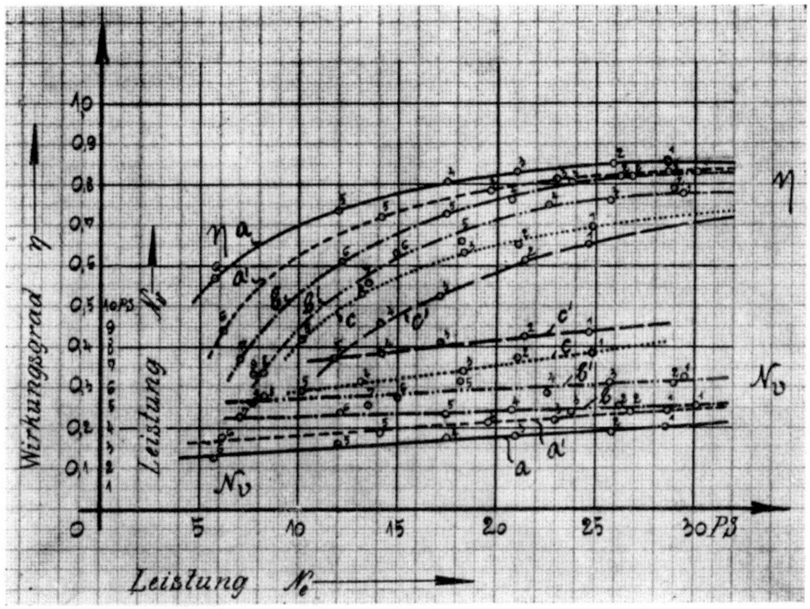

Fig. 20.
Flaches Profil 895/135.

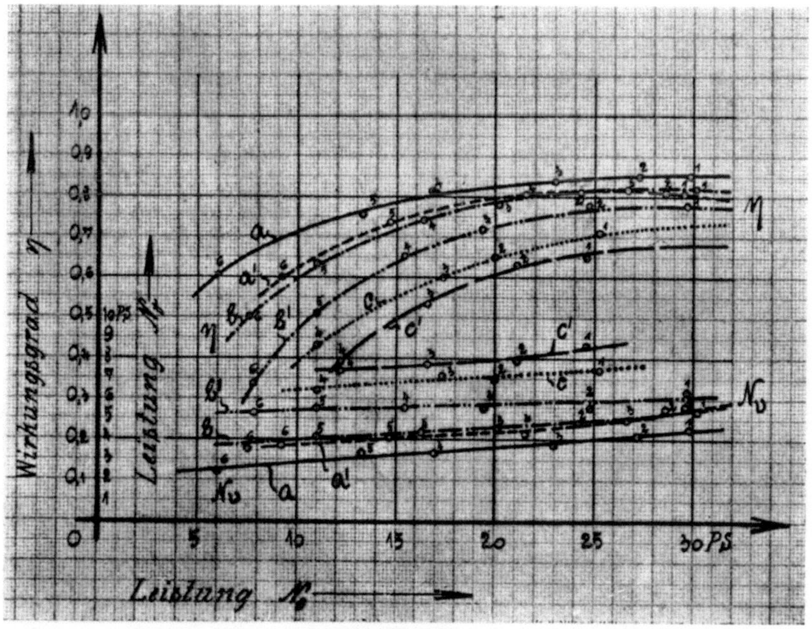

Fig. 21.
Flaches Profil 935/135.

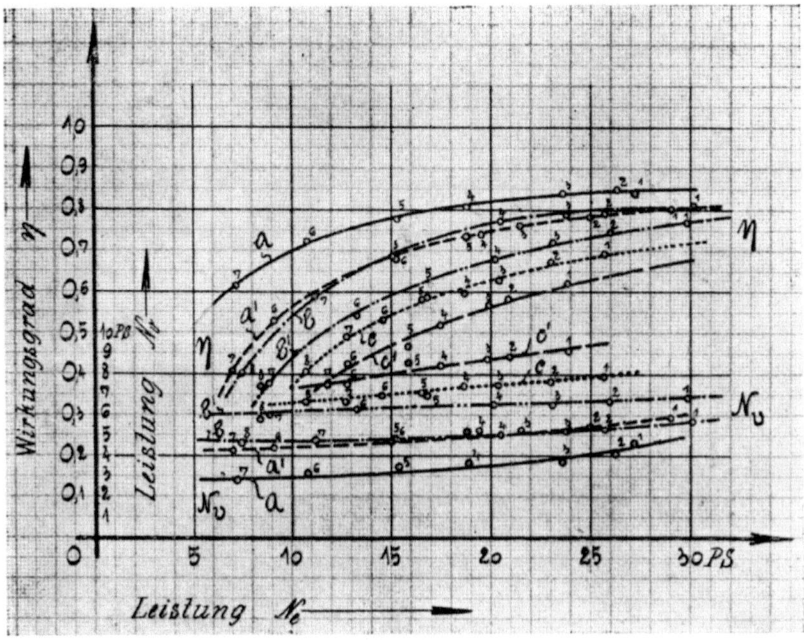

Fig. 22.
Type course extra stark — 3 Rippen 895/135.

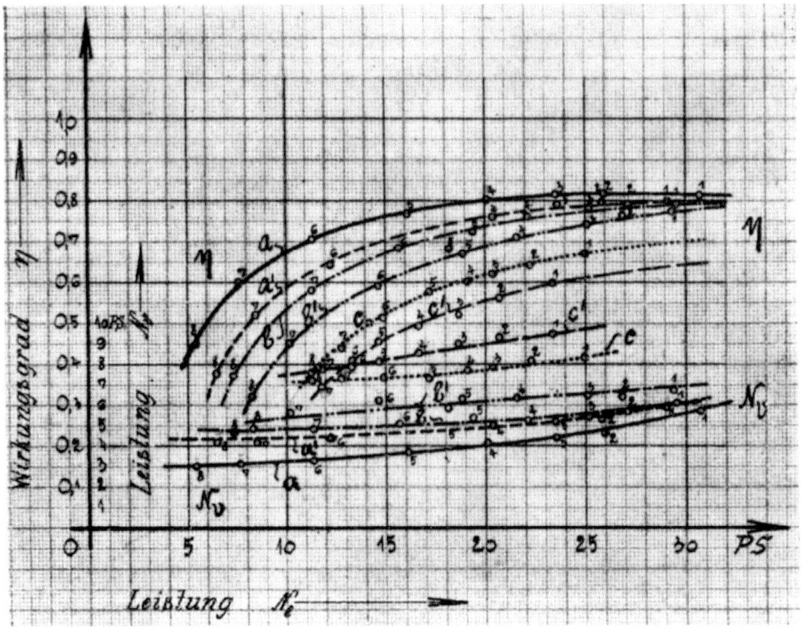

Fig. 23.
Ledergleitschutz mit Stahlnieten 895/135.

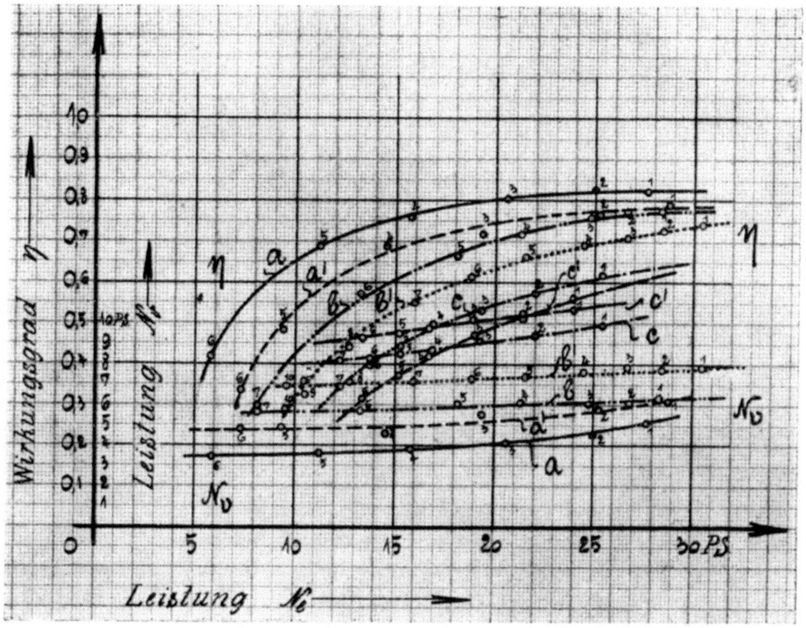

Fig. 24.
Gummigleitschutz mit Stahlnieten 895/135.

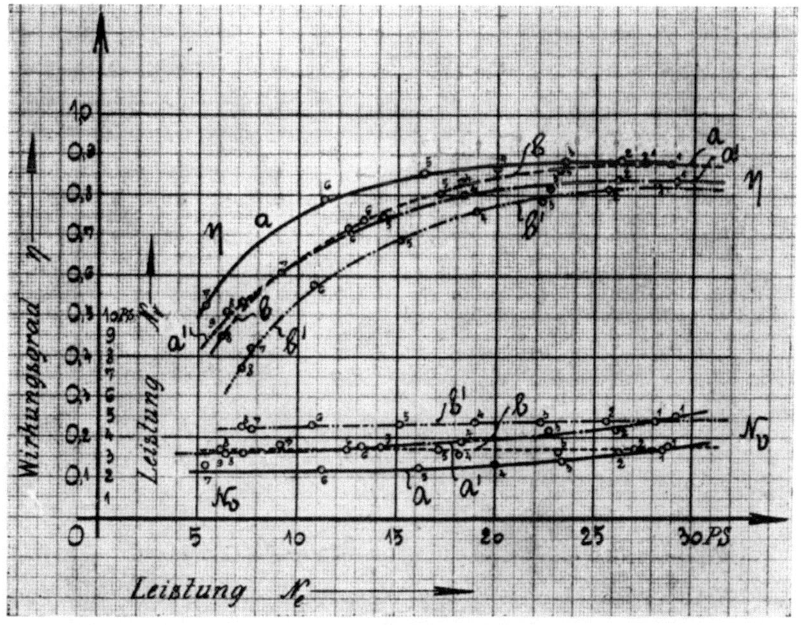

Fig. 25.
Vollgummi 900/100.

Tabelle 12.

(Flaches Profil 880/120.)

Kurve	No.	Fahrgeschw. Schaltgang Achsdruck	N_e	N_a	η	N_v	No.	Fahrgeschw. Schaltgang Achsdruck	N_e	N_a	η	N_v	Kurve
	1		28,08	23,52	83,8	4,56	1		30,16	24,53	81,4	5,63	
	2	40 km/Std	26,73	22,89	85,6	3,84	2	40 km/Std	26,65	21,52	80,8	5,13	
	3		24,47	20,84	85,2	3,63	3		23,41	18,93	80,9	4,48	
	4	3. Gang	21,01	17,57	83,6	3,44	4	3. Gang	19,87	15,71	79,1	4,16	a'
a	5		16,82	13,75	81,8	3,07	5		15,19	11,20	73,7	3,99	
	6	1200 kg	13,66	10,62	77,7	3,04	6	1400 kg	8,66	5,08	58,7	3,58	
	7		8,20	5,57	68,0	2,63	7		6,19	2,71	43.8	3,48	
	8		5,27	2,60	49,4	2,67							
	1		31,30	26,20	83,7	5,10	1		31,90	24.51	76,8	7,39	
	2	60 km/Std	26,51	21,88	82,5	4,63	2	60 km/Std	28,50	22,36	78,4	6,14	
	3		23,93	19,48	81,4	4,45	3		25,73	20,09	78,0	5,64	
	4	4. Gang	20,58	16,12	78,4	4.46	4	4. Gang	22,18	16,49	74,4	5,69	b'
b	5		17,33	13,03	75,2	4,30	5		19,20	13.50	70,3	5,70	
	6	1200 kg	13,07	8,96	68,6	4,11	6	1400 kg	15,06	9,52	63,4	5,54	
	7		8,83	4,98	56,4	3,85	7		8,22	3,06	37,4	5,16	
	8		6,29	2,51	39,9	3,78	8		7,64	2,53	33,1	5,11	
	1		25,60	18,17	71,0	7.43	1		24,40	15,86	65,0	8,54	
	2	75 km/Std	23,71	16,89	71,2	6.82	2	75 km/Std	21,59	13,53	62.7	8,06	
	3		22,13	15,02	67,9	7.11	3		19,51	11,71	60,0	7,80	
	4	4. Gang	19,88	13,05	65,6	6,83	4	4. Gang	17.25	9,56	55,4	7,69	c'
c	5		17,42	10,85	62,3	6,57	5		14,70	7,42	50,5	7,28	
	6	1200 kg	15,07	8,76	58,2	6,31	6	1400 kg	13,53	6,41	47,3	7,12	
	7		12,18	6,32	51,9	5,86	7		11,14	4.35	39.1	6,79	
	8		9,74	4,29	44,1	5,45							

Tabelle 18.

(Flaches Profil 895/135.)

Kurve	No.	Fahrgeschw. Schaltgang Achsdruck	N_e	N_a	η	N_v
a	1	40 km/Std	28,57	24,57	86,0	4,00
	2		25,88	22,02	85,0	3,86
	3	3. Gang	21,03	17,47	83,1	3,56
	4		17,53	14,06	80,2	3.47
	5	1200 kg	11,98	8,81	73,5	3,17
	6		5,67	3,21	56,6	2,46
b	1		30,10	25,00	83,0	5,10
	2	60 km/Std	26,87	22,07	82,0	4,80
	3		23,83	19,19	80,5	4,64
	4	4. Gang	20,73	15,81	76,3	4,92
	5		17,49	12,73	72,8	4,76
	6	1200 kg	12,12	7,39	61,0	4,73
	7		7,08	2,60	36,7	4,48
c	1	75 km/Std	24,80	17,36	70,0	7,44
	2		21,10	13,62	64,6	7,48
	3	4. Gang	18,36	11,58	63,1	6,78
	4		13,18	6,94	52,6	6,24
	5	1200 kg	10,08	4,26	42,2	5,82

No.	Fahrgeschw. Schaltgang Achsdruck	N_e	N_a	η	N_v	Kurve
1	40 km/Std	28,71	23,86	83,1	4,85	a'
2		27,27	22,20	81,5	5.07	
3	3. Gang	23,10	18,74	81,1	4.36	
4		19.67	15,44	78,5	4,23	
5	1400 kg	14,18	10.44	71,6	3,74	
6		6,22	2,71	43,6	3,51	
1		29,47	22,98	78.0	6,49	b'
2		29,22	23,07	78,9	6.15	
3	60 km/Std	25.78	19,57	75,9	6.21	
4		22 67	16.94	74,8	5,73	
5	4. Gang	18.33	12,10	66,0	6,23	
6		14.93	9,45	63,3	5.48	
7	1400 kg	13,63	7,60	55,7	5,03	
8		8,26	2.76	33 4	5.50	
9		7,72	2,55	33,2	5,17	
1	75 km/Std	24.70	16,00	64,8	8,70	c'
2		21,50	13,16	61.2	8,34	
3	4. Gang	17,22	9 02	52,4	8,20	
4		14,04	6.44	45.8	7,60	
5	1400 kg	11,81	4,33	36,7	7,48	

Tabelle 14.

(Flaches Profil 935/135.)

Kurve	No.	Fahrgeschw. Schaltgang Achsdruck	N_e	N_a	η	N_v	No.	Fahrgeschw. Schaltgang Achsdruck	N_e	N_a	η	N_v	Kurve
a	1	40 km/Std	29,80	25,36	85,1	4,44	1	40 km/Std	29,55	23,87	80,8	5,68	a'
	2		27,33	23.23	85.0	4.10	2		28,62	23,03	80,5	5,59	
	3	3. Gang	23,00	19,27	83,8	3,73	3	3. Gang	26,73	21,77	81,4	4,96	
	4		16,96	13,73	81,0	3,23	4		21.63	17,39	80,4	4,24	
	5	1200 kg	13,25	9,96	75 2	3,29	5	1400 kg	14,72	10,72	72,8	4,00	
	6		6,05	3,63	60.1	2,42	6		9,21	5,47	59,4	3,74	
b	1	60 km/Std	30,16	24,79	82,2	5.37	1	60 km/Std	29.69	23,30	78.0	6,39	b'
	2		24,30	19,93	82,0	4,37	2		24,70	19,18	77,7	5.52	
	3	4. Gang	20,15	15,65	77.7	4,50	3	4. Gang	19.51	13.99	71,7	5,52	
	4		16 40	12.13	74 0	4,27	4		15,35	9,82	64 6	5,53	
	5	1200 kg	11,17	7,08	63,4	4,09	5	1400 kg	11,01	5,57	50,6	5,44	
	6		7,60	3,81	50,1	3,59	6		7,87	2,64	33,5	5,23	
c	1	75 km/Std	25,30	17,88	70,7	7,42	1	75 km/Std	24,60	15,98	65,0	8,62	c'
	2	4. Gang	19,95	12,95	64.9	7,00	2	4. Gang	21,10	13.22	62,6	7,88	
	3		17,39	10 31	59,3	7,08	3		16,58	8,84	53.3	7.74	
	4	1200 kg	10,97	4,69	42 8	6,28	4	1400 kg	12,11	4,71	38,9	7,40	

Tabelle 15.

(Type course extra stark — 3 Rippen 895/135.)

Kurve	No.	Fahrgeschw. Schaltgang Achsdruck	N_e	N_a	η	N_v	No.	Fahrgeschw. Schaltgang Achsdruck	N_e	N_a	η	N_v	Kurve
a	1	40 km/Std	27,23	22,72	83,4	4,51	1	40 km/Std	29,17	23,22	79,6	5,95	a'
	2	3. Gang	26,31	22,26	84,6	4,05	2	3. Gang	24,93	19,53	78,4	5.41	
	3	1200 kg	23,63	19,87	84,1	3,76	3	1400 kg	21,47	16,31	76,0	5,16	
	4		18,83	15,18	80,6	3,65	4		19,54	14.35	73,4	5,19	
	5		15,25	11,81	77,5	3,44	5		15,04	10,34	68.8	4,70	
	6		10,80	7,78	72,0	3,02	6		9,07	4,75	52.4	4,32	
	7		7,18	4,40	61,3	2,78	7		6,97	2,82	40,5	4,15	
b	1	60 km/Std	30,11	24,42	81,1	5,69	1	60 km/Std	29,47	22.64	76.9	6 83	b'
	2	4. Gang	25,65	20,28	79,1	5,37	2	4. Gang	26.09	19,47	74.7	6,62	
	3	1200 kg	23,80	18,67	78,5	5,13	3	1400 kg	23,10	16,65	72.1	6,45	
	4		21,52	16,52	76,8	5,00	4		20,17	13,71	68 0	6,46	
	5		18,85	13,80	73,2	5,05	5		16,78	9,82	58,5	6.96	
	6		15,19	10,34	68,1	4,85	6		13,33	7,19	53.9	6.14	
	7		11,17	6,57	58,8	4,60	7		8,91	2,95	33.3	5,96	
	8		7,50	2,97	39,6	4,53	8		8,37	2,57	30,7	5,80	
c	1	75 km/Std	25,65	17,72	69,1	7,93	1	75 km/Std	23,85	14.69	61,6	9.16	c'
	2	4. Gang	23,00	15,38	66.9	7,62	2	4. Gang	20 83	12,08	58 0	8,75	
	3	1200 kg	20,42	12,92	63,3	7,50	3	1400 kg	19,88	11,23	56,5	8,65	
	4		18,67	11,19	59,9	7,48	4		17,45	9,10	52 1	8,35	
	5		16,48	9.56	58,0	6.92	5		15,90	7,40	46,5	8,50	
	6		14,56	7,70	52,9	6 86	6		12,88	5,40	41,9	7,48	
	7		12,82	6,32	49,3	6,50	7		11,84	4,36	36,8	7,48	
	8		10,71	4,30	40,2	6,41							

Tabelle 16.

(Ledergleitschutz mit Stahlnieten 895/135.)

Kurve	No.	Fahrgeschw. Schaltgang Achsdruck	N_e	N_a	η	N_v	No.	Fahrgeschw. Schaltgang Achsdruck	N_e	N_a	η	N_v	Kurve
a	1		30,70	25,02	81,5	5,68	1		29,28	23.42	80,0	5,86	a'
	2		25,97	21.21	81,7	4,76	2		25,88	20,60	79,6	5,28	
	3	40 km/Std	23.60	19,24	81,5	4,36	3	40 km/Std	23,73	18.69	78.8	5 04	
	4	3. Gang	20,08	16,02	79,8	4.06	4	3. Gang	20,47	15,63	76,4	4 84	
	5	1200 kg	16,10	12,43	77,1	3 67	5	1400 kg	18.17	12.26	67.5	5.91	
	6		11,43	8,13	70.5	3 30	6		12,16	7,73	63 6	4,43	
	7		7,65	4.57	59,8	3,08	7		8 46	4,37	51,6	4,09	
	8		5,42	2,42	44,6	3,00	8		6,43	2,41	37,4	4,02	
b	1		29,59	23,50	79,4	6,09	1		29,42	22,74	77,3	6,68	b'
	2		27,18	21,47	79.0	5,71	2		26,87	20 47	76,2	6 40	
	3	60 km/Std	25,17	19,68	78.2	5,49	3	60 km/Std	25.10	18,57	74,0	6 53	
	4	4. Gang	22,07	16,79	76 2	5,28	4	4. Gang	21,62	15,37	71,1	6.25	
	5	1200 kg	19,38	13,98	72.2	5,40	5	1400 kg	18,90	12,68	67,1	6,22	
	6		15 65	10,62	67,8	5.03	6		14,68	8,67	59,1	6,01	
	7		11.37	6,59	57,9	4,78	7		10,22	4,60	45,0	5,62	
	8		7,27	2,67	36.7	4,60	8		8,28	2,64	31,9	4,64	
c	1		24.95	16,64	66,7	8,31	1		23,42	13,92	59.4	9,50	c'
	2		22,30	14,24	63.9	8,06	2	75 km/Std	20.76	11,60	55,9	9,16	
	3	75 km/Std	20,43	12,61	61,7	7,82	3	4. Gang	18,73	9,73	51.9	9,00	
	4	4. Gang	19,07	11,39	59,5	7.68	4	1400 kg	16,71	8,22	49,2	8.49	
	5	1200 kg	17,18	9.88	57,5	7,30	5		14 74	6 69	45 3	8,05	
	6		14,93	7,63	51,1	7,30	6		13,35	5,40	40.4	7,95	
	7		12.83	5,66	44,1	7,17	7		11,79	4,07	34,5	7,72	
	8		11,32	4,26	37,6	7,06							

Tabelle 17.

(Gummigleitschutz mit Stahlnieten 895/135.)

Kurve	No.	Fahrgeschw. Schaltgang Achsdruck	N_e	N_a	η	N_v	No.	Fahrgeschw. Schaltgang Achsdruck	N_e	N_a	η	N_v	Kurve
a	1	40 km/Std	27,73	22,67	81,8	5,06	1	40 km/Std	28,78	22.73	79 0	6 05	a'
	2	3. Gang	25,03	20 56	82,2	4,47	2	3. Gang	25,33	19.47	76,9	5,86	
	3	1200 kg	20,62	16.55	80,3	4,07	3	1400 kg	19 43	14,00	72,1	5,43	
	4		15,88	12 03	75 7	3 85	4		14.61	10,07	68,9	4,54	
	5		11,23	7,71	68,6	3,52	5		9,36	4,54	48 5	4 82	
	6		5,78	2,42	41 8	3 36	6		7,10	2,36	33 2	4,74	
b	1	60 km/Std	28.35	22,03	77,7	6 32	1	60 km/Std	30,42	22 53	74,1	7,89	b'
	2	4. Gang	26,73	20 80	77,8	5,91	2	4. Gang	28,48	20,73	72,8	7.75	
	3	1200 kg	24 87	18,87	75,9	6.00	3	1400 kg	26,67	18,82	70,6	7,85	
	4		21,23	15,20	71 6	6,03	4		24,53	16,96	69,2	7,57	
	5		18.05	11,97	66,4	6,08	5		21,51	14.27	66,4	7,24	
	6		13,28	7,54	56,7	5.74	6		18,78	11,45	61,0	7.33	
	7		8,12	2,42	29 8	5,70	7		15 94	8.78	55,1	7,16	
							8		12.43	5,59	43,9	7,14	
							9		10.57	3,40	32,2	7,17	
							10		9.57	2,63	27,5	6,94	
c	1	75 km/Std	25 35	15,51	61,2	9,84	1	75 km/Std	24.00	13.36	55,7	10,64	c'
	2	4. Gang	21.90	12.54	57,3	9,36	2	4. Gang	21,40	10 93	51.1	10.47	
	3	1200 kg	19.03	9,98	52,4	9,05	3	1400 kg	19 02	8,94	47,0	10,08	
	4		16,86	8,20	48,6	8,66	4		16,72	7.02	42 0	9,70	
	5		15,24	6,71	44,0	8,53	5		15,08	5,56	36 8	9,52	
	6		13,78	5,51	39,9	8 27	6		13,42	4,18	31,1	9,24	
	7		12,20	4,17	34,2	8,03							

Tabelle 18.

(Vollgummi 900/100.)

Kurve	No.	Fahrgeschw. Schaltgang Achsdruck	N_e	N_a	η	N_v	No.	Fahrgeschw. Schaltgang Achsdruck	N_e	N_a	η	N_v	Kurve
a	1	40 km/Std	27,46	24,00	87.4	3,46	1	40 km/Std	29,12	24,07	82.6	5,05	a'
	2	3. Gang	26,27	23,01	87,6	3.26	2	3. Gang	26,19	21 89	83.6	4.30	
	3	1200 kg	23,53	20,67	87.8	2,86	3	1400 kg	22.67	18,42	81,3	4.25	
	4		19.98	17,27	86,4	2,71	4		18,35	14,61	79 6	3 74	
	5		16,28	13.87	85.2	2.41	5		14,32	10,68	74,6	3,64	
	6		11.30	8,96	79,3	2,34	6		12,46	8,96	71,9	3,50	
	7		5,35	2,80	52,4	2,55	7		7.27	4,16	57,2	3,11	
							8		6,50	3,31	50,8	3,19	
b	1	60 km/Std	28.77	25,20	87,6	3,57	1	60 km/Std	28.02	23,27	83.0	4,75	b'
	2	4. Gang	27,21	23,90	87,8	3.31	2	4. Gang	25.70	20,93	81,5	4,77	
	3	1400 kg	23.28	20 07	86,2	3.21	3	1400 kg	22,33	17,54	78,6	4,79	
	4		18,22	15.13	83,0	3,09	4		19.07	14,45	75.8	4,62	
	5		17.13	13,74	80,2	3,39	5		15.08	10,45	69,3	4,63	
	6		13.25	9,76	73,6	3,49	6		10,73	6,16	57,4	4,57	
	7		9,20	5,55	60,4	3,65	7		7,69	3.31	41,7	4.38	
	8		6,10	2,73	44,8	3,37	8		7,16	2,66	37,1	4,50	

Die Kurven haben den durch die bisherigen Versuche als charakteristisch erkannten Verlauf und unterscheiden sich nur durch ihre Höhenlage voneinander.

Um den Vergleich der Wirkungsgradkurven zu erleichtern, sind diese für die Fahrgeschwindigkeiten 40 und 75 km pro Std. und für den Achsdruck 1200 kg in besonderen Figuren 26 und 27 vereinigt. Es zeigen sich beachtenswerte Unterschiede in der Leistungsausnutzung, die für große Fahrgeschwindigkeiten besonders stark hervortreten. Am geringsten sind die Verluste in der flachen Bereifung, und zwar zeigt bei dieser der Reifen mit dem kleinsten Profil, 880/120, die beste Leistungsausnutzung. Ein nennenswerter Unterschied in der Leistungsausnutzung bei den Profilen 895/135 und 935/135 war dagegen nicht feststellbar.

Größer als in den flachen Reifen sind die Verluste in den Type Course-3 Rippen-Reifen, noch größer in den Ledergleitschutz- und am größten in den Gummigleitschutz-Reifen mit Stahlnieten. Die Unterschiede sind besonders für große Fahrgeschwindigkeiten beträchtlich, sodaß die richtige Wahl der Bereifung für jedes Kraftfahrzeug wichtig ist; sie ist von größter Bedeutung für Wagen, die hohe Geschwindigkeit entwickeln sollen, insbesondere also für Rennwagen.

Die Vergleichsversuche mit Vollgummireifen zeigen, daß die Walkarbeit und somit auch der Leistungsverlust im Vollgummireifen wesentlich geringer ist. Dies ist erklärlich, denn der härtere Vollgummireifen drückt sich an der Bodenberührstelle viel weniger ein, die an der Einbiegung und Walkarbeit jeweils beteiligten Gummiteilchen sind viel geringer an Zahl, die Erwärmung und die Leistungsverluste bei Vollgummireifen sind daher geringer.

Die Unterschiede in der Leistungsausnutzung zugunsten des Vollgummireifens treten schon bei geringen Fahrgeschwindigkeiten deutlich hervor, sie wachsen jedoch bei hohen Geschwindigkeiten beträchtlich. Die Leistungsausnutzung für Vollgummireifen ist für die Fahrgeschwindigkeit von 40 und 60 km pro St. nahezu die gleiche. Die Verluste wachsen nur sehr wenig mit der Fahrgeschwindigkeit. Es müßte demnach möglich sein, auf einer Fahrbahn, die die Verwendung von Vollgummireifen auch bei hohen Fahrgeschwindigkeiten zuläßt, also etwa auf einer zementierten Automobilrennbahn, Fahrgeschwindigkeiten zu erreichen, wie sie mit Luftreifen nicht erzielt werden können.

Das Anwachsen der Verluste mit der Steigerung der Achsbelastung konnte auch bei Vollgummireifen beobachtet werden.

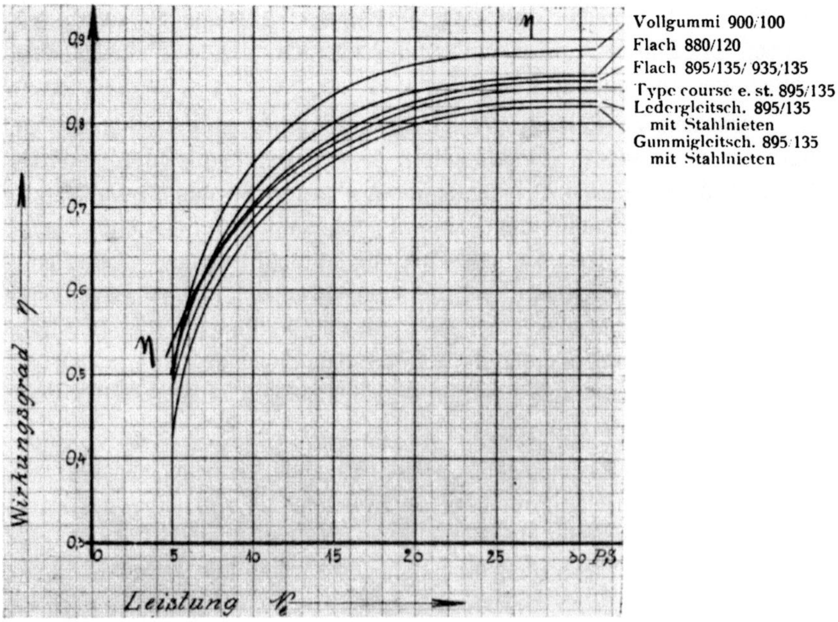
Vollgummi 900/100
Flach 880/120
Flach 895/135/ 935/135
Type course e. st. 895/135
Ledergleitsch. 895/135 mit Stahlnieten
Gummigleitsch. 895/135 mit Stahlnieten
Wirkungsgrad η
Leistung N_e
0 5 10 15 20 25 30 PS
0,3 0,4 0,5 0,6 0,7 0,8 0,9

Fig. 26.

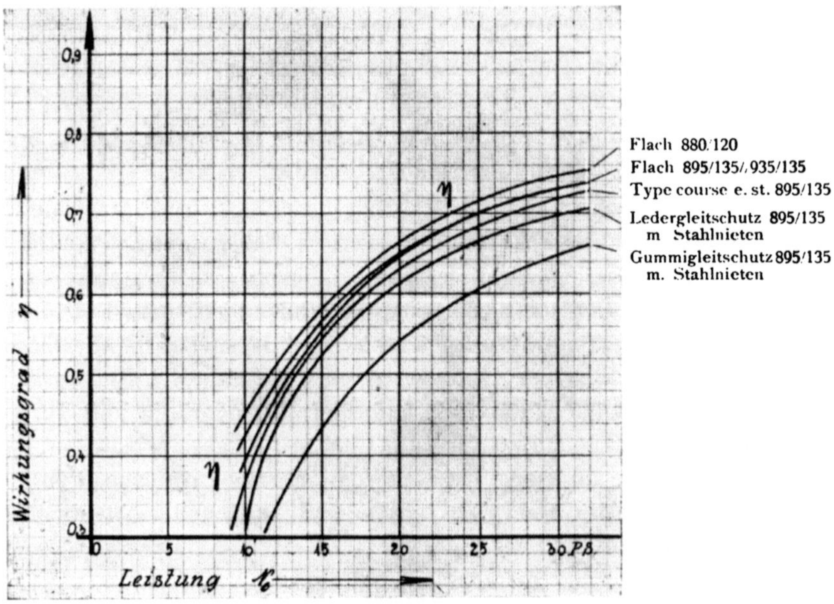
Flach 880/120
Flach 895/135/ 935/135
Type course e. st. 895/135
Ledergleitschutz 895/135 m. Stahlnieten
Gummigleitschutz 895/135 m. Stahlnieten
Wirkungsgrad η
Leistung N_e
0 5 10 15 20 25 30 PS
0,3 0,4 0,5 0,6 0,7 0,8 0,9

Fig. 27.

Die Versuche ergeben somit ein übersichtliches Bild der Leistungsverluste in den verschiedenen Reifenarten. Es zeigt sich deutlich, wie wichtig es ist, den Leistungsverlusten in der Bereifung Beachtung zu schenken.

Abhängigkeit der Leistungsverluste von der Beschaffenheit der Fahrbahn.

Während der Versuche zur Bestimmung der Leistungsverluste liefen die Hinterräder des Versuchswagens auf glatten Holzscheiben. Es galt zu ermitteln, ob sich die so erhaltenen Versuchsergebnisse auch auf den praktisch besonders wichtigen Fall übertragen lassen, daß der Wagen auf unebener Fahrbahn läuft. Beim Lauf des Wagens auf der Landstraße sind die Räder heftigen Stößen ausgesetzt, die sich, wenn auch in gemilderter Form, auf die gesamte Kraftübertragung fortpflanzen. Es liegt daher die Vermutung nahe, daß die Leistungsverluste infolge der Stoßwirkungen und infolge der Verwindungen, die der Rahmen erleidet, beträchtlich ansteigen.

Es wurden für einen ersten Versuch auf die Laufscheiben des Prüfstandes Holznocken von 15 mm Höhe und 50 mm Länge aufgelegt, die von den beiden Hinterrädern des Versuchswagens gleichzeitig übersprungen werden mußten. Die Räder erhielten daher bei jeder Umdrehung der Laufscheiben einen heftigen Stoß, die Achse wurde hochgeworfen, die Kardangelenke und die Achsabstützungen führten Bewegungen aus, und der Rahmen geriet in Schwingungen. Ein weiterer Versuch ohne Unebenheiten auf den Laufscheiben wurde unmittelbar angeschlossen, um unter Gleichhaltung aller Verhältnisse die durch die Stoßwirkungen sich ergebenden Verschiedenheiten in der Leistungsausnutzung klar zu erkennen. Die Versuche wurden mit dem 4. Geschwindigkeitsgang und einer Bereifung Gummigleitschutz mit Stahlnieten 895/135 bei einer Luftschlauchinnenpressung von 7 at und einem Achsdruck von 1400 kg durchgeführt.

Die sich ergebenden Werte des Wirkungsgrades sind in der Figur 28 und der Tabelle 19 enthalten. Die Wirkungsgradkurve für die Leistungsübertragung unter Stoßwirkungen liegt um etwa 2 v. H. tiefer als die Wirkungsgradkurve für die Leistungsübertragung auf ebener Fahrbahn. Der Unterschied ist also recht gering. Überdies wäre es unrichtig, dies Tieferliegen der Kurve ausschließlich damit zu erklären, daß beim Auftreten der Nockenstöße die Leistungsverluste in den Teilen der Kraftübertragung anwachsen. Es muß vielmehr beachtet werden, daß der Antriebsmotor beim Vorhandensein von Unebenheiten auf den Lauftrommeln die Räder, die Achse und den Rahmen über die Unebenheiten hinwegheben muß. Der Motor hat also eine zusätzliche Hebarbeit zu leisten, die in einem Tieferliegen der η-Kurve zum Ausdruck kommt.

Die bei einer bestimmten Leistung des Antriebsmotors für den Vortrieb des Wagens an den Hinterrädern zur Verfügung stehende Leistung ist zwar geringer, es ist dies aber weniger eine Folge davon,

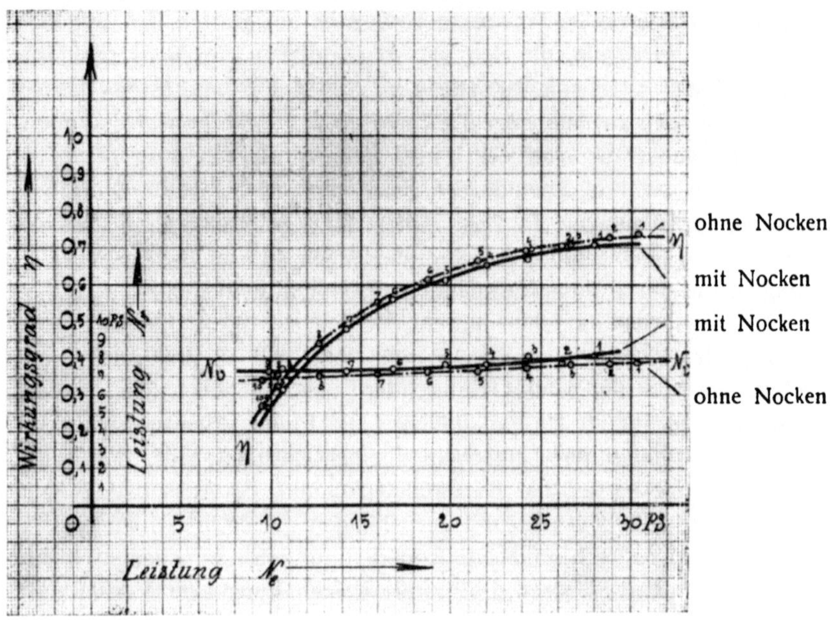

Fig. 28.

daß die Verluste in den Teilen der Kraftübertragung anwachsen, als vielmehr eine Folge der zusätzlich zu leistenden Hebarbeit. Es wird durch weitere Versuche gezeigt werden, daß diese Auffassung die richtige ist.

Auch die folgenden Beobachtungen können zur Bestätigung dienen. Es wurde, während durch die Kraftübertragung eine Leistung bestimmter Größe hindurchgeschickt wurde, von Hand der Rahmen in heftige Schwingungsbewegungen versetzt, wie sie im praktischen Fahrbetrieb nur bei der Fahrt des Wagens auf sehr schlechten Straßen auftreten. Dabei war es gleichgültig, ob der Rahmen Schwingungen

Tabelle 19

No.	N_e	N_a	η	N_v
1	28,00	19,85	70,9	8,15
2	26,23	18,48	70,5	7,75
3	24,33	16,25	66,8	8,08
4	22,07	14,40	65,3	7,67
5	19,67	11,93	60,7	7,74
6	16,83	9,42	55,9	7,41
7	14,09	6,75	47,9	7,34
8	10,75	3,38	31,4	7,37
9	9,90	2,63	26,5	7,27

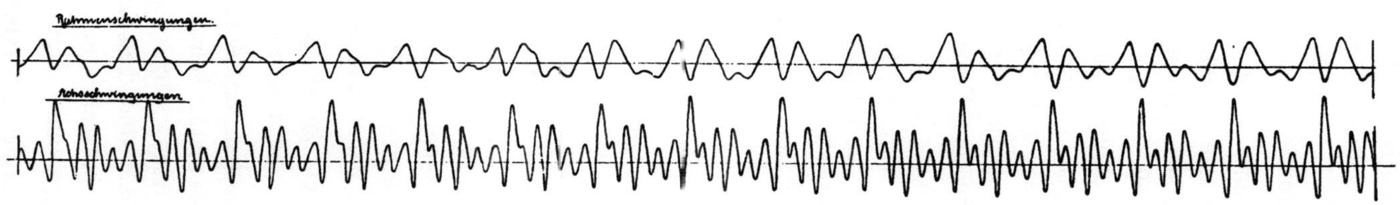

Fig. 29.

parallel zur Achse ausführte oder ob die Schwingungen derart erzeugt wurden, daß beträchtliche Rahmenverwindungen sich ergaben. In keinem Falle konnte ein Anwachsen der Leistungsverluste festgestellt werden.

Auch eine weitere Beobachtung läßt dies Gleichbleiben der Leistungsverluste vermuten. Die Verluste auf dem Prüfstand hatten ergeben, daß sich das Öl im Getriebekasten während der Prüfungen bis auf rund 50 ° erhitzte. Diese Temperatur stieg auch für den Fall nicht, daß durch die Schläge der Holznocken auf den Laufscheiben der gesamte Wagen in heftige Schwingungen versetzt wurde; die Temperatur hätte sich aber erhöhen müssen, wenn die Leistungsverluste durch die Stöße sich vergrößert hätten. Ebenso müßte für den Fall, daß während der Fahrt eines Wagens auf der Landstraße die Leistungsverluste beträchtlich anwachsen würden, das Öl des Getriebekastens trotz des durch die Fahrt entstehenden, kühlenden Luftzuges höhere Temperaturen annehmen. Erfahrungsgemäß bleibt aber die Temperatur des Öles in mäßigen Grenzen und übersteigt den Wert von 50° im allgemeinen nur dann, wenn der Getriebekasten nicht hinreichend mit Öl gefüllt ist.

Um diese Erscheinungen noch weiter zu klären, wurde ein Versuch angestellt, bei dem die Schwankungen des Wagengestells besonders groß waren. Es wurden auf die Holzscheiben größere Nocken aufgelegt und sie wurden um 180° gegeneinander versetzt, sodaß das rechte und linke Hinterrad abwechselnd einen Stoß erhielt. Hierdurch wurde ein überaus heftiges Schwanken des Wagens erzeugt, wie es nur bei der Fahrt eines Wagens auf außerordentlich schlechten Straßen beobachtet werden kann. Um zu zeigen, welche Bewegungen infolge der Nockenschläge der Rahmen und die Achse ausführen, wurden die Bewegungen durch Schreibstifte, die an dem Rahmen und der Achse befestigt waren, aufgezeichnet.

Die Figur 29 läßt die Kurven erkennen; die obere Kurve zeigt die Rahmen-, die untere die Achsbewegung.

Die Nocken hatten eine Höhe von 30 mm und eine Länge von 150 mm. Um starke Schwankungen zu erzeugen, wurde überdies ein langsamer Geschwindigkeitsgang eingeschaltet, es betrug die scheinbare Fahrgeschwindigkeit 22 km pro Std. Die Bereifung bestand in Gummigleitschutzreifen mit Stahlnieten, Profilgröße 895/135, und war mit 7 at aufgepumpt. Der Achsdruck betrug 1200 kg.

Ein Vergleichsversuch ohne Nocken auf den Laufscheiben wurde unmittelbar angeschlossen.

Die Figur 30 und die Tabelle 20 zeigen die Versuchsergebnisse. Die Wirkungsgradkurve liegt für den Lauf der Räder auf unebener Fahrbahn um rund 12 v. H. tiefer als für den Lauf auf den glatten Holzscheiben, d. h. die für die Vorwärtsbewegung des Wagens an den Hinterrädern zur Verfügung stehende Leistung ist wesentlich geringer, die Ursache hierfür ist aber wiederum die zusätzlich zu

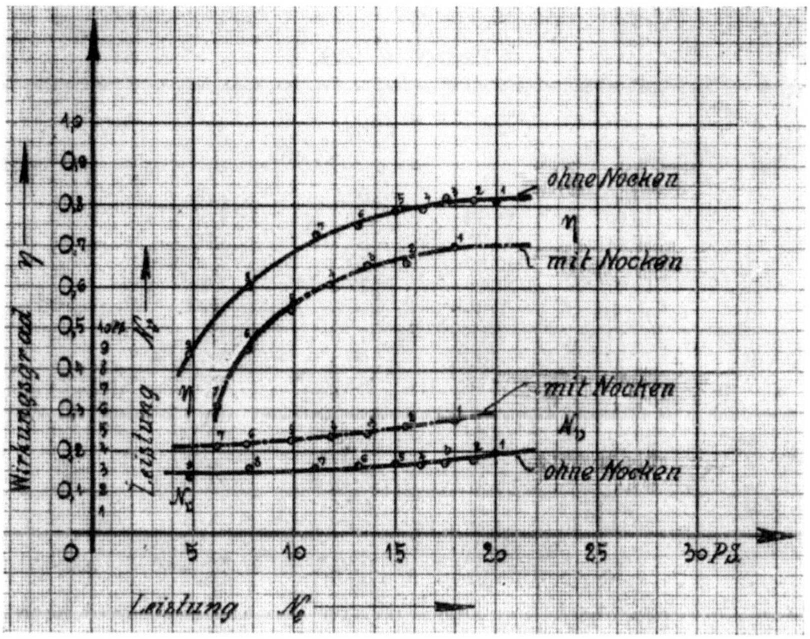

Fig. 30.

leistende Hebarbeit und nur in geringstem Maße eine Steigerung der Leistungsverluste in den Teilen der Kraftübertragung.

Für die Bestätigung der Richtigkeit dieser Erklärung ist weiterhin die folgende Überlegung und die folgende Versuchsreihe von überzeugender Beweiskraft. Die Versuche über den Einfluß der Luftschlauchinnenpressung auf den Leistungsverbrauch hatten ergeben, daß die Verluste mit abnehmender Innenpressung wachsen. Andererseits kann sich aber ein Hindernis, wie durch später wiederzugebende Versuche ausführlich gezeigt werden wird, bei geringer Luftschlauchinnenpressung erheblich besser in den Reifen einbetten, so daß die Schwingungsbewegungen von Achse und Rahmen geringer werden. Die vom Antriebsmotor zusätzlich aufzuwendende Hebarbeit beim Lauf der Räder auf den mit Nocken besetzten Holztrommeln wird abnehmen. Es lag daher die Vermutung nahe, daß bei geringerer Luftschlauchinnenpressung trotz der gesteigerten Verluste in der Bereifung sich ein besserer Wirkungsgrad der Kraftübertragung ergeben wird, wenn tatsächlich das Tieferliegen der η-Kurve bei Nockenschlag in erster Linie eine Folge der aufzuwendenden Hebarbeit ist.

Tabelle 20.

No.	N_e	N_a	η	N_v	Nocken
1	20,10	16,22	80,7	3,88	Ohne Nocken
2	18,89	15,33	81,2	3,56	
3	17,44	14,25	81,7	3,19	
4	16,25	12,88	79,3	3,37	
5	14,97	11,59	77,4	3,38	
6	13,20	9,93	75,2	3,27	
7	11,14	8,10	72,8	3,04	
8	7,77	4,68	60,2	3,09	
9	4,89	2,12	43,5	2,77	
1	17,94	12,52	69,8	5,42	Mit Nocken
2	15,63	10,27	65,7	5,36	
3	13,75	8,97	65,2	4,78	
4	11,82	7,14	60,4	4,68	
5	9,89	5,36	54,3	4,53	
6	7,69	3,42	44,4	4,27	
7	6,21	1,92	30,9	4,29	

Es wurde daher unter durchaus gleichen Verhältnissen die folgende Versuchsreihe durchgeführt.

Mit einer flachen Bereifung der Profilgröße 895/135 und einem Achsdruck von 1200 kg lief das Kardanuntergestell bei einer scheinbaren Fahrgeschwindigkeit von 22 km pro Std. auf den Holzscheiben. Es wurde ein erster Versuch ohne Nocken auf den Holzscheiben und mit einer Luftschlauchinnenpressung von 7 at, ein zweiter Versuch mit Nocken auf den Holzscheiben und einer Innenpressung von 7 at und ein dritter Versuch mit Nocken und einer Innenpressung von 4 at durchgeführt. Die Nocken, je einer auf jeder Scheibe, hatten eine Höhe von 30 mm und eine Länge von 150 mm und waren um 180° gegeneinander versetzt.

Es zeigte sich die höchste Kurvenlage für Versuch 1 ohne Nocken, die tiefste Kurvenlage für den Lauf der Räder über die Nocken bei einer Luftschlauchinnenpressung von 7 at. Zwischen beiden Linienzügen lag die durch den dritten Versuch sich ergebende Kurve. Für diesen Versuch liefen die Räder bei einer Luftschlauchinnenpressung von 4 at über die Holznocken. (Figur 31, Tabelle 21.)

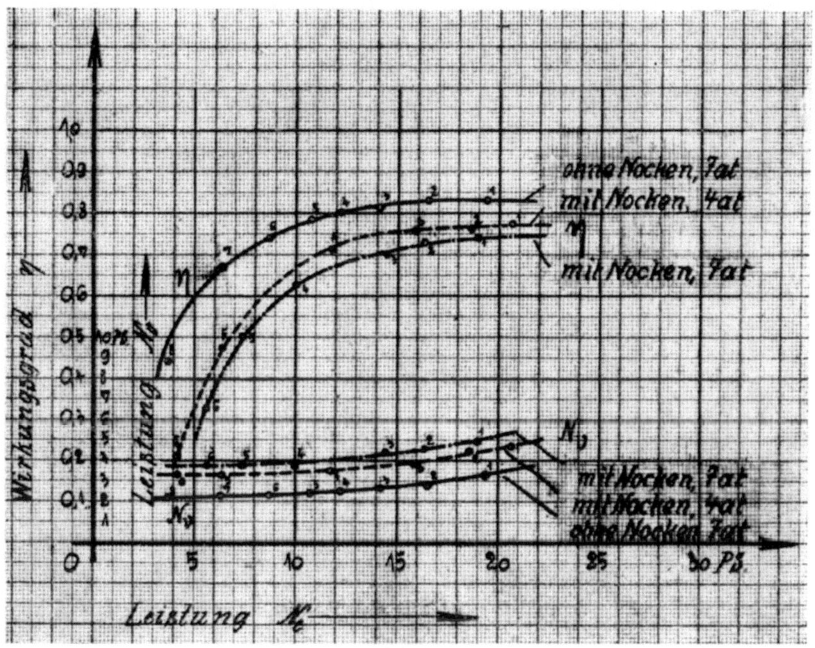

Fig. 31.

Es zeigt sich somit, daß tatsächlich die Höhenlage der Kurven in erster Linie von der aufzuwendenden Hebarbeit bestimmt wird. Die Verminderung der Hebarbeit infolge des verminderten Luftdruckes ist so groß, daß die Verluststeigerung in der Bereifung, die sich durch die vermehrte Walkarbeit ergibt, mehr als aufgehoben wird.

Die Erscheinung deckt sich durchaus mit den Erfahrungen der Praxis. Auf schlechten, stark unebenen Straßen ist eine größere Fahrgeschwindigkeit erreichbar, wenn die Luftschlauchinnenpressung gering gewählt wird im Gegensatz zur Fahrt auf glatter Straße; hier

Tabelle 21.

No.	N_e	N_a	η	N_v	Nocken Luftschlauch-innenpressung
1	19,40	16,10	83,0	3,30	Ohne Nocken 7 *at.*
2	16,47	13,69	83,2	2,78	
3	14,11	11,47	81.3	2,64	
4	12,13	9,64	79,5	2,49	
5	10,84	8,44	77,9	2,40	
6	8,70	6,45	74,2	2,25	
7	6,33	4,22	66,8	2,11	
8	3,71	1,64	44,2	2.07	
1	20.70	16,03	77,4	4,67	Mit Nocken 4 *at.*
2	18,64	14,22	76,3	4,42	
3	15,87	11,93	75,2	3,94	
4	11,79	8,32	70,6	3,47	
5	6,31	3,00	47,5	3,31	
6	4,18	0,86	20.6	3,32	
1	19,00	14,11	74,3	4,89	Mit Nocken 7 *at.*
2	16,26	11,82	72,7	4,44	
3	14,52	10,17	70,1	4,35	
4	10,08	6,36	63,0	3,72	
5	7,39	3,71	50,2	3,68	
6	5,60	1,85	33,0	3,75	

Tabelle 22.

Versuch No.	Schaltgang	N_e	N_a	$\eta = \frac{N_a}{N_e} 100$	$N_v = N_e - N_a$
1	Gang I	5,0	3,3	66.0	1,7
2		5.9	5,2	75,4	1,7
3		8,9	7,1	79,8	1,8
4		10,9	9,0	82.6	1,9
5		12.7	10,5	82,8	2,2
6		14,7	12,2	83,0	2,5
7		16,6	13,9	83,8	2,7
8		18,5	15,6	84.4	2,9
9		20,2	17.0	84.2	3,2
10		22,6	19.2	85,0	3,4
11		25,3	20,8	82.3	4,5
12		27,6	22,2	80,5	5,4
13		19,2	15,9	82,8	3,3
14		17,4	14,4	82.8	3,0
15		15,5	12,9	83,2	2,6
16		13,6	11,2	82,4	2,4
17		11,7	9,6	82.0	2,1
18		9,7	7,8	80,5	1,9
19		7,6	5,9	77,6	1,7
20		5,7	4,0	70,2	1,7

Versuch No.	Schaltgang	N_e	N_a	$\eta = \frac{N_a}{N_e} 100$	$N_v = N_e - N_a$
1		10,2	8,2	80,3	2,0
2		13,2	11,0	83,3	2,2
3		16,4	13,7	83,4	2,7
4		19,3	16,1	83,5	3,2
5		22,1	18,2	82,4	3,9
6		24,9	20,2	81,2	4,7
7	Gang II	27,7	22,4	80,9	5,3
8		30,3	24,2	79,8	6,1
9		27,3	22,0	80,7	5,3
10		24,6	20,1	81,7	4,5
11		22,1	18,3	82,8	3,8
12		19,2	16,1	83,8	3,1
13		16,5	13,8	83,6	2,7
14		13,0	10,8	83,1	2,2
15		9,8	8,0	81,6	1,8
16		6,4	4,8	75,0	1,6
1		9,6	8,2	85,4	1,4
2		13,3	11,9	89,6	1,4
3		18,1	16,4	90,6	1,7
4		21,6	19,6	90,7	2,0
5		25,6	23,3	91,0	2,3
6		29,0	26,4	91,0	2,6
7	Gang III	29,2	26,5	90,8	2,7
8		27,0	24,5	90,7	2,5
9		24,4	22,3	91,4	2,1
10		21,6	19,8	91,7	1,8
11		19,0	17,5	92,0	1,5
12		16,5	15,2	92,1	1,3
13		12,1	10,8	89,4	1,3
14		8,0	6,6	82,5	1,4
1		12,1	10,4	85,9	1,7
2		14,7	13,0	88,3	1,7
3		17,9	16,2	90,5	1,7
4		20,5	18,7	91,2	1,8
5		23,7	21,7	91,6	2,0
6		26,6	24,4	91,8	2,2
7	Gang IV	29,1	26,6	91,3	2,5
8		28,8	26,4	91,7	2,4
9		26,0	24,0	92,3	2,0
10		23,8	21,8	91,6	2,0
11		20,7	19,1	92,3	1,6
12		17,7	15,9	89,9	1,8
13		14,7	13,0	88,4	1,7

ermöglicht eine hohe Luftpressung die größten Fahrgeschwindigkeiten. Es erscheint also mit Rücksicht auf die Leistungsausnutzung durchaus notwendig, die Luftschlauchinnenpressung den Verhältnissen der Fahrbahn anzupassen.

Leistungsverluste in der Kraftübertragung des Kettenwagens.

Um die Leistungsverluste in der Kraftübertragung des Kettenwagens mit denen der Kraftübertragung des Kardanwagens vergleichen zu können, wurden die wichtigsten der durchgeführten Versuche am Kettenwagen wiederholt. Den Wirkungsgrad des Triebwerkes bei den einzelnen Schaltgängen des Getriebekastens gesondert zu ermitteln, erübrigte sich. Denn es ist der Wirkungsgrad des benutzten Triebwerkes bereits durch Versuche ermittelt worden, die auf dem Prüfstand für Kraftfahrzeuge in der K. S. Mechanisch-Technischen Versuchsanstalt an der Technischen Hochschule Dresden durchgeführt wurden. Da die Prüfungsergebnisse bereits durch eine Veröffent-

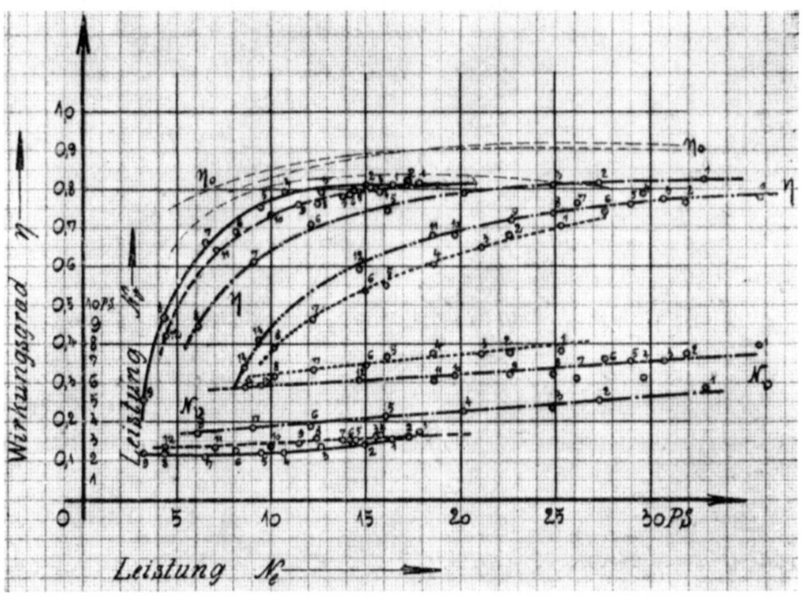

Fig. 32.

lichung*) bekannt gegeben worden sind, genügt es, die Ergebnisse durch die Figur 32 und die Tabelle 22 hier kurz zu wiederholen.

*) Zeitschrift des Mitteleuropäischen Motorwagen-Vereins 1910, S. 413.

Tabelle 23.

Versuch No.	Schaltung Fahrgeschw.	N_e	N_a	$\eta = \frac{N_a}{N_e}\, 100$	$N_v = N_e - N_a$
1	Gang I 15 km/Std.	16,52	13,40	81,1	3,12
2		15,10	12,20	80,8	2,90
3		12,70	10,03	79,1	2,67
4		10,68	8,48	79,4	2,38
5		9,51	7,11	74,8	2,40
6		8,10	5,56	68,7	2,54
7		6,50	4,30	66,2	2,20
8		4,37	2,02	46,3	2,35
9		3,21	0,81	25,3	2,40
1	Gang II 22 km/Std.	17,82	14,42	80,9	3,40
2		17,28	14,24	82,4	3,04
3		15,63	12,54	80,3	3,09
4		15,72	12,42	79,0	3,30
5		14,38	11,46	79,7	2,92
6		14,12	11,13	78,9	2,99
7		13,82	10,82	78,3	3,00
8		12,56	9,52	75,8	3,05
9		11,44	8,68	75,8	2,76
10		9,96	7,30	73,4	2,66
11		7,09	4,53	64,0	2,56
12		4,35	1,82	41,8	2,53
1	Gang III 40 km/Std.	32,91	27,11	82,4	5,80
2		27,34	22,23	81,4	5,11
3		24,89	20,21	81,3	4,68
4		21,08	16,63	78,9	4,45
5		16,22	12,00	74,0	4,22
6		12,11	8,50	70,2	3,61
7		9,06	5,44	60,1	3,62
8		6,06	2,69	44,5	3,37
1	Gang IV 60 km/Std.	35,68	27,77	77,8	7,91
2		31,87	24,38	76,5	7,49
3		30,74	23,63	76,8	7,11
4		29,58	23,47	79,3	6,11
5		29,00	21,97	75,8	7,13
6		27,63	20,37	73,8	7,26
7		26,04	19,93	76,5	6,11
8		24,73	18,33	74,1	6,40
9		22,60	16,23	71,8	6,37
10		19,73	13,38	67,8	6,35
11		18,57	12,54	67,6	6,03
12		14,75	8,68	58,8	6,07
13		9,04	3,23	35,8	5,81
14		8,54	2,89	33,8	5,65
1	Gang IV 75 km/Std.	25,23	17,66	70,0	7,57
2		22,64	15,33	67,7	7,31
3		21,03	13,55	64,4	7,48
4		18,61	11,20	60,2	7,41
5		16,10	8,82	54,8	7,28
6		14,99	8,05	53,7	6,94
7		12,18	5,60	46,0	6,58
8		10,19	3,98	39,1	6,21

Ein Vergleich mit den am Kardanwagen erhaltenen Zahlenwerten zeigt, daß der Wirkungsgrad des Kettenwagentriebwerks durchgängig kleiner ist; der Unterschied ist jedoch gering.

Die gleichen Verhältnisse ergibt die Prüfung der Leistungsverluste in der gesamten Kraftübertragung. Die Figur 32 und die Tabelle 23 enthalten die Ergebnisse der Versuche; sie wurden mit den vier Schaltgängen des Getriebekastens für die normale Umdrehungszahl des Antriebsmotors von rund 1200 pro Min. durchgeführt. Ein weiterer Versuch wurde wiederum angeschlossen, bei dem unter Benutzung des 4. Schaltganges die Motorumdrehungszahl auf rund 1500 pro Min. gesteigert wurde. Die Räder waren mit flachen Reifen von der Profilgröße 895/135 ausgerüstet. Die Luftschlauchinnenpressung der Reifen betrug 7 at, der Achsdruck 1200 kg.

Die Kurven zeigen denselben charakteristischen Verlauf wie die Kurven für das Kardanuntergestell, sie liegen jedoch sämtlich etwas tiefer. Die Leistungsausnutzung ist für den Kettenwagen zwar schlechter, die Unterschiede sind jedoch außerordentlich klein, sie sind beispielsweise kleiner als die Unterschiede, die sich durch Verändern der Luftschlauchinnenpressung oder durch Verändern der Achsbelastung innerhalb der gegebenen Grenzen gezeigt haben. Die Unterschiede sind also praktisch von geringer Bedeutung. Die gleichen Zustände ergeben sich für die weiter durchgeführten Versuche beim Lauf der Räder auf unebener Fahrbahn. Es wurden in Anlehnung an die Versuche am Kardanwagen Vergleichsversuche angestellt, um zu ermitteln, ob Stoßwirkungen auf die Radreifen eine erhebliche Vermehrung der Leistungsverluste zur Folge haben. Dies hätte etwa in einer starken Verwindung und Klemmung der einzelnen Kettenglieder vermutet werden können.

Es wurde ein erster Versuch durchgeführt mit kleinen, die Räder gleichzeitig treffenden Holznocken von 15 mm Höhe und 50 mm Länge bei Einschaltung des 4. Geschwindigkeitsganges und bei Benutzung einer flachen Bereifung der Profilgröße 895/135. Die Luftschlauchinnenpressung betrug 7 at, der Achsdruck 1200 kg. Für einen zweiten Versuch wurden größere Nocken von 30 mm Höhe und 150 mm Länge um 180° versetzt auf die Scheiben aufgelegt und der Versuch unter sonst gleichen Verhältnissen durchgeführt.

Die Figuren 33 und 34 und die Tabellen 24 und 25 enthalten die Versuchsergebnisse. Auch hier ist der Unterschied in der Leistungsausnutzung für die kleinen Nocken gering, für die großen, ungleichmäßig stoßenden Nocken groß. Ein Unterschied den Verhältnissen am Kardanwagen gegenüber ist ebenfalls zu erkennen. Es zeigt sich, daß durch heftiges Schlagen der Ketten und durch Verwindung der Kettenglieder die Leistungsverluste größer sind als in der Kraftübertragung eines Kardanwagens. Diese Zustände sind durchaus erklärlich.

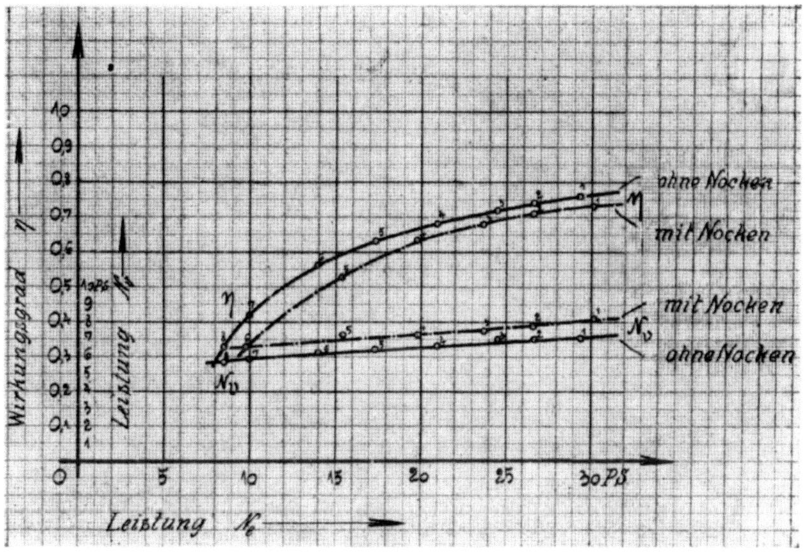

Fig. 33.

Tabelle 24.

Versuch No.	N_e	N_a	η	N_v	Nocken
1	29,38	22,34	76,1	7,04	
2	26 73	19 78	74,0	6,95	
3	24.47	17,51	71,6	6,96	
4	20,89	14.25	68,2	6.64	Ohne
5	17,37	10,95	63,0	6,42	Nocken
6	14,08	7,92	56 3	6,16	
7	9,96	4 12	41,4	5,84	
8	8,49	2.77	32,7	5,72	
1	30.07	21,90	72,9	8.17	
2	26,70	18,96	71.0	7,84	
3	23 67	16.12	68,1	7,55	Mit
4	19,78	12,53	63,4	7,25	Nocken
5	15,39	8,15	52,9	7,24	
6	9,82	3,23	32,9	6,59	

In bezug auf die Leistungsausnutzung zeigt sich somit .der Kardanantrieb günstiger als der Kettenantrieb. Die Unterschiede sind

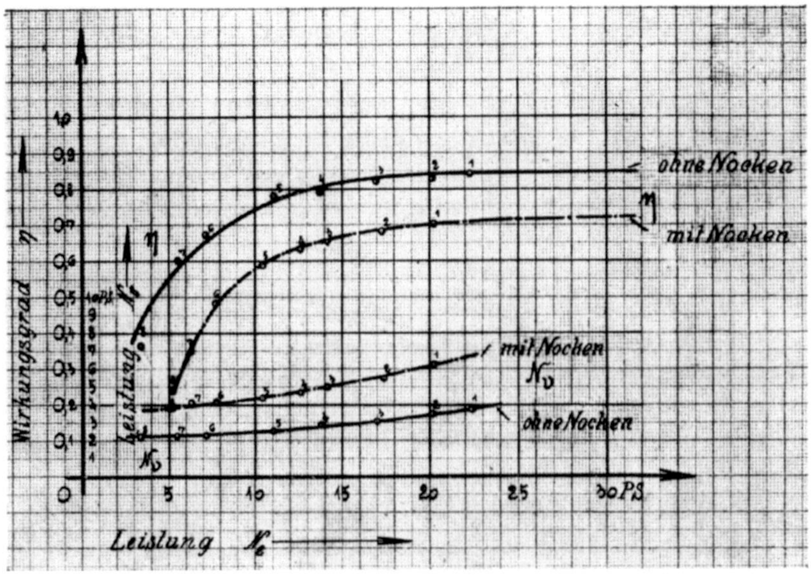

Fig. 34.

Tabelle 25.

Versuch No.	N_e	N_a	η	N_v	Nocken
1	22,30	18,61	83,4	3,69	Ohne Nocken
2	20,11	16.69	83,0	3,42	
3	16,93	13.88	82,0	3,05	
4	13.77	10 88	79 0	3,89	
5	11 10	8,66	77 9	2,44	
6	7.16	4,81	67,2	2,35	
7	5.54	3,33	60,1	2,21	
8	3,41	1,22	35,7	2.19	
1	20.32	14 17	69,7	6.15	Mit Nocken
2	17,40	11.87	68.2	5.53	
3	14,24	9.26	65,0	4,98	
4	12.73	8,01	62,9	4.72	
5	10,53	6,19	58,8	4,34	
6	7 91	3,83	48,5	4,08	
7	6,30	2,20	34,9	4.10	
8	5,08	1,21	23,8	3,87	

sehr gering. zu berücksichtigen ist jedoch, daß die Unterschiede größer werden können, wenn die Kettenglieder verschmutzt sind, oder wenn die Glieder infolge langen Arbeitens ihre gleichmäßige Form verloren haben. Es darf angenommen werden, daß die Zunahme der Leistungsverluste bei längerem Gebrauch der Kraftwagen beim Kardanuntergestell eine geringere ist als beim Kettenwagen.

Zusammenfassung der Versuchsergebnisse.

Durch die Versuche sind in übersichtlicher Weise die Mittel dargelegt worden, durch die eine gute Ausnutzung der Motorenleistung erzielt werden kann. Die Mittel sind außerordentlich mannigfaltig, und es ist die bei richtiger Wahl der Verhältnisse erreichbare Verbesserung der Ausnutzung außerordentlich groß. Von besonderer Bedeutung ist dabei die Feststellung, daß der weitaus größte Teil der entstehenden Verluste in der Bereifung auftritt. Die Steigerung der an den Hinterrädern zum Vortrieb des Wagens zur Verfügung stehenden Leistung durch richtige Wahl des Luftdrucks, der Reifenart und der Größe der Achsbelastung ist um vieles größer als die Steigerung, die durch technische Vervollkommnung des Antriebsmotors, des Wechselräderwerkes oder der Hinterachsbrücke je erreicht werden kann. In den Automobilfabriken werden eingehende Versuche angestellt, um zu ermitteln, ob beispielsweise durch Anwendung von Schiebern an Stelle der Motorventile, durch kuglige Ausbildung des Verbrennungsraumes, durch Anordnung der Ventile im Zylinderkopf, durch Anwendung von Doppelzündungen und andere Mittel die Leistung des Antriebsmotors erhöht werden kann. Über diesen an sich richtigen Bemühungen darf nicht versäumt werden, alles aufzubieten, um die großen Leistungsverluste in der Bereifung herabzumindern. Durch große Verluste in der Bereifung ist nicht nur die Motorenausnutzung gering, sondern es werden auch die kostspieligen Reifen frühzeitig zu Grunde gerichtet.

Die Verluste im Triebwerk der Kraftwagen zeigten sich außerordentlich gering. Diese Feststellung deckt sich mit den Ergebnissen mehrerer bereits bekannt gewordenen Versuchsarbeiten. Die durch die vorliegenden Untersuchungen ermittelten hohen Wirkungsgrade von 93,3 v. H. am Kardanwagen und 92,3 v. H. am Kettenwagen lassen es als aussichtslos erscheinen, durch konstruktive Veränderungen des Triebwerkes gegenüber der jetzigen Ausführungsform nennenswerte Verbesserungen in der Leistungsausnutzung zu erzielen. An Vorschlägen in dieser Richtung fehlt es nicht. Weder die Anordnung von zwei direkten Schaltgängen im Getriebekasten noch die Anwendung eines Schneckengetriebes an Stelle der Kegelradübersetzung können den Wirkungsgrad des Triebwerkes wesentlich erhöhen.

Die Versuche zeigen ferner, daß es nicht möglich ist, eine allgemeingültige Zahl als Wert für den Wirkungsgrad eines Kraftfahrzeuges anzugeben. Je nach der Größe der übertragenen Leistung, je nach der Fahrgeschwindigkeit, der Reifenart, der Luftschlauchinnenpressung, der Zahl der Wageninsassen ist die Leistungsausnutzung eine andere. Der praktische Wert einer Zahlenangabe aber, die ungültig wird, sobald sich irgend eine der angegebenen Größen ändert, ist gering. Um an einem Beispiel zu zeigen, wie durch Zusammentreffen von mehreren günstigen oder ungünstigen Zuständen an ein und demselben Wagen die größten Unterschiede in der Leistungsausnutzung eintreten können, wurden Vergleichsversuche angestellt, ein erster Versuch mit einer Fahrgeschwindigkeit von 40 km pro Stunde, einer flachen Bereifung der Profilgröße 895/135, einer Luftschlauchinnenpressung von 8 at und einem Achsdruck von 800 kg, und ein zweiter Versuch mit der Fahrgeschwindigkeit von 60 km pro Stunde, einer Bereifung Gummigleitschutz mit Stahlnieten, Profilgröße 895/135, einer Luftschlauchinnenpressung von 4 at und einem Achsdruck von 1400 kg. Die Ergebnisse sind durch die Figur 35 (Tabelle 26) wiedergegeben, die die Unterschiede in der Leistungsausnutzung in anschaulicher Weise zeigt. Die Wirkungsgrade sind selbst bei gleicher Leistung des Antriebsmotors außerordentlich verschieden.

Immerhin ist es möglich, die Güte der Kraftübertragung zweier Automobile von sicherer Grundlage aus miteinander zu vergleichen, wenn die Prüfung auf einem Bremsstand nach Figur 6 durchgeführt wird, denn in diesem Falle ist ein Gleichhalten aller Verhältnisse ohne weiteres erreichbar. Hier kann unter bestimmten, als normal angenommenen Verhältnissen eine sichere Zahl für den Wirkungsgrad ermittelt werden.

Durchaus zweckmäßig wäre es daher, wenn in den Automobilfabriken die Kraftfahrzeuge, bevor Versuchsfahrten auf der Landstraße vorgenommen werden, auf einem Prüfstand der beschriebenen Art untersucht würden. Die kostspieligen, zeitraubenden und gefährlichen Prüfungsfahrten könnten abgekürzt werden, und es würde trotzdem die Gesamtprüfung ein zuverlässigeres Urteil über die Güte der einzelnen Fahrzeuge ergeben.

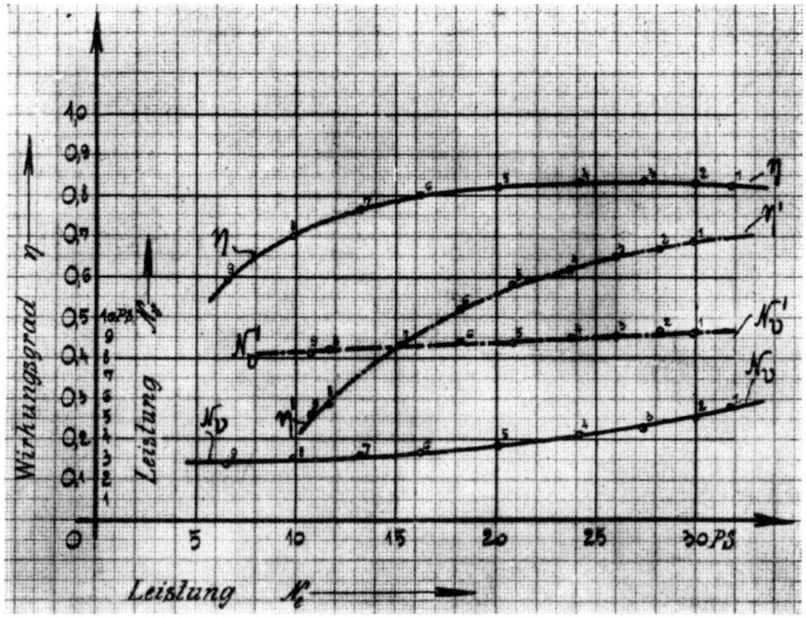

Fig. 35.

Tabelle 26.

Versuch No.	N_e	N_a	η	N_v	
1	31.80	26,20	82,4	5,60	Flach 895/135 8 at 800 kg Achsdruck III. Gang 40 km/Std
2	29,92	24 93	83,3	4 99	
3	27,40	22,87	83,4	4,53	
4	24,17	19,95	82,6	4,22	
5	20,94	17,27	82.4	3,67	
6	16,31	13,05	80.0	3 26	
7	13,30	10.18	76,5	3.12	
8	9,82	6,83	69.6	2,99	
9	6,55	3,87	59,2	2,68	
1	29,54	20,30	68,7	9,24	Gummigleitschutz mit Stahlnieten 895/135 4 at 1400 kg Achsdruck IV. Gang 60 km/Std
2	28,21	18,84	66,9	9,37	
3	25,97	16,85	64,9	9,12	
4	23,64	14.63	61,9	9 01	
5	20,79	12,10	58,2	8 69	
6	18,25	9.44	51,7	8.81	
7	15.31	6,65	43,4	8,66	
8	11,74	3,33	28,3	8,41	
9	10,72	2,42	22,6	8,30	

Durch die Versuche sind die Maßnahmen erkannt worden, durch die die Verluste in der Kraftübertragung, insbesondere in der Bereifung, auf den geringsten Betrag eingeschränkt werden können. Die Bereifung dient jedoch nicht nur zur Leistungsübertragung, sondern sie hat vor allem die weitere, wichtige Aufgabe zu erfüllen, die durch die Unebenheiten der Fahrbahn hervorgerufenen Stöße abzumildern und einen ruhigen, schnellen Lauf des Wagens selbst auf schlechtesten Straßen zu ermöglichen.

Es wurden daher weitere Versuche angeschlossen, um festzustellen, unter welchen Umständen die zweite Aufgabe der Bereifung am vollkommensten erfüllt werden kann. Erst nach Abschluß dieser Versuche wird es möglich sein, die für den praktischen Fahrbetrieb günstigsten Verhältnisse der gesamten Kraftübertragung zu erkennen, denn es ist anzunehmen, daß die Hilfsmittel zur Erreichung einer guten Leistungsausnutzung zum Teil in direktem Widerspruch stehen zu den Hilfsmitteln, die eine gute Stoßmilderung gewährleisten.

Versuche über die Abfederung von Kraftfahrzeugen.

Einleitung.

Die Abfederung eines Kraftfahrzeuges hat die Aufgabe, die Bauteile des Wagens vor schädigenden Stößen zu bewahren und zu bewirken, daß die von den Wagenfedern getragenen Teile des Fahrzeuges beim Lauf des Wagens auf unebener Fahrbahn nicht um ihre Gleichgewichtslage auf- und abschwingen. Diese Teile sollen trotz der durch die Unebenheiten auf die Räder einwirkenden Stöße ihre normale Lage zur Fahrbahn beibehalten, sich also ausschließlich in der Fahrtrichtung vorwärtsbewegen.

Die für den Bau von Kraftfahrzeugen angewendeten Abfederungsarten erfüllen diese Aufgabe in nur unvollkommener Weise. Es ist nicht zu vermeiden, daß infolge der Unebenheiten der Fahrbahn der Wagenoberbau beträchtliche Schwingungsbewegungen ausführt und daß die Bauteile des Wagens, insbesondere die Teile der Abfederung selbst, erhebliche Beanspruchungen erleiden.

Die Abweichungen von dem anzustrebenden vollkommenen Zustand ergeben einen sicheren Maßstab zur Beurteilung der Güte verschiedener Abfederungsarten. Um die Beurteilung zu ermöglichen, müssen die Abweichungen gemessen werden. Es erschien daher angezeigt, eine Untersuchung der verschiedenen Abfederungsmöglichkeiten von Kraftfahrzeugen auf vornehmlich experimentellem Wege durchzuführen. Es galt eine Versuchseinrichtung zu treffen, mit deren Hilfe die Abweichungen von der anzustrebenden vollkommensten Wirkungsweise der Abfederung einwandfrei festgestellt werden konnten. Es war nicht nur erforderlich, die Schwingungsbewegungen von Achse und Rahmen allgemein zu bestimmen, sondern sie vielmehr in solcher Weise festzulegen und aufzuzeichnen, daß eine Messung der beim Stoßvorgang auftretenden Beanspruchungen der einzelnen Wagenteile möglich wurde.

Es wurde die im Folgenden beschriebene und durch die Figur 36 veranschaulichte Versuchseinrichtung benutzt. In der gleichen Weise wie für die Bestimmung des Leistungsverbrauches wurde das Fahrgestell des zu untersuchenden Wagens mit den Hinterrädern auf die Laufscheiben der Bremswelle aufgesetzt und durch einen Elektromotor angetrieben. Um für die Versuche auf die Wagenräder

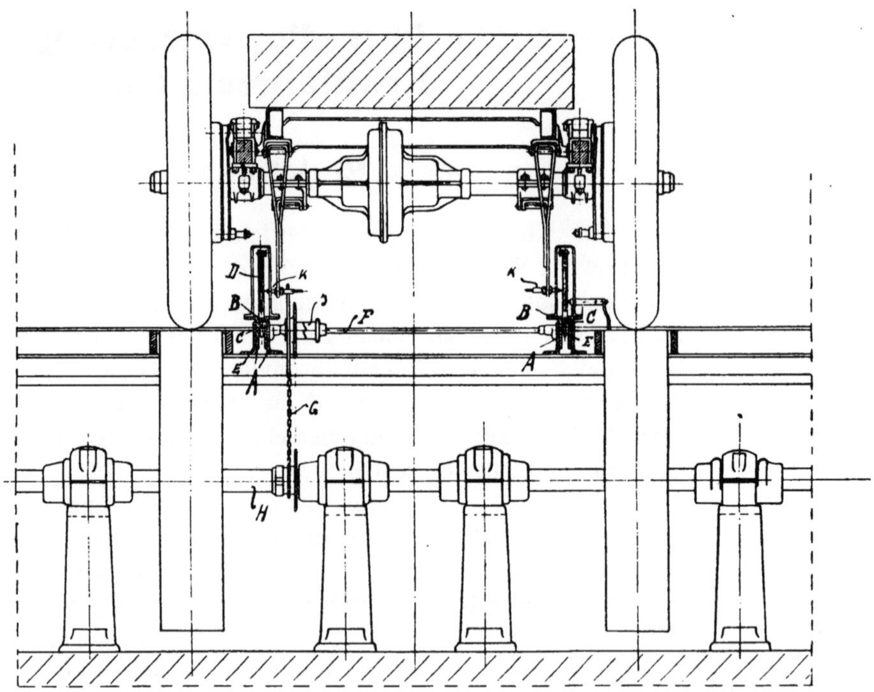

Stoßwirkungen gleicher Art hervorbringen zu können, wie sie während der Fahrt des Wagens auf unebener Fahrbahn auftreten, wurden in bereits geschilderter Weise auf den Umfang der Laufscheiben Nocken bestimmter Größe aufgesetzt. Die Räder mußten beim Lauf auf den Scheiben diese Nocken überspringen. Die Massen der Achse und des Rahmens gerieten hierdurch in heftige Schwingungsbewegungen, deren Größe und deren Verlauf festgestellt wurde*).

*) Die Nocken waren auf den Lauftrommeln nicht starr befestigt, sondern fielen von den Trommeln ab, sobald die Wagenräder die Nocken übersprungen hatten. Es erfolgte also nicht bei jeder Umdrehung der Trommeln ein Stoß auf die Wagenräder.

Diese Feststellung erfolgte durch eine Registriervorrichtung der durch Figur 36 veranschaulichten Art. Quer über die Bremsgrube, d. i. senkrecht zur Längsachse der Bremswelle, wurden zwei Winkeleisenpaare *A* gelegt, in die Nuten zur Aufnahme zweier Schlitten *B* eingearbeitet waren. Die Schlitten bestanden aus gehobelten Eisenschienen, die auf der Oberseite senkrecht stehende,

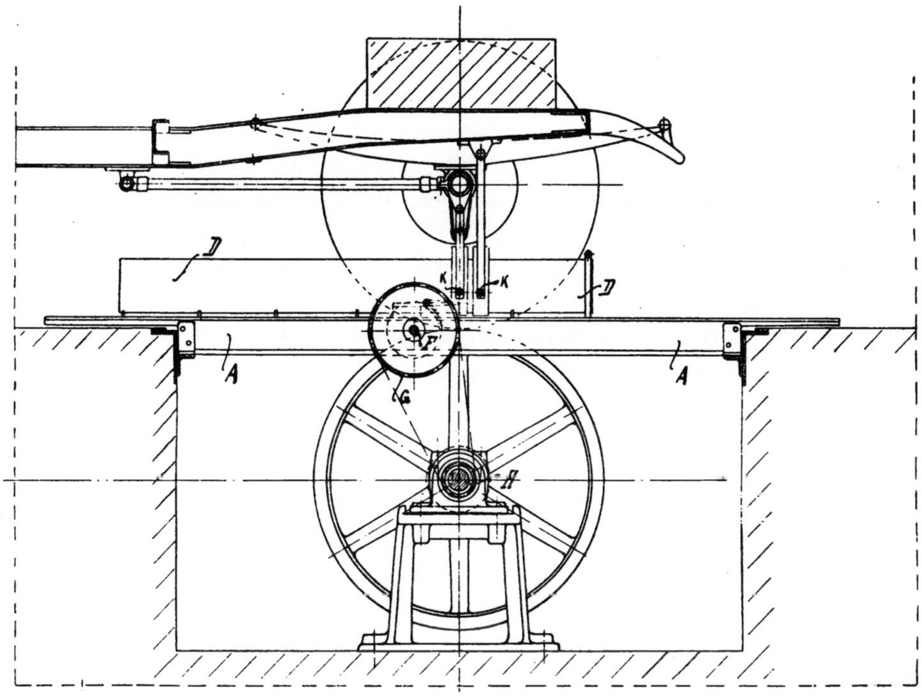

Fig. 36.

lange Glasscheiben *D* und an der Unterseite Zahnstangen *C* trugen. Mit den Zahnstangen standen kleine Zahnräder *E* im Eingriff, die auf gemeinsamer Zwischenwelle *F* sitzend durch einen Kettentrieb *G* von der Bremswelle *H* aus angetrieben wurden. Eine Kupplung *J* gestattete es, die Verbindung mit der Bremswelle zu lösen.

War die Kupplung eingeschaltet, so übertrug sich die Drehung der Bremswelle auf die Zahnräder, und diese verschoben mit Hilfe der Zahnstangen die Schlitten mit den Glasscheiben. Die Vorwärtsbewegung der Scheiben erfolgte somit in zwangläufiger Abhängigkeit von der Drehbewegung der Bremswelle. Wurde die Drehgeschwindigkeit der Bremswelle gemessen, so war gleichzeitig auch die Vorschubgeschwindigkeit der Glasscheiben bekannt.

Die Scheiben waren mit einer Rußschicht überzogen. Mit der Achse sowohl wie mit dem Rahmen waren Schreibstifte *K* verbunden, die sich federnd gegen die Glasscheiben anlegten und die beim Schwingen der Achse und des Rahmens in die Rußschicht scharfe Linienzüge einschrieben. Die Schwingungsbewegungen zeichneten sich daher selbsttätig in Diagrammen auf, deren Ordinaten die Schwingungsausschläge und deren Abscissen die während des Schwingungsvorganges verfließenden Zeiten darstellten.

Die Schwingungsausschläge erschienen in natürlicher Größe auf den Glasscheiben, während der Maßstab für die Zeiten von der Uebersetzung des Schlittenantriebes und von der Drehgeschwindigkeit der Bremswelle abhängig war. Veränderungen in der Uebersetzung des Antriebes ermöglichten es in jedem Falle, einen geeigneten Maßstab für die Zeiten zu erhalten. Die Schreibvorrichtung ergab hierdurch selbst für die größten, während der Versuche angewendeten Laufgeschwindigkeiten der Fahrgestellhinterräder exakte, scharfgeschriebene Schwingungsdiagramme, die alle Einzelheiten der Schwingungsvorgänge deutlich erkennen ließen.

Bevor in die Beschreibung der einzelnen Schwingungsvorgänge eingetreten werden kann, erscheint es erforderlich, den allgemeinen Verlauf eines Stoß- und Schwingungsvorganges des näheren darzulegen.

Wird entsprechend der Figur 37 angenommen, daß sich ein Rad mit gleichförmiger Horizontalgeschwindigkeit v_h auf seiner Bahn bewegt und in der Lage *A* auf ein Hindernis *B* auftrifft, so ist das Rad gezwungen, dieses Hindernis zu überspringen. Das Rad muß im Augenblick des Anlaufens eine Drehbewegung um den Punkt *C* des Hindernisses ausführen. Hat das Rad eine vollkommen starre Bereifung, und soll die Horizontalgeschwindigkeit v_h auch während des Sprunges über das Hindernis konstant bleiben, so muß im Augenblick der Berührung nach dem Parallelogramm der Geschwindigkeiten eine Vertikalgeschwindigkeit v_v von endlicher Größe auftreten, während vor dem Anlauf des Rades an das Hindernis die Vertikalgeschwindigkeit gleich Null war. Dies bedeutet aber, daß die Beschleunigung des Rades in vertikaler Richtung unendlich groß sein muß. Hierzu gehören unendlich große Kräfte, die praktisch nicht auftreten können, es werden vielmehr am Hindernis oder am Rad Zerstörungen eintreten müssen.

Der Betrachtung wurde die Annahme zugrunde gelegt, daß sich die Horizontalgeschwindigkeit v_h des Rahmens und der Achse auch beim Lauf der Räder über das Hindernis nicht ändert. Diese Annahme ist im allgemeinen berechtigt, denn die Masse des fahrenden Wagens ist von solcher Größe, daß die Verzögerung der Wagenmasse im Augenblick des Stoßes gleich Null gesetzt werden kann.

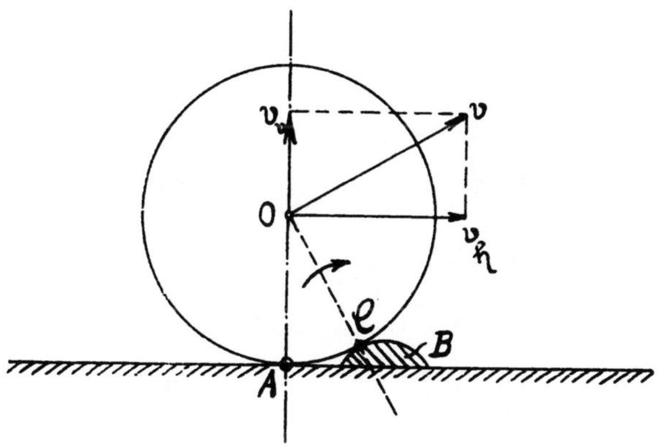

Fig. 37.

Es bestehen jedoch Wagenkonstruktionen, bei denen vorübergehend ein Zurückbleiben der Achsmasse gegenüber der Rahmenmasse möglich ist, und zwar durch Verwendung federnder Achsabstützungen. Die Geschwindigkeit v_h der Achse kann im Augenblick des Stoßes Null werden, sodaß auch die Vertikalgeschwindigkeit v_v von Null beginnend, allmählich zunehmen wird, das Auftreten übermäßig großer Vertikalbeschleunigungen also vermieden ist. Es muß jedoch beachtet werden, daß die durch die Konstruktion ermöglichte Relativbewegung zwischen Achse und Rahmen recht gering ist, daß also auch die mildernde Wirkung federnder Achsabstützungen nur klein sein kann.

Ein geeignetes Hilfsmittel, um auch bei konstanter Horizontalgeschwindigkeit des Wagens die Vertikalkräfte in zulässigen Grenzen zu halten, bietet sich in der Anwendung einer elastischen Bereifung. Das Hindernis kann sich bis zu einem gewissen Grade in den Reifen eindrücken, die Vertikalkräfte nehmen von Null beginnend allmählich zu und erteilen der Achsmasse eine vom Werte Null allmählich wachsende Vertikalgeschwindigkeit. Die Räder mit der Achse führen eine Schwingungsbewegung aus. Sie weicht von der Hindernisform

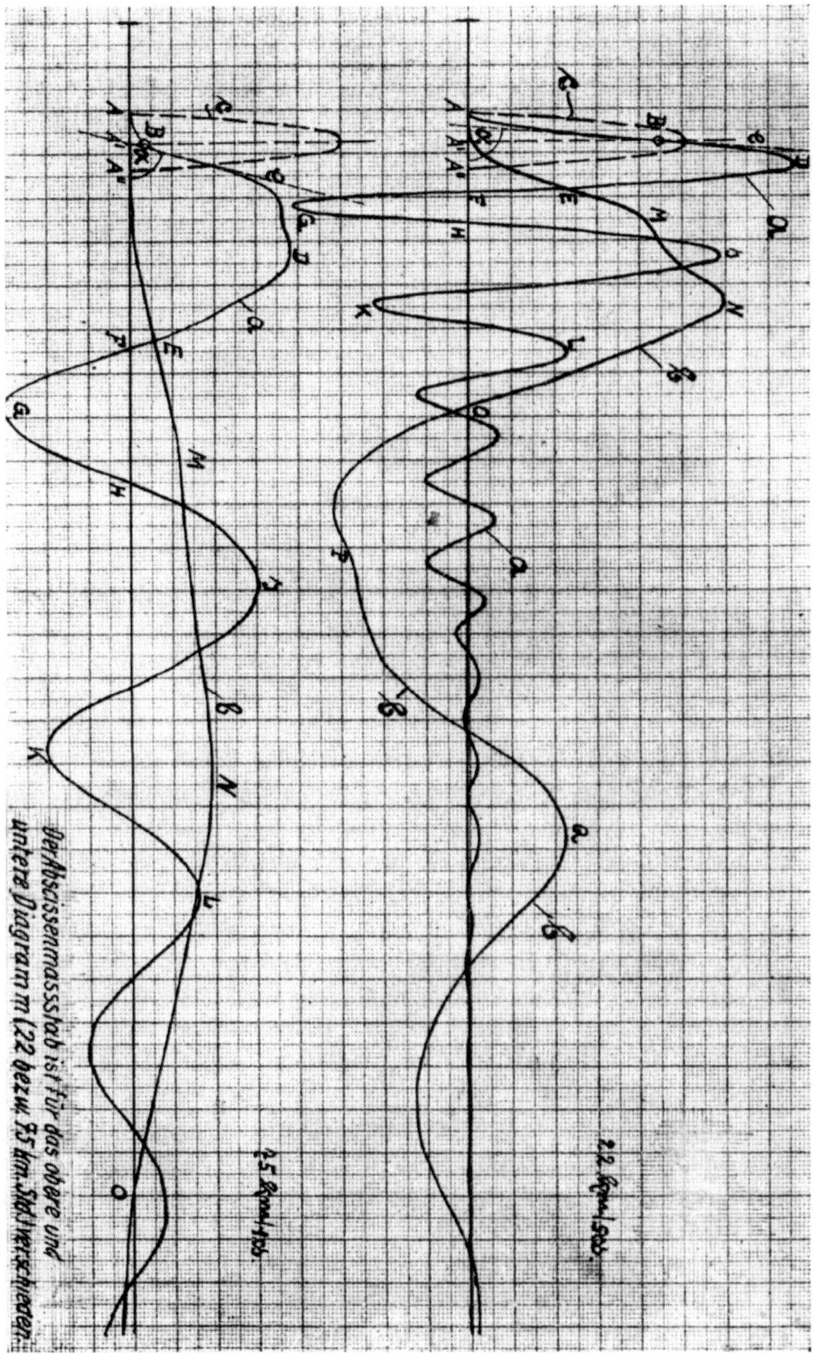
Der Abscissenmassstab ist für das obere und untere Diagramm (22 bezw. 35 km. Std.) verschieden.

Fig. 38.

beträchtlich ab und ruft eine Schwingungsbewegung des Wagenoberbaues hervor.

Durch die im Vorhergehenden beschriebene Registriervorrichtung ist es möglich, den Verlauf der Schwingungsbewegungen von Achse und Rahmen während eines Stoßvorganges zu verfolgen und zeichnerisch festzuhalten. Die Figur 38 gibt ein Beispiel der erhaltenen Schwingungsdiagramme. Der Stoß wurde hervorgerufen durch ein Hindernis von der in Figur 39 veranschaulichten Form.

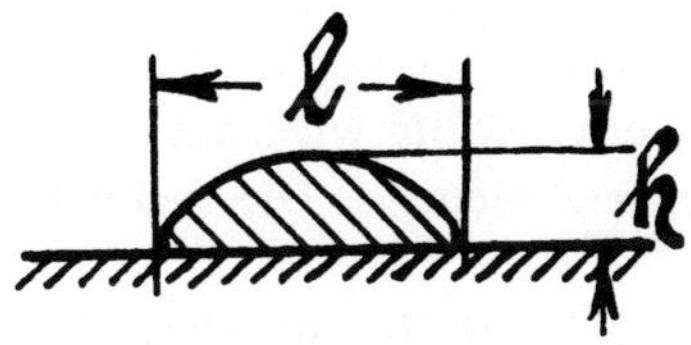

Fig. 39.

Kurve *a* der Figur 38 stellt die Achsbewegung, Kurve *b* die Rahmenbewegung dar. Zum Vergleich mit der durch *a* dargestellten tatsächlichen Schwingungsbewegung der Achse wurde dem Diagramm eine weitere Kurve *c* hinzugefügt, die im gleichen Maßstab die Achsbewegung unter der Annahme darstellt, daß bei vollkommen starrer Bereifung das Rad, ohne die Berührung mit dem Boden zu verlieren, über das Hindernis hinwegrollt. Es bedeutet *A* den Zeitpunkt der Berührung zwischen Hindernis und Rad, *A'* den Zeitpunkt, in dem sich das Rad senkrecht über der Mitte des Hindernisses befindet und *A''* den Zeitpunkt, in dem das Rad das Hindernis verläßt. Die tatsächliche Schwingungsbewegung der Achse zeigt sich in Kurve *a*, den obigen Ausführungen entsprechend, von dieser Bewegung durchaus verschieden.

Das allmähliche Anheben der Achse drückt sich in dem ersten Anlaufbogen *ABC* der *a*-Kurve aus. Es erlangt die Achse durch die Beschleunigungskräfte in vertikaler Richtung eine erhebliche Vertikalgeschwindigkeit. Die Beschleunigung dauert so lange an, als die senkrecht nach oben wirkenden Kräfte diejenigen Kräfte übersteigen, die der Aufwärtsbewegung der Achse entgegenstehen. Ein Gleichgewichtszustand wird im weiteren Verlauf der Schwingung eintreten, die Vertikalgeschwindigkeit hat ihren höchsten Wert erreicht. Beendet wird die Vertikalschwingung im Punkt *D* jedoch erst sein, wenn die der Bewegung entgegenwirkenden Kräfte die kinetische Energie der emporgeschleuderten Achse völlig aufgezehrt haben. Ein Abwärtsschwingen der Achse schließt sich an. Im Abwärtsschwingen erlangt die Achsmasse ebenfalls eine beträchtliche kinetische Energie. Infolgedessen schwingt sie über ihre Gleichgewichtslage, die im Diagramm durch die horizontale Grade gekennzeichnet ist, hinaus und erzeugt zwischen Rad und Fahrbahn einen erhöhten Bodendruck, Kurvenstück *FG*, bis ihre kinetische Energie durch die Bodendruckkräfte vernichtet ist. Als Folge der gesteigerten Bodendrücke wird eine zweite Aufwärtsschwingung eingeleitet, Kurvenstück *GHJ*, der sich, wie das Diagramm zeigt, eine Reihe weiterer Schwingungsbewegungen anschließt. Die folgenden Schwingungen zeigen jedoch immer kleiner und kleiner werdende Schwingungsausschläge, ein Zeichen dafür, daß dauernd Kräfte wirksam sind, die die Schwingungsbewegungen zu hemmen suchen. Die Schwingungen klingen bald völlig aus.

Eine unmittelbare Folge der Achsbewegung ist die Bewegung des Rahmens; sie drückt sich in der Kurve *b* des Diagrammes aus. Da durch das Ausschwingen der Achse erst die zur Einleitung der Rahmenschwingung nötigen vertikalen Kräfte entstanden sein müssen, eilt die Rahmenbewegung der Bewegung der Achse um einen gewissen Betrag nach. Der Anstieg des Rahmens erfolgt erheblich später als der der Achse, und es tritt ebenso, wie das Diagramm erkennen läßt, die Höchstlage des Rahmens beträchlich später ein als die der Achse.

Von besonderem Interesse ist weiterhin die Feststellung, daß nicht nur die erste Aufwärtsschwingung der Achse sondern auch die zweite Aufwärtsschwingung einen wesentlichen Einfluß auf die Größe der Rahmenbewegung hat.

Da die Abscissen des Schwingungsdiagrammes die Zeiten darstellen, ist ohne weiteres die Schwingungsdauer der Achs- und Rahmenbewegung aus dem Diagramm zu entnehmen. Es ist zu beachten, daß die Achse eine zwischen zwei federnden Systemen — den Wagenfedern einerseits und den Reifen andererseits — hängende Masse darstellt, während der Rahmen eine nur von den Wagenfedern getragene Masse verkörpert. Die Schwingungsdauer der Rahmenbewegung wird im allgemeinen größer sein als die der Achsbewegung. Für die Achsschwingung ist zu beachten, daß die Dauer der ersten Schwingung, d. i. der Sprung über das Hindernis, durchschnittlich größer sein wird, als die Dauer der sich anschließenden Schwingungsbewegungen.

Ferner bietet das Diagramm die Möglichkeit, die Schwingungsgeschwindigkeit der Achse und des Rahmens in jedem Augenblick festzustellen, da sich die Geschwindigkeit nach der Beziehung $v = \frac{ds}{dt}$ als Tangante an die Schwingungskurve darstellt.

Da die zwischen Radreifen und Hindernis auftretenden Bodendrücke für die Lebensdauer der Bereifung von ausschlaggebender Bedeutung sind, ist es erforderlich, diese Drücke durch Versuche unter den verschiedenen Bedingungen des praktischen Fahrbetriebes zu ermitteln, und ebenso die Bodendrücke zu bestimmen, die beim Aufprallen des Rades auf den Boden nach Ueberwindung des Hindernisses auftreten.

Da ferner, wie schon erwähnt wurde, aus dem Ausklingen der Schwingungen das Vorhandensein von Kräften unzweideutig hervorgeht, die den Schwingungsbewegungen dauernd entgegenarbeiten, ist es nötig, durch Versuche die Größe und die Wirkungsweise auch dieser Kräfte des näheren zu ermitteln.

Die Kurven *a* und *b* des Diagrammes stellen die Schwingungsbewegungen von Achse und Rahmen gegen den ruhenden Raum dar. Es ist jedoch von Interesse, auch die Relativbewegungen zwischen Achse und Rahmen festzustellen. Sie lassen sich ohne weiteres dem Diagramm Figur 38 entnehmen. Die Ueberschneidungen der Kurven *a* und *b* stellen die Zeitpunkte dar, zu denen Rahmen und Achse ihre normale, durch den Gleichgewichtszustand bedingte gegenseitige Lage einnehmen, während in den Zeiten, in denen die Punkte der Kurve *a* über denen der Kurve *b* liegen, ein Annähern der Achse an den Rahmen, und in den Zeiten, in denen die Punkte der Kurve *a* unter den Punkten der Kurve *b* liegen, ein Abschwingen der Achse vom Rahmen eintritt. Figur 40 gibt das auf zeichnerischem Wege er-

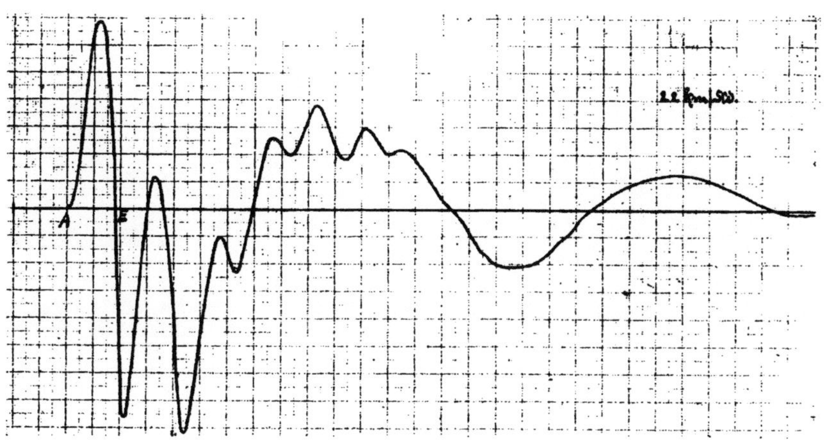

Fig. 40.

haltene Diagramm der Relativbewegungen wieder. Wie ersichtlich treten bei der zeitweiligen Gegenläufigkeit der Achs- und Rahmenbewegung außerordentlich hohe Relativgeschwindigkeiten der Schwingungsbewegungen auf; sie übersteigen die Maximalgeschwindigkeiten der absoluten Bewegungen um ein beträchtliches.

Statische Prüfung der Wagenfedern und der Reifen.

Die stoßmildernde Wirkung der Abfederung von Kraftfahrzeugen wird durch ein Zusammenarbeiten von Wagenfedern und Reifen ermöglicht. Bevor dieses durch dynamische Beanspruchungen hervorgerufene gemeinsame Arbeiten durch Versuche des näheren klargelegt werden kann, erscheint es erforderlich, das allgemeine Verhalten der Federn und Reifen bei statischen Beanspruchungen zu ermitteln.

Statische Prüfung der Wagenfedern.

Die statische Prüfung der Federn erfolgte in einer hydraulisch betriebenen Materialprüfungsmaschine. Die Federn *A* wurden entsprechend der in Figur 41 wiedergegebenen Versuchsanordnung mit ihren Gehängen *B* in Böckchen *C* eingebaut und auf den Querbalken *D* der Materialprüfungsmaschine aufgesetzt. Sodann wurden Druckkräfte auf die Mitten der Federn ausgeübt, und es wurden die durch die Kräfte hervorgerufenen Durchbiegungen der Federn gemessen.

Geprüft wurden je 2 Federpaare von verschiedener Weichheit für die Hinterachsen des untersuchten Kardan- und Kettenwagens. Die Tabelle 27 enthält die ermittelten Durchbiegungen in mm bezogen auf 100 kg Belastungssteigerung. Die weichste der Federn hatte eine Durchbiegung von 26 mm, die härteste eine solche von 16 mm pro 100 kg. Die Figur 42 enthält die sich ergebenden Kraft-Durchbiegungsdiagramme für die einzelnen Federn. Die Kurvenzüge sind naturgemäß gerade Linien.

Statische Prüfung der Reifen.

Lastet der Figur 43 entsprechend auf einem mit Gummireifen versehenen Rad ein Druck *P* bestimmter Größe, so plattet sich der Reifen an der Bodenberührstelle ab. Der Abstand *A* des Radmittelpunktes vom Boden ist kleiner als der Radhalbmesser *R*. Der Radreifen hat sich um den Betrag *B* eingedrückt.

Fig. 41.

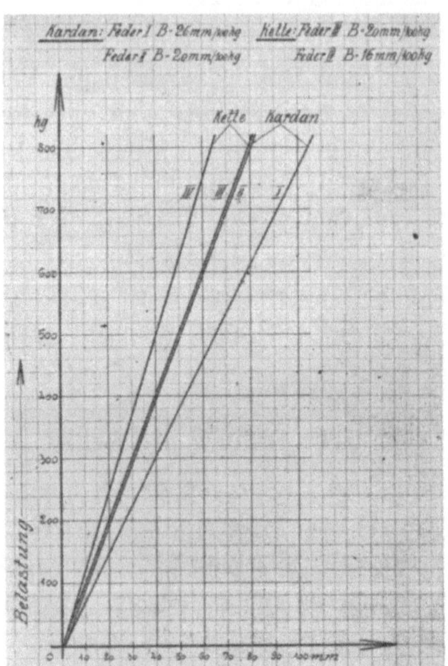
Kardan: Feder I B-26mm/100kg
Feder II B-20mm/100kg
Kette: Feder III B-20mm/100kg
Feder IV B-16mm/100kg
kg
Kette
Kardan
800
700
600
500
400
300
200
100
0
Belastung
Durchbiegung

Fig. 42.

Es ist von Interesse festzustellen, welche Größe diese Eindrückungen B annehmen. Sie wachsen mit der Größe der Radbelastung und sind ferner abhängig von der Bauart und der Profilgröße der Reifen sowie von der Luftpressung, die im Innern des

Tabelle 27.

Feder		Durchbiegung in mm pro 100 kg Belastungssteigerung
I. Schwache Feder	des Kardanwagens	26
II. Starke Feder		20
III. Schwache Feder	des Kettenwagens	20
IV. Starke Feder		16

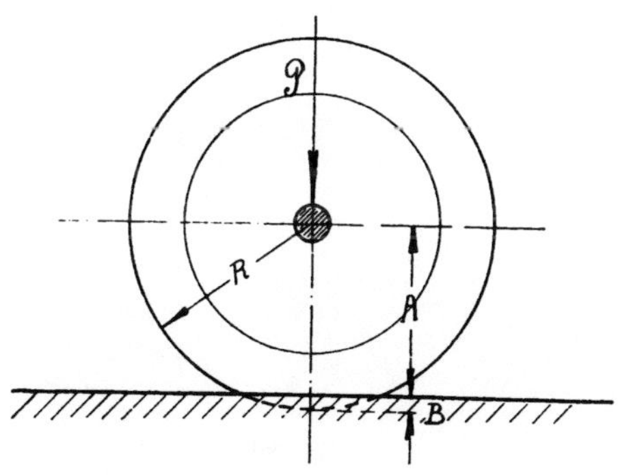

Fig. 43.

Luftschlauches herrscht. Auch die Größe der Druckfläche, mit der der Reifen den Boden berührt, ist von den gleichen Umständen abhängig. Wird die Größe der Fläche ermittelt, so läßt sich der auf die Flächeneinheit entfallende Druck berechnen, d. h. es läßt sich der in der Bodenberührfläche herrschende spezifische Druck feststellen, zunächst allerdings unter der nicht völlig zutreffenden Annahme, daß sich der Druck über die gesamte Berührungsfläche gleichmäßig verteilt. Die Größe des spezifischen Druckes ist von besonderer Wichtigkeit, weil Verletzungen des Reifenmaterials um so eher eintreten, je größer dieser Druck ist.

Fig. 44.

Durch die Versuche wurde die Größe der Eindrückungen unter den verschiedenen äußeren Umständen und für die verschiedenen Reifentypen bestimmt. Es wurde die gleiche Materialprüfungsmaschine verwendet, die zur Federprüfung benutzt worden war. Das mit dem Gummireifen versehene Rad *A* wurde in der aus Figur 44 ersichtlichen Weise an der Nabe in die Prüfungsmaschine eingespannt, während der Maschinenkolben *B* sich mit ebener Druckfläche gegen den Umfang des Reifens preßte. Die Druckkräfte des Kolbens und die Eindrückungen des Reifens wurden in jedem Falle gemessen.

Da die Größe der Eindrückungen am Radumfang in hohem Maße ferner von der Form der drückenden Fläche abhängig ist, wurde der Maschinenkolben nicht nur mit ebener, sondern auch mit gekrümmter Druckfläche gegen den Radreifen gepreßt. Es wurden zwei verschieden gekrümmte Flächen benutzt. Die Krümmungen entsprachen einerseits den Wölbungen des Laufrades der Bremsstation, andererseits der Wölbung eines Nockens, der die in Figur 39 dargestellte Form besitzt und der für die später zu beschreibenden Versuche bei dynamischen Beanspruchungen der Abfederung verwendet wurde. Das Eindrücken der Nockenform entspricht dem Zustand des praktischen Fahrbetriebes, daß sich eine starke Unebenheit, etwa ein Stein, in den Radreifen einzubetten sucht.

Die Versuche ergeben daher für die Einbiegungen *B* des Reifenumfanges für jede Reifenart 3 Kurvenzüge:

Kurve 1: Einbiegung des Reifens bei Verwendung der ebenen Druckfläche.

Kurve 2: Einbiegung des Reifens bei Verwendung der nach der Radform gekrümmten Druckfläche.

Kurve 3: Einbiegung des Reifens bei Verwendung der nach der Nockenform gekrümmten Druckfläche.

Für die Versuche nach Kurve 1 und 3 wurde jeweils die Größe der Berührungsfläche zwischen Reifen und Druckfläche ermittelt, um die spezifischen Drücke in der Bodenberührfläche berechnen zu können.

Während der normale Hinterraddruck der Fahrgestelle 600 kg beträgt, wurden für die Versuche die auf die Reifen ausgeübten Druckkräfte bis zum Betrage von 2000 kg gesteigert, da Drücke dieser Größenordnung, wie später gezeigt werden wird, bei dynamischen Beanspruchungen der Reifen auftreten. Für die Prüfung der Vollgummireifen wurden die Drücke noch weiter gesteigert.

Untersucht wurden die Reifenprofile:

Flach	880/120, 895/135 und 935/135
Type Course extra stark - 3 Rippen	895/135
Gummigleitschutz mit Stahlnieten	895/135
Ledergleitschutz mit Stahlnieten	895/135
Vollgummireifen	900/100

Die Figuren 45 bis 59 geben die Prüfungsergebnisse wieder.

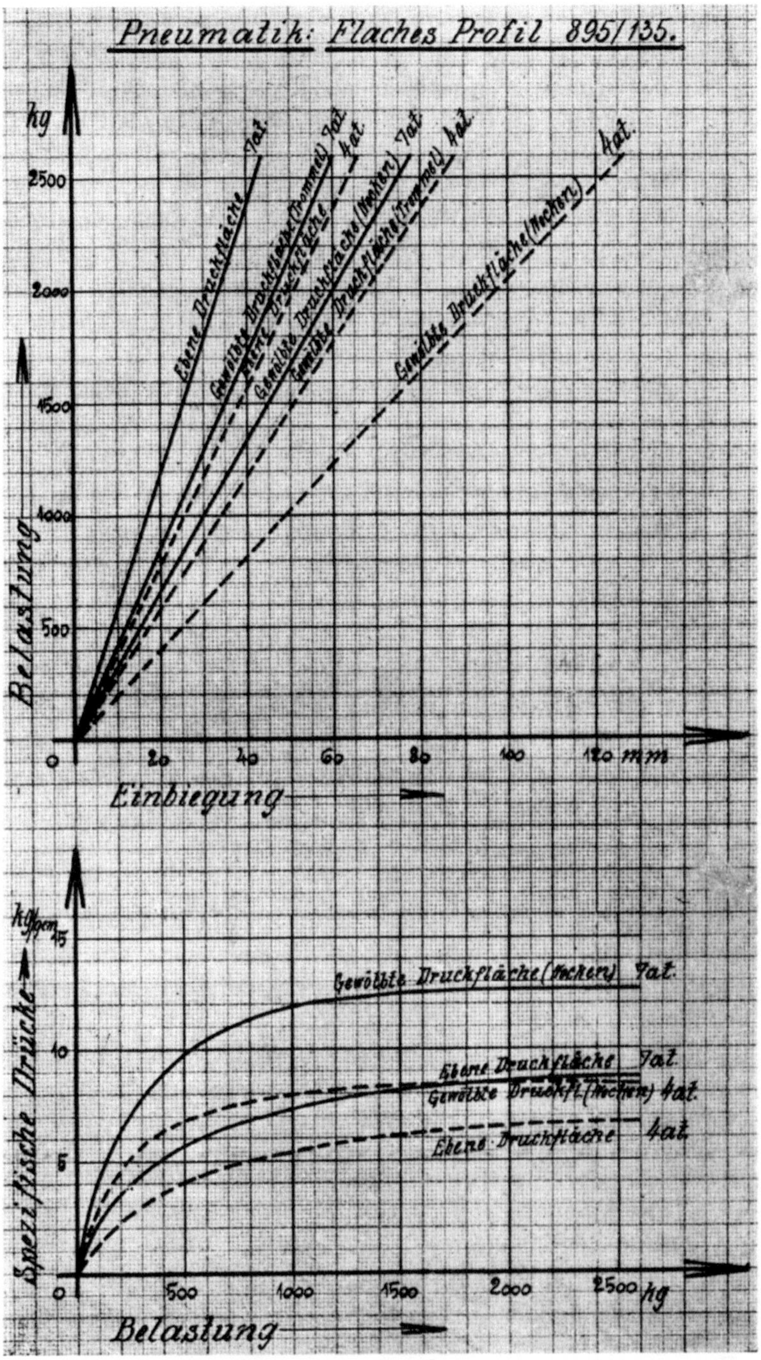
Pneumatik: Flaches Profil 895/135.
kg
Belastung
Einbiegung
mm
Spezifische Drücke
Belastung
kg
Gewölbte Druckfläche (Hocken) 7 at.
Ebene Druckfläche 7 at.
Ebene Druckfläche 4 at.

Fig. 45 und 46.

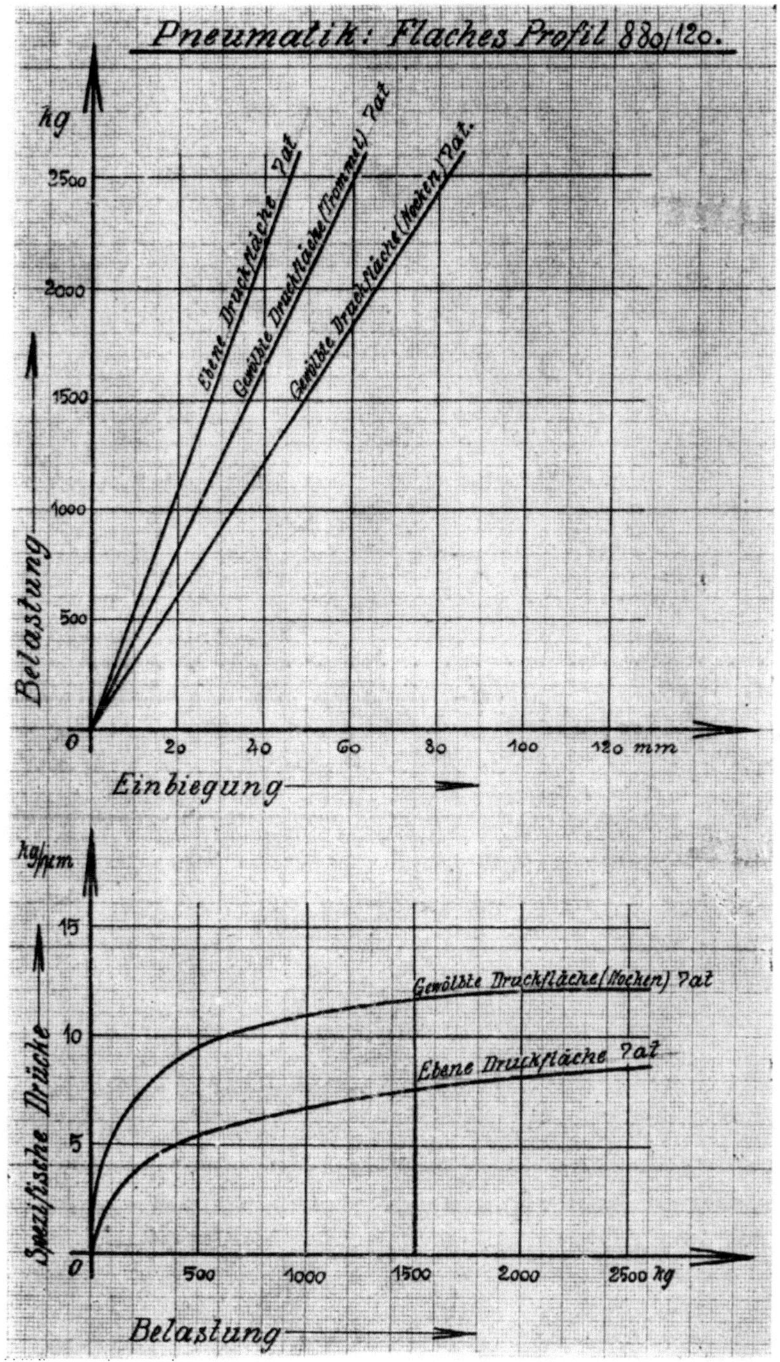

Pneumatik: Flaches Profil 880/120.
kg
Ebene Druckfläche 7at
Gewölbte Druckfläche (Trommel) 7at
Gewölbte Druckfläche (Nocken) 7at
3500
2000
1500
1000
500
0
Belastung
20
40
60
80
100
120 mm
Einbiegung
kg/qcm
15
10
5
0
Gewölbte Druckfläche (Nocken) 7at
Ebene Druckfläche 7at
Spezifische Drücke
500
1000
1500
2000
2500 kg
Belastung

Fig. 47 und 48.

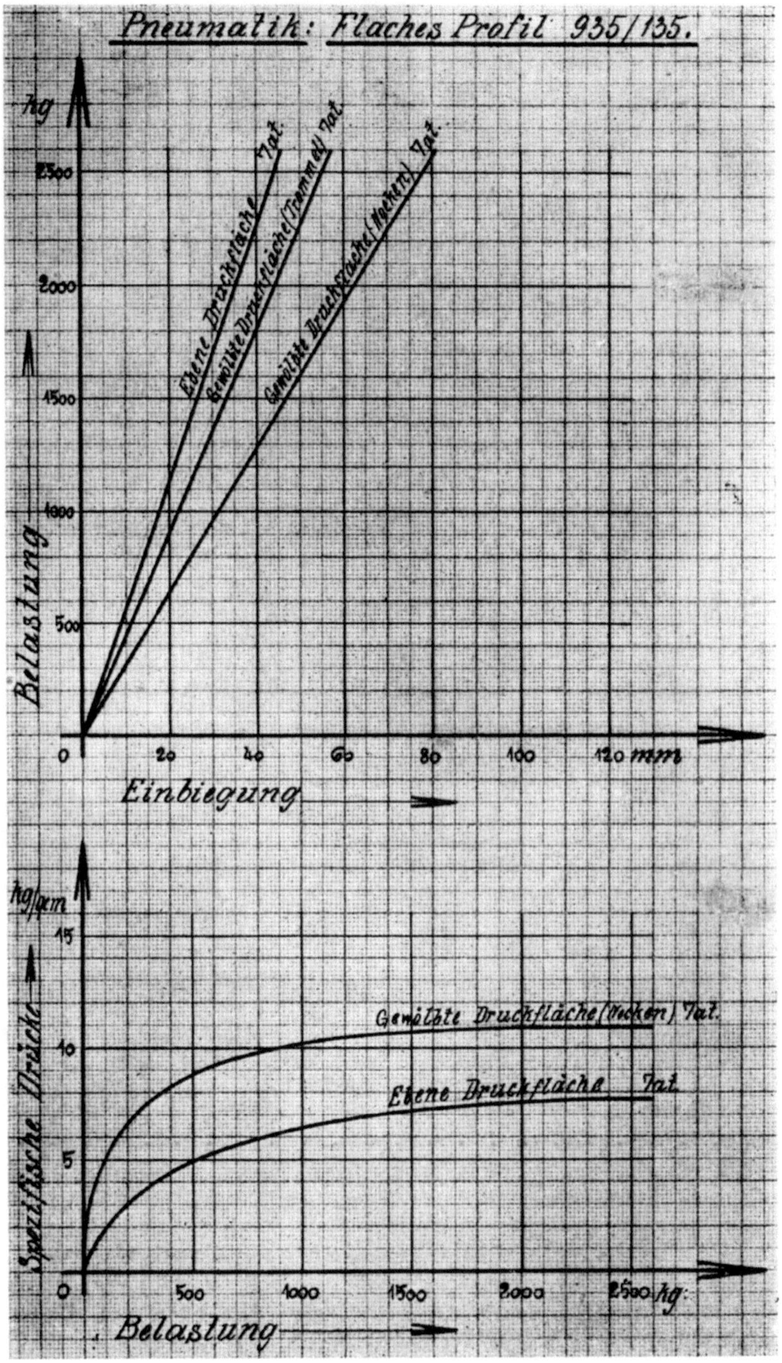
Pneumatik: Flaches Profil 935/135.
kg
2500
2000
1500
1000
500
Belastung
Ebene Druckfläche 7at.
Gewölbte Druckfläche (Trommel) 7at.
Gewölbte Druckfläche (Nocken) 7at.
0
20
40
60
80
100
120 mm
Einbiegung
kg/qcm
15
10
5
Spezifische Drücke
Gewölbte Druckfläche (Nocken) 7at.
Ebene Druckfläche 7at.
500
1000
1500
2000
2500 kg.
Belastung

Fig. 49 und 50.

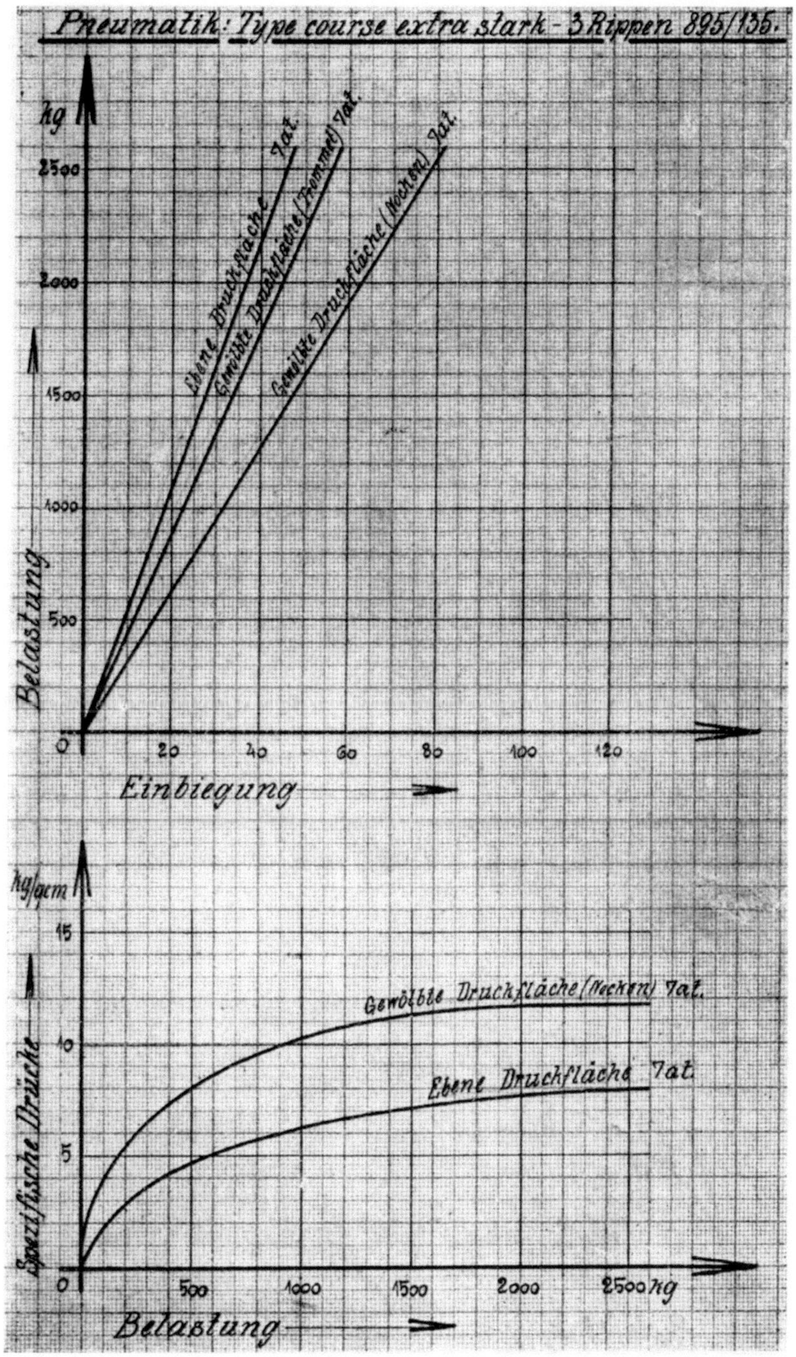

Pneumatik: Type course extra stark - 3 Rippen 895/135.
kg
2500
2000
1500
1000
500
Belastung
0
20
40
60
80
100
120
Einbiegung
Ebene Druckfläche 7at.
Gewölbte Druckfläche (Trommel) 7at.
Gewölbte Druckfläche (Nocken) 7at.
kg/qcm
15
10
5
0
500
1000
1500
2000
2500 kg
Spezifische Drücke
Belastung
Ebene Druckfläche 7at.

Fig. 51 und 52.

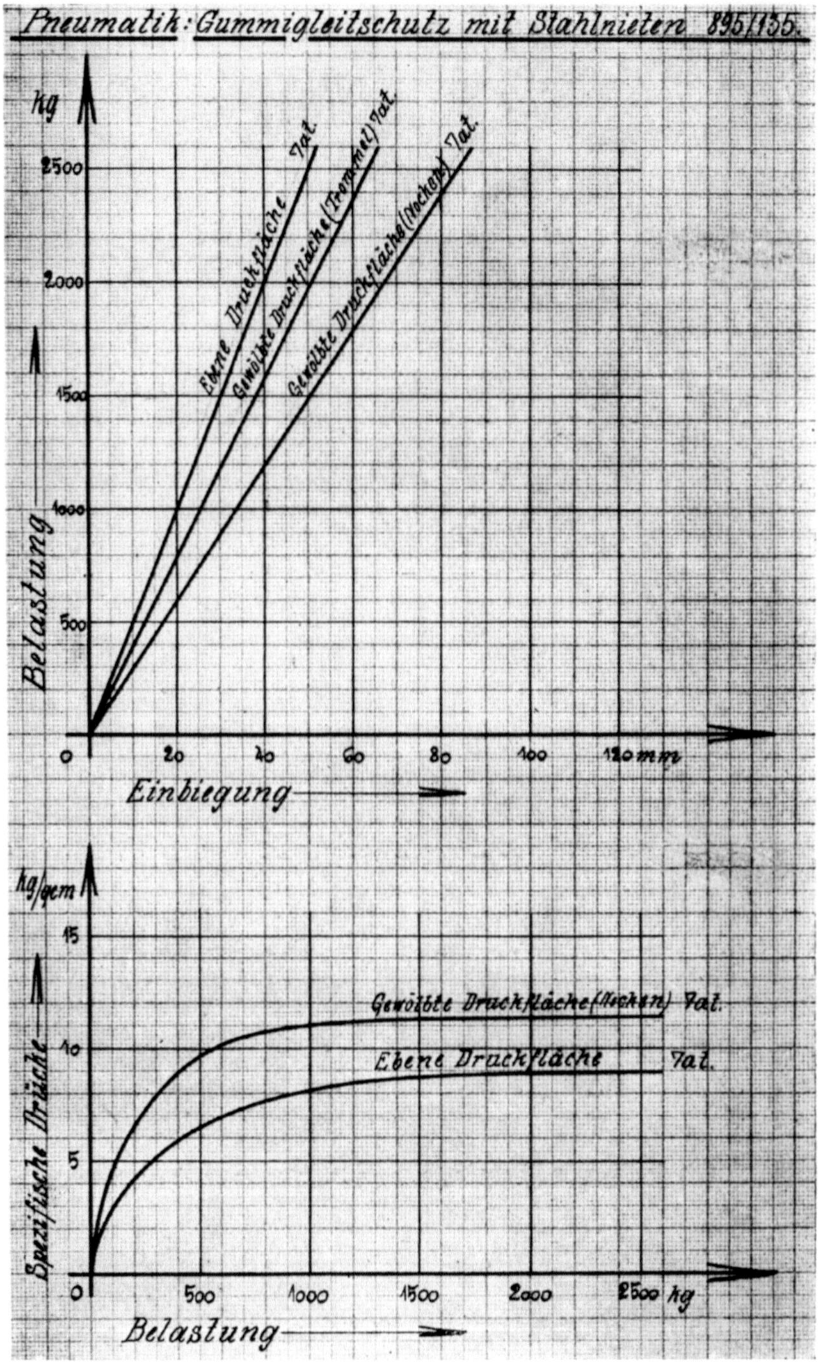
Pneumatik: Gummigleitschutz mit Stahlnieten 895/135.
kg
2500
2000
1500
1000
500
0
Belastung
Ebene Druckfläche 7at.
Gewölbte Druckfläche (Trommel) 7at.
Gewölbte Druckfläche (Nocken) 7at.
20
40
60
80
100
120 mm
Einbiegung
kg/qcm
15
10
5
Spezifische Drücke
Gewölbte Druckfläche (Nocken) 7at.
Ebene Druckfläche 7at.
500
1000
1500
2000
2500 kg
Belastung

Fig. 53 und 54.

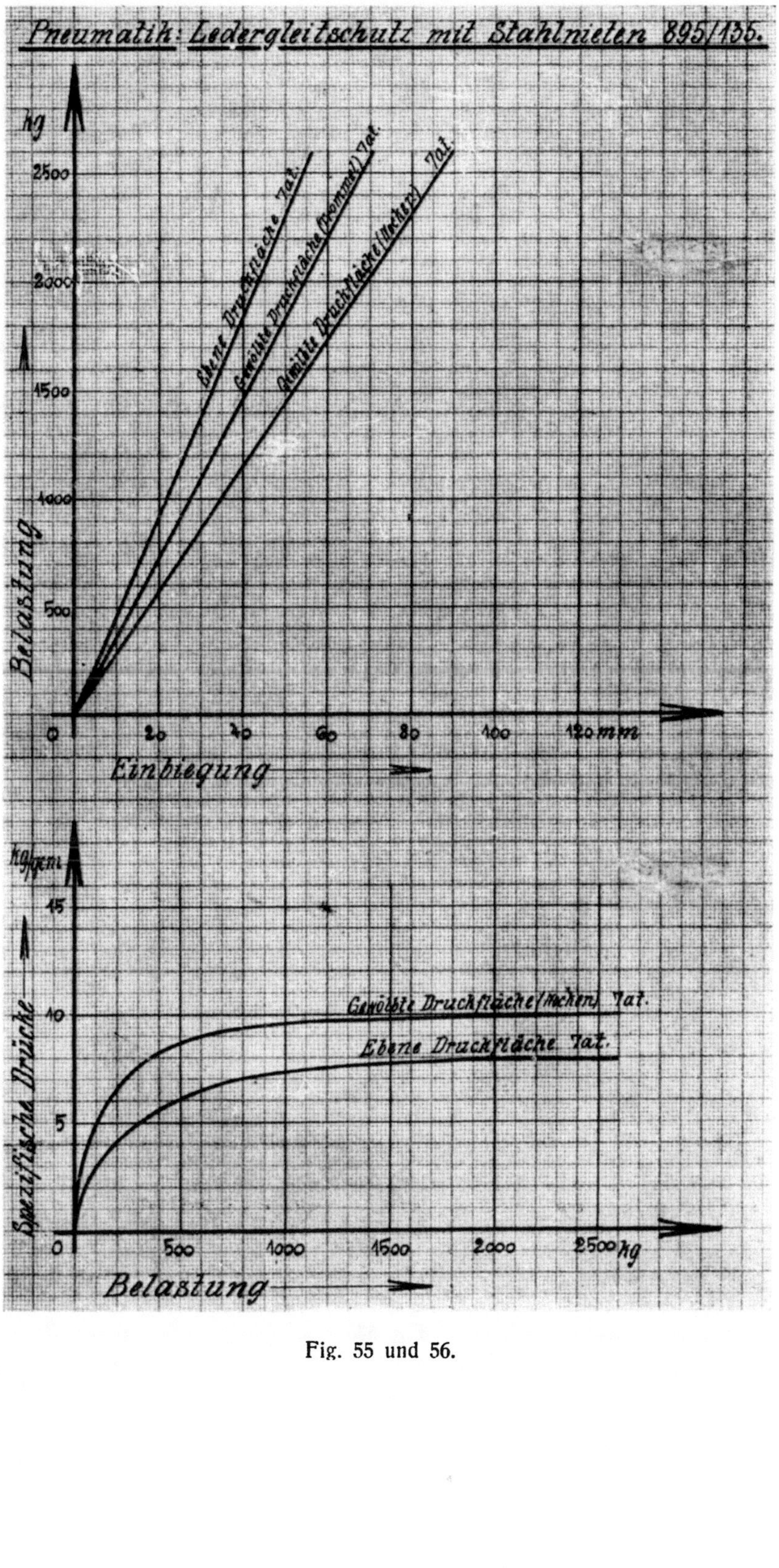
Pneumatik: Ledergleitschutz mit Stahlnieten 895/135.
kg
2500
2000
1500
1000
500
Belastung
Ebene Druckfläche Tat.
Gewölbte Druckfläche (Trommel) Tat.
Gewölbte Druckfläche (Vecher) Tat.
0
20
40
60
80
100
120 mm
Einbiegung
kg/qcm
15
10
5
Spezifische Drücke
Gewölbte Druckfläche (Wechen) Tat.
Ebene Druckfläche Tat.
0
500
1000
1500
2000
2500 kg
Belastung

Fig. 55 und 56.

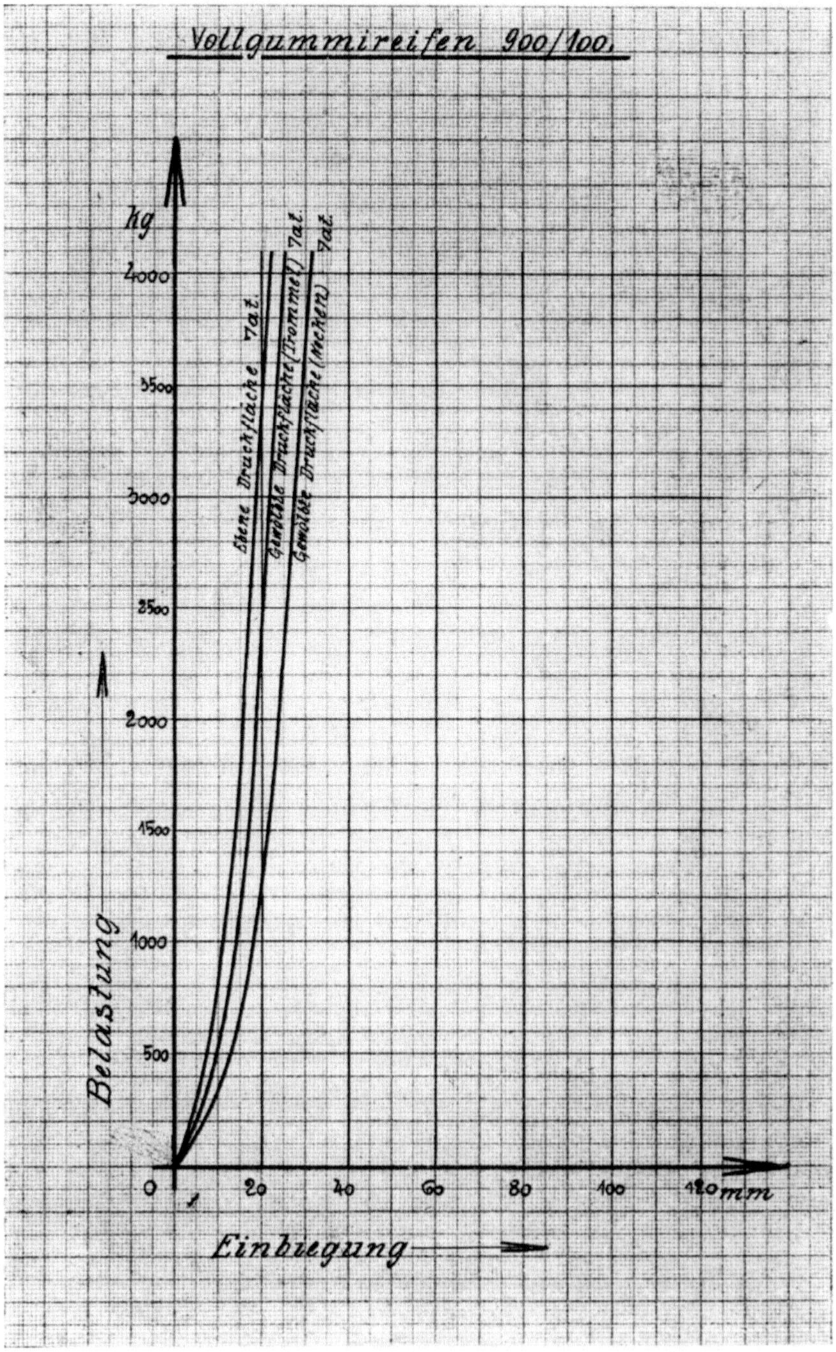
Vollgummireifen 900/100.
kg
4000
3500
3000
2500
2000
1500
1000
500
0
Belastung
Ebene Druckfläche 7at.
Gewölbte Druckfläche (Trommel) 7at.
Gewölbte Druckfläche 7at.
1
20
40
60
80
100
120mm
Einbiegung

Fig. 57.

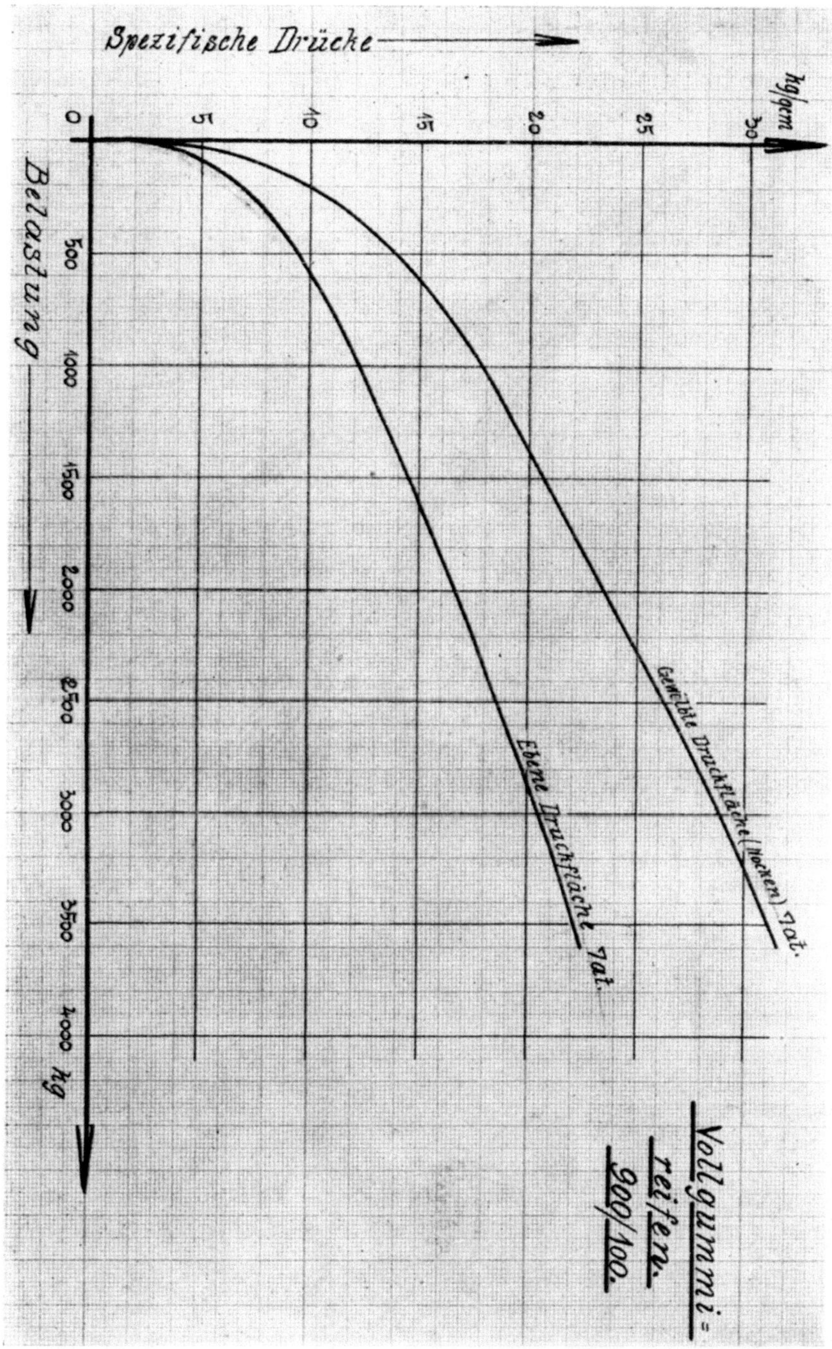
Spezifische Drücke
kg/qcm
0
5
10
15
20
25
30
Belastung
500
1000
1500
2000
2500
3000
3500
4000 kg
Gewölbte Druckfläche (Nocken) 7at.
Ebene Druckfläche 7at.
Vollgummi=
reifen.
900/100.

Fig. 58.

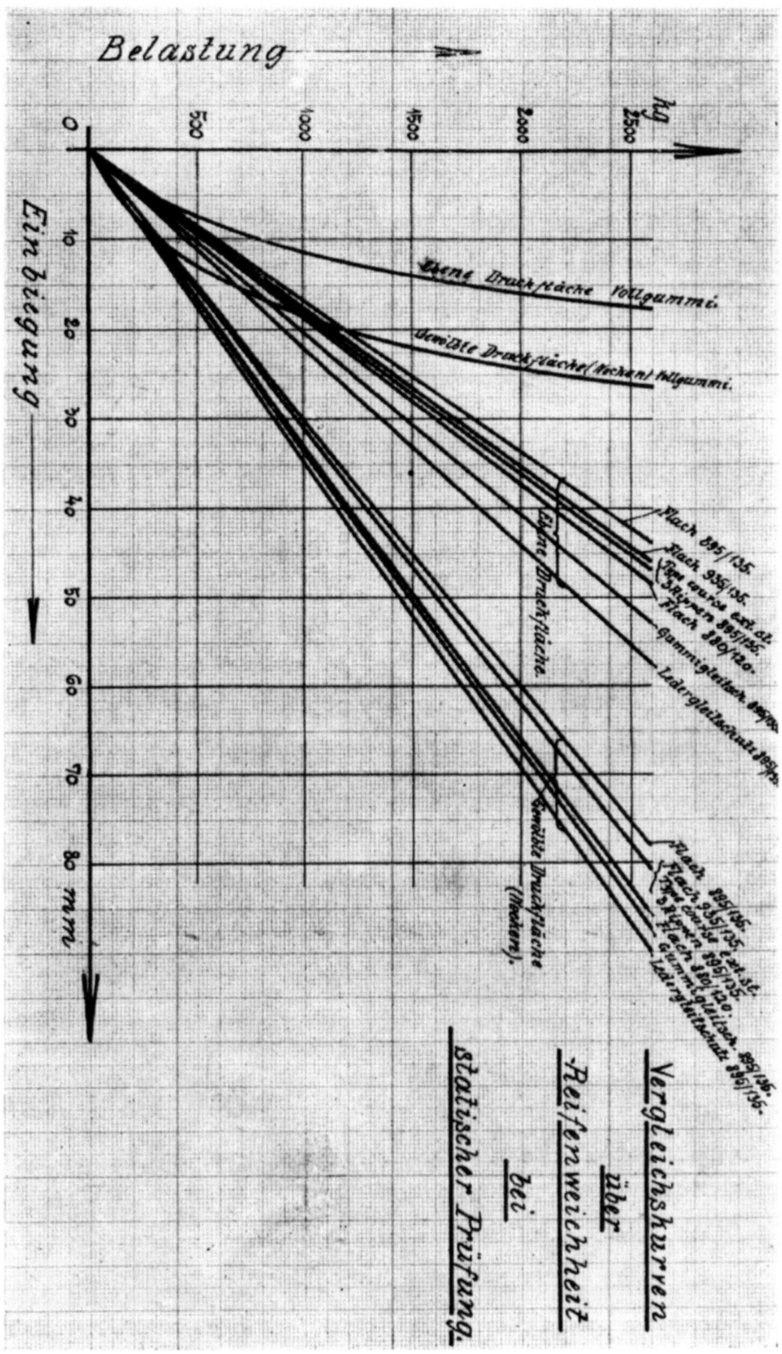
Belastung
kg
0
500
1000
1500
2000
2500
Eindiegung
10
20
30
40
50
60
70
80 mm
Ebene Druckfläche Vollgummi.
Gewölbte Druckfläche (Kechen) Vollgummi.
Ebene Druckfläche.
Gewölbte Druckfläche (Meisen).
Vergleichskurven
über
Reifenweichheit
bei
statischer Prüfung.

Fig. 59.

Sämtliche Versuche zeigen, daß für Luftreifen die Eindrückungen den Druckkräften angenähert proportional sind. Dieses Ergebnis war nicht ohne weiteres vorauszusehen. Der Widerstand, den die durch den inneren Luftdruck gestützten Reifenwände den Einbiegungen entgegensetzen, kann auf rein theoretischer Grundlage nicht berechnet werden. Es ist nicht möglich, allgemeine Gesetze über die Kompression von Luft zur Berechnung heranzuziehen, denn es ist die Drucksteigerung im Innern des Luftschlauches äußerst gering; selbst bei einem Raddruck von 2000 kg konnte eine meßbare Erhöhung des Reifeninnendruckes nicht festgestellt werden. Dies erscheint erklärlich, wenn beachtet wird, daß das Volumen des abgeplatteten Reifenteils gegenüber dem gesamten Reifenvolumen unter allen Umständen sehr gering ist.

Von den Versuchsergebnissen über die spezifischen Drücke interessiert vor allem die Feststellung, daß beim Eindrücken der Nockenform in den Radreifen erheblich größere spezifische Drücke auftreten als beim Eindringen einer ebenen Fläche. Wenn an sich schon für die ebene Druckfläche die bisher gemachte Annahme einer gleichmäßigen Druckverteilung über die gesamte Auflagefläche des Reifens nicht vollkommen der Wirklichkeit entsprechen dürfte, so wird die Ungleichförmigkeit in der Verteilung für das Eindringen der Nockenform noch erheblich größer sein, ja es werden beim Eindringen eines beliebig gestalteten, mit scharfen Ecken und Kanten behafteten Hindernisses, etwa eines Steines, so starke Steigerungen des spezifischen Druckes an den hervorstehenden Stellen des Hindernisses auftreten, daß das Reifenmaterial zerstört wird.

Nach den Versuchen muß vermutet werden, daß ein weicher Reifen, der sich mit großer Fläche der Fahrbahn anschmiegt, am wenigsten der Gefahr einer Verletzung durch Hindernisse ausgesetzt ist, weil bei diesem sowohl die für das Einbetten der Hindernisse nötigen Kräfte als auch die spezifischen Drücke gering sind. Dabei scheint es gleichgiltig, ob die Reifenweichheit durch die Bauart der Reifendecke oder durch eine geringe Höhe der Luftschlauchinnenpressung erreicht wird. Aus den gleichen Gründen erscheint ein großes Reifenprofil wesentlich günstiger als ein kleines.

Es ist nötig, die Richtigkeit dieser Ueberlegungen durch dynamische Untersuchungen nachzuprüfen.

Die Versuche mit Vollgummireifen lassen das grundsätzlich andere Verhalten dieser Reifenart deutlich erkennen. Die Eindrückungen sind den Kräften nicht proportional. Für geringe Drücke verhältnismäßig weich, zeigt sich der Vollgummireifen bei höheren

Drücken bald außerordentlich hart. Selbst die größten Drücke vermögen nur sehr geringe weitere Eindrückungen am Reifenumfang hervorzurufen, Figur 57.

Auch die spezifischen Drücke sind für Vollgummireifen außerordentlich hoch, Figur 58. Die Erscheinung, daß die Zunahme der spezifischen Drücke mit dem Raddruck von einer gewissen Höhe der Radbelastung an nur noch recht klein ist, zeigte sich bei Vollgummireifen (bis zu Drücken von 4000 kg) nicht. Es müssen also, falls bei dynamischen Beanspruchungen der Vollgummireifen mit

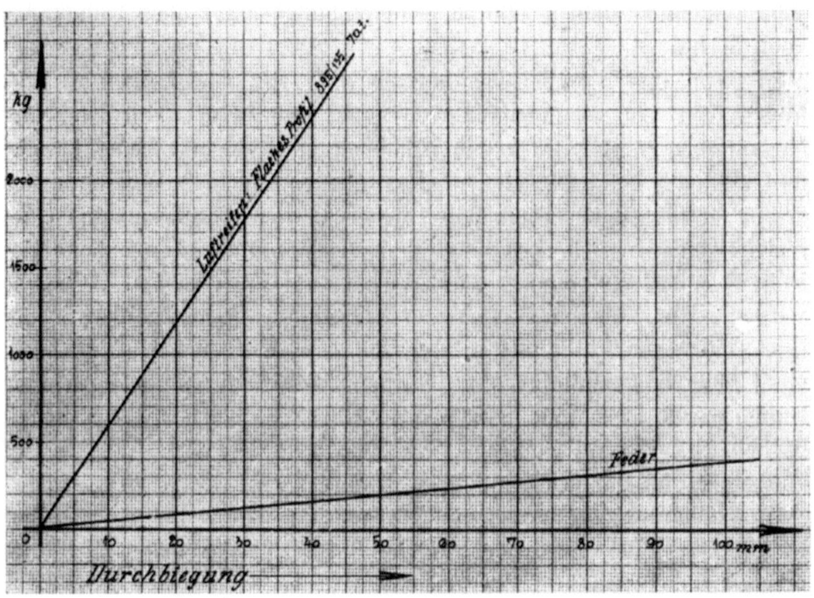

Fig. 60.

Drücken dieser Größenordnung zu rechnen ist, außerordentlich hohe spezifische Drücke auftreten; es werden daher sehr leicht Verletzungen des Reifenmaterials eintreten können.

In Figur 59 sind zur besseren Übersicht die Eindrückungskurven für sämtliche Reifentypen eingetragen, es zeigt sich, daß der Unterschied in der Reifenweichheit, mit Ausnahme des Vollgummireifens, für die einzelnen Reifenarten recht gering ist. Viel größer ist der Unterschied, der entsprechend Figur 45 durch Veränderung der Luftschlauchinnenpressung in den Reifen erreicht werden kann.

Es erscheint zweckmäßig, darauf hinzuweisen, daß die Weichheit der Reifen erheblich geringer ist als die der Wagenfedern. Um dies deutlich erkennen zu lassen, ist in Figur 60 die Durchbiegungskurve einer der 4 untersuchten Federn (Durchbg. 26 mm pro 100 kg) mit der Durchbiegungskurve des Reifens Flaches Profil 895/135 vereinigt worden. Die Abflachung *B* des Reifens beträgt für den normalen Raddruck des Wagens von 600 kg nur rund 10 mm.

Dämpfung von Schwingungsbewegungen.

Das Schwingungsdiagramm Figur 38 ließ aus dem schnellen Ausklingen der Schwingungen erkennen, daß während der Bewegungsvorgänge Kräfte wirksam sind, die den Schwingungen der Achs- und Rahmenmasse einen Widerstand entgegensetzten.

Kräfte dieser Art werden als „dämpfende Kräfte" bezeichnet. Da sie großen Einfluß auf die gesamten Schwingungsvorgänge haben, erschien es erforderlich, das Wesen dieser hemmenden Kräfte eingehend zu untersuchen.

An Hand des Diagrammes Figur 38 lassen sich die Bewegungsverhältnisse leicht überblicken. Wird durch das Auftreffen der Wagenräder auf ein Hindernis die Achse entsprechend der Kurve *a*, Kurvenstück *ABC*, angehoben, so darf diese Aufwärtsbewegung in keiner Weise gehemmt werden. Denn je leichter sich die Achse anheben läßt, um so geringer wird der zwischen dem Hindernis und der Bereifung auftretende Druck sein, und um so weniger leicht werden Verletzungen des Reifenmaterials eintreten. Während der ersten Aufwärtsschwingung der Achse sind demnach dämpfende, der Schwingungsbewegung entgegengerichtete Kräfte durchaus unzweckmäßig. Sie werden jedoch zur Notwendigkeit, wenn die Ausschlaggröße der Aufwärtsschwingung die durch die Wagenkonstruktion gegebenen Grenzen zu überschreiten droht, d. h. wenn durch einen besonders heftigen Stoß die Gefahr besteht, daß die Achse an den Rahmen anschlägt. In diesem Falle müssen, sobald sich die Achse über ein gewisses zulässiges Maß hinaus dem Rahmen genähert hat, starke, schwingungshemmende Kräfte einsetzen, die die Achse in ihrer Bewegung aufhalten und das Aufprallen der Achse verhindern.

Schwingt die Achse nach Erreichung ihrer Höchstlage abwärts, Kurvenstück *DEFG* der Figur 38, so müssen starke dämpfende Kräfte auftreten, um den Aufprall der Wagenräder auf die Fahrbahn nach Möglichkeit abzumindern. Denn bei vermindertem Aufprall werden die Reifen nicht nur dadurch geschont, daß die Bodendrücke beim ersten Auftreffen der Räder auf die Fahrbahn bedeutend kleiner sind, sondern vor allem auch dadurch, daß die auf das erste Auftreffen folgenden Schwingungsbewegungen der Achse wesentlich geringer sind. Die Schwingungsbewegungen kommen bei vermindertem ersten Aufprallen viel schneller zum Ausklingen.

Die während der ersten Aufwärtsschwingung der Achse auftretenden dämpfenden Kräfte haben auf die Bewegung des Rahmens nur geringen Einfluß, denn für die Rahmenbewegung ist nur die Größe und die Einwirkungsdauer der senkrecht nach aufwärts gerichteten Kräfte maßgebend, wobei es gleichgültig ist, ob diese Kräfte durch die Zusammendrückungen der Federn allein entstehen, oder ob sie als Summe der dämpfenden und der Federkräfte aufzufassen sind. Die senkrechten Kräfte werden aber in jedem Fall nahezu gleich sein, da ihre Größe nur von der Heftigkeit des Stoßes selbst abhängt. Die Rahmenbewegung dagegen wird von denjenigen dämpfenden Kräften in starkem Maße beeinflußt, die während der ersten Abwärtsschwingung der Achse, Kurvenstück *EFG*, auftreten. Denn diese das Aufprallen der Räder auf die Fahrbahn vermindernden Kräfte finden ihren Stützpunkt ausschließlich am Rahmen. Dieser ist während des Wirkens der Kräfte, wie aus Figur 38 ersichtlich ist, im Aufwärtsschwingen begriffen, Kurvenstück *AMN*, während die dämpfenden Kräfte senkrecht nach abwärts gerichtet sind. Der Rahmen wird also in seiner Aufwärtsschwingung aufgehalten und kehrt früher in seine Gleichgewichtslage zurück, als dies ohne die Wirkung der dämpfenden Kräfte der Fall ist. Die dämpfenden Kräfte tragen demnach wesentlich zur Beruhigung der Rahmenbewegung bei.

Da ferner, wie bereits erwähnt wurde, die zweite Aufwärtsschwingung der Achse, Kurvenstück *GHJ*, von besonderer Bedeutung für die Ausschlaggröße der Rahmenschwingung ist, ist auch diese Schwingung geringer, wenn durch die dämpfenden Kräfte der Schwingungsausschlag dieser zweiten Aufwärtsschwingung *GHJ* der Achse klein gehalten wird.

Das Schwingungsdiagramm bringt somit eine Erkenntnis von großer Bedeutung: Die infolge eines Stoßvorganges beschleunigten Massen können sich gegenseitig in solcher Weise beeinflussen, daß eine wesentliche Beruhigung der Schwingungsbewegungen eintritt. Hierfür gilt als Voraussetzung, daß die zeitliche Aufeinanderfolge der Schwingungsbewegungen beider Massen immer in der durch das Diagramm zum Ausdruck gebrachten Weise gewahrt bleibt. Es wird in den folgenden Abschnitten ausführlich gezeigt werden, daß die wirklichen Verhältnisse in jedem Falle dieser Voraussetzung entsprechen.

Die Überlegungen haben gezeigt, daß die am fahrenden Wagen wirksamen dämpfenden Kräfte einem verwickelten Gesetz folgen müssen, wenn sie in jedem Augenblick eine die Schwingungsbewegung hemmende, günstige Wirkung bei möglichster Schonung aller Teile des Wagens ausüben sollen.

Die dämpfenden Kräfte entstehen am Wagen in erster Linie dadurch, daß Reibungen zwischen denjenigen Konstruktionsgliedern des Wagens auftreten, die bei Relativbewegungen von Achse und Rahmen aufeinander gleiten. Es werden jedoch auch besondere Apparate, sogenannte Feder- oder Stoßdämpfer, zwischen Rahmen und Achse eingeschaltet, die dämpfende Kräfte irgendwelcher Art hervorbringen. Hierbei hat es der Konstrukteur in der Hand, durch geeignete Ausbildung der Apparate die dämpfenden Kräfte in einer bestimmten Gesetzmäßigkeit entstehen zu lassen.

Schwingungs- und Dämpfungserscheinungen einfacher Art sind in der Technik allgemein bekannt. Insbesondere sind die Gesetze und Methoden theoretisch und praktisch ermittelt worden, nach denen Schwingungsbewegungen von freischwingenden Massen gedämpft werden können. Es ist erklärlich, daß diese Dämpfungsmethoden den Konstruktionen der Stoßdämpferapparate zugrunde gelegt worden sind, obwohl die am fahrenden Kraftwagen auftretenden Schwingungen im allgemeinen so zusammengesetzter Natur sind, daß sich ihre Abdämpfung nach einfachen Gesetzen nicht erreichen läßt.

Es scheint erforderlich, zunächst eine allgemeine Übersicht über die Möglichkeiten zu geben, nach denen Schwingungsbewegungen gedämpft werden können.

Es sei angenommen, daß eine Masse m eine geradlinige, harmonische Schwingung um ein Anziehungszentrum M ausführt. Die Entfernung vom Anziehungszentrum werde mit x bezeichnet und es sei die die Masse zurückführende Kraft proportional ihrer Entfernung x vom Mittelpunkt M, so daß gilt $P = cx$. Dann gilt als dynamische Grundgleichung der geradlinigen Schwingungsbewegung die Formel:

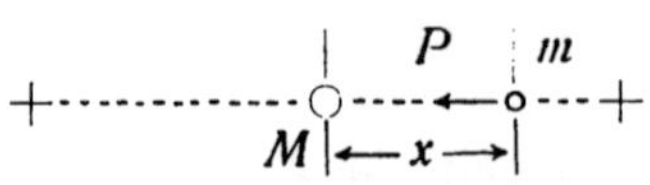

$$m \frac{d^2x}{dt^2} + cx = 0,$$

wobei angenommen sei, daß die positive Richtung dauernd mit der Bewegungsrichtung der Masse m zusammenfällt, daß also die positive Richtung während einer vollen Schwingung sich mit der Bewegungsrichtung umkehrt. Die allgemeinste Lösung der Gleichung ist:

$$x = A \sin \alpha t + B \cos \alpha t, \text{ mit } \alpha = \sqrt{\frac{c}{m}} \text{ und der Schwingungszeit } T = \frac{2\pi}{\alpha}.$$

In Wirklichkeit gibt es aber keine Schwingungsbewegung ohne Dämpfungserscheinung, denn eine jede Schwingungsbewegung kommt durch die der Bewegung entgegenstehenden Kräfte in längerer oder kürzerer Zeit zum Ausklingen. Die hemmenden Kräfte können dabei durchaus verschiedener Natur sein.

Als erste Annahme gelte: Die Kräfte sind konstant und der Bewegung dauernd entgegengerichtet.

Die dynamische Grundgleichung lautet für diesen Fall:

$$m \frac{d^2x}{dt^2} + cx + F = 0,$$

wobei auch hier wieder die positive Richtung von x jeweils mit der Bewegungsrichtung umgekehrt werden muß. Diese Formel kann in einfacher Weise umgeformt werden, wenn gesetzt wird $\frac{F}{c} = e$. Die Gleichung lautet sodann:

$$m \frac{d^2x}{dt^2} + c(x + e) = 0$$

oder

$$m \frac{d^2(x + e)}{dt^2} + c(x + e) = 0$$

mit der allgemeinen Lösung:

$$x + e = A \sin \alpha t + B \cos \alpha t.$$

Es ergibt sich unter Berücksichtigung des Richtungswechsels der x-Achse:

$$\begin{array}{r} x_{n+1} + e = A \sin \alpha t + B \cos \alpha t \\ - x_n + e = -(A \sin \alpha t + B \cos \alpha t) \\ \hline x_{n+1} - x_n = -2e \end{array}$$

Die Gleichungen zeigen, daß die so entstehende Schwingung wiederum eine einfache, harmonische Schwingung ist, wobei jedoch die Schwingung um ein Anziehungszentrum erfolgt, das um den Betrag e in der einen oder der anderen Richtung vom Mittelpunkt M der ungedämpften, harmonischen Schwingung entfernt liegt. Ferner zeigt sich die wichtige Tatsache, daß die Schwingungsausschläge eine arithmetische Reihe bilden, d. h. daß zwei aufeinanderfolgende Schwingungsausschläge sich jeweils um den gleichen Betrag unterscheiden. Als Schwingungszeit ergibt sich der Ausdruck $T=\frac{2\pi}{\alpha}$, der identisch ist mit dem Ausdruck der Schwingungszeit für die ungedämpfte Schwingung.

Eine Schwingungsbewegung, die durch eine konstante, der Bewegungsrichtung dauernd entgegengesetzte Kraft gedämpft wird, wird sich also dadurch kennzeichnen, daß ihre Schwingungsausschläge jeweils um den gleichen Betrag abnehmen, daß die Schwingungen isochron sind und daß die Schwingungsdauer von gleicher Größe ist wie diejenige der völlig ungedämpften Schwingung.

Als zweite Annahme gelte: Die dämpfenden Kräfte sind proportional der Größe des Schwingungsausschlages und dauernd der Schwingungsbewegung entgegengerichtet.

Die Schwingungsbewegung drückt sich aus durch die dynamische Grundgleichung:

$$m\frac{d^2x}{dt^2}+cx+kx=0,$$

wobei der Faktor k ein Maß für die Zunahme der dämpfenden Kräfte mit der Zunahme der Schwingungsausschläge darstellt. Das Vorzeichen von k ist stets so zu nehmen, daß die dämpfende Kraft kx in jedem Augenblick der Schwingungsbewegung entgegenwirkt. Die Gleichung läßt sich zusammenfassen in:

$$m\frac{d^2x}{dt^2}+(c\pm k)\,x=0$$

mit der allgemeinsten Lösung:

$$x=A\sin\alpha t+B\cos\alpha t,\ \text{wobei: }\alpha=\sqrt{\frac{c\pm k}{m}}.$$

Die Gleichung stellt somit eine Schwingung dar, bei der während des Entfernens der schwingenden Masse vom Anziehungszentrum eine größere Kraft wirksam ist als während des Annäherns der Masse an das Zentrum. Die schwingende Masse muß daher zur Ruhe kommen.

Eine Schwingungsbewegung mit dem allgemeinen Fall dieser Art von Dämpfungswirkung kommt durch die Differentialgleichung:

$$m\frac{d^2x}{dt^2} + cx \pm kx^n = 0$$

zum Ausdruck. Hierbei ist die dämpfende Kraft nicht der ersten Potenz der Größe des Schwingungsausschlages, sondern einer beliebigen, der n-ten Potenz der Ausschlaggröße proportional; je nach dem Betrage des Wertes n kommt die Schwingung in längerer oder kürzerer Zeit zum Ausklingen. Der als Annahme 2 angeführte Fall der Schwingungsdämpfung stellt somit den speziellen Fall dieser allgemeineren Dämpfungsart dar, für den die Größe n den Wert 1 annimmt.

Als dritte Annahme gelte: Die dämpfenden Kräfte sind proportional der Bewegungsgeschwindigkeit und der Schwingungsbewegung dauernd entgegengerichtet.

Unter dieser Voraussetzung lautet die Differentialgleichung der Schwingungsbewegung:

$$m\frac{d^2x}{dt^2} + cx + k\frac{dx}{dt} = 0,$$

wobei der konstante Faktor des letzten Gliedes, des einzigen Gliedes, durch das sich die Gleichung von derjenigen der ungedämpften Schwingung unterscheidet, ein Maß für die Größe der Dämpfung darstellt.

Die Differentialgleichung hat je nach der Größe der Werte k, m und c verschiedene Lösungen. Unter der Bedingung:

$$k \geqq 2\sqrt{m \cdot c}$$

ist die Gleichung der Ausdruck einer aperiodischen Schwingung, d. h. die aus ihrer Gleichgewichtslage gebrachte Masse m bewegt sich allmählich in die Ruhelage zurück, ohne über diese hinauszuschwingen, eine Erscheinung, die eintritt, wenn besonders starke dämpfende Kräfte wirksam sind.

Für $$k < 2\sqrt{m \cdot c}$$

ergibt sich eine reguläre Schwingungsbewegung um die Gleichgewichtslage M. Die Schwingungsausschläge nehmen jedoch infolge der widerstehenden Kräfte ab, bis die schwingende Masse völlig zur Ruhe gekommen ist.

Für die Bestimmung der Schwingungszeit ergibt sich der Ausdruck:

$$T' = \frac{4\pi m}{\sqrt{4mc - k^2}}$$

aus dem hervorgeht, daß auch für die vorliegende Dämpfungsart die Schwingungen isochron sind. Weiterhin zeigt sich, daß die Schwingungszeit T' größer ist als die Schwingungszeit T der ungedämpften Schwingung. Dies ist leicht zu erkennen, denn der Ausdruck T' geht in den Ausdruck für T über, sobald in der Gleichung für $T'k = 0$ gesetzt wird. Dies ist aber das Kriterium einer ungedämpften Schwingung.

Durch eine einfache Ableitung aus der Differentialgleichung der Schwingungsbewegung ergibt sich ferner die bekannte Tatsache, daß das Verhältnis zweier aufeinander folgender Schwingungen konstant ist, d. h. daß gilt:

$$\frac{a_{n+1}}{a_n} = \text{konstant},$$

daß also die Schwingungsausschläge eine geometrische Reihe bilden.

Diese beschriebene Dämpfungsart kann als spezieller Fall der allgemeineren Art einer Dämpfungswirkung angesehen werden, bei der die dämpfenden Kräfte nicht der ersten Potenz der Geschwindigkeit sondern einer beliebigen anderen Potenz proportional anwachsen, sodaß sich die Differentialgleichung in der Form darstellt:

$$m\frac{d^2x}{dt^2} + cx + k\left(\frac{dx}{dt}\right)^n = 0.$$

Je nach der Größe des Wertes n wird eine mehr oder weniger wirksame Dämpfung der Schwingungsbewegung eintreten.

Hiermit dürften die wichtigsten allgemeinen Gesetzmäßigkeiten, nach denen dämpfende Kräfte entstehen können, wiedergegeben sein. Es muß jedoch darauf hingewiesen werden, daß dämpfende Kräfte, vor allem wenn zu ihrer Erzeugung besondere Apparate Verwendung finden, auch in solcher Weise auftreten können, daß ihre Veränderlichkeit während der Schwingungsbewegung sich durch eine mathematische Formel nicht ausdrücken läßt. Für eine derartig gedämpfte Schwingung kann daher nur die Gleichung aufgestellt werden:

$$m\frac{d^2x}{dt^2} + cx \pm \xi = 0,$$

wobei das Glied ξ die dämpfende Kraft darstellt, jedoch nur ausdrückt, daß diese Kraft einen veränderlichen Wert hat. Über das

Gesetz, nach dem sich die Kräfte während des Schwingungsvorganges verändern, ist jedoch nichts ausgesagt. Die Gleichung reicht nicht hin, um die Wirkungsweise der Dämpfung zu kennzeichnen.

In diesen Fällen kann der praktische Versuch Klarheit über die Schwingungszustände erbringen.

Versuche zur Ermittlung von Dämpfungswirkungen.

Nachdem die Gesichtspunkte dargelegt worden sind, nach denen schwingungsdämpfende Kräfte auftreten oder planmäßig erzeugt werden können, seien im Folgenden die Versuche wiedergegeben, die zur zahlenmäßigen Ermittlung der Wirkung dämpfender Kräfte durchgeführt worden sind.

Die Versuche zerfallen in zwei Gruppen; sie erstrecken sich erstens auf die Ermittlung der Wirkung derjenigen Kräfte, die allein durch das Zusammenarbeiten der an der Schwingungsbewegung von Achse und Rahmen teilnehmenden Konstruktionsglieder des Kraftwagens auftreten, und zweitens auf die Feststellung der Wirkungsweise derjenigen dämpfenden Kräfte, die durch besondere Apparate erzeugt werden.

Zur leichteren Verständigung sei im Folgenden der Begriff der „Eigendämpfung" eines Fahrgestells eingeführt und darunter die Wirkung derjenigen schwingungshemmenden Kräfte verstanden, die ohne Anwendung von besonderen Apparaten auftreten. Die Eigendämpfung ist im allgemeinen von sehr kräftiger Wirkung und vielfach völlig ausreichend, um die Schwingungsbewegungen von Achse und Rahmen zum schnellen Ausklingen zu bringen.

Es galt, durch Versuche zu zeigen, in welcher Weise diese Kräfte wirken, und von welchen Umständen ihre Größe und Wirkungsweise abhängig ist.

An den Schwingungsbewegungen, die die Achse und der Rahmen ausführen, nehmen eine große Anzahl von Bauteilen des Wagenuntergestells teil. Die Wagenfedern erfahren Durchbiegungen, — wobei die einzelnen Blätter der Federn aufeinander gleiten, und die Federgehänge sich in ihren Bolzen drehen, — die Achsabstützungsgestänge bzw. die Kettenspanner drehen sich um ihre Befestigungspunkte und die Gelenkwellen führen Schwingungsbewegungen aus, sodaß eine Summe von Reibungswiderständen entsteht, die der Schwingungsbewegung entgegenwirkt.

Weiterhin bedingt jede Schwingungsbewegung der Achse gegen den Rahmen beim fahrenden Wagen eine Veränderung in der Drehbewegung der Kraftübertragung. Die zur Einleitung dieser Bewegungen nötigen Kräfte — die Bewegungsänderung erfolgt im positiven oder negativen Drehsinn, je nach dem die Achse sich dem Rahmen nähert oder sich von ihm entfernt — wirken ebenfalls dämpfend und sind der Schwingungsbewegung dauernd entgegengerichtet. Ihre Größe ist von den auftretenden Reibungswiderständen sowohl wie von der Schwingungsgeschwindigkeit der Achse gegen den Rahmen abhängig, denn die sich drehenden Teile der Kraftübertragung müssen in den gleichen Zeitabschnitten beschleunigt und verzögert werden, in denen die Schwingungsbewegungen der Achs- und Rahmenmasse vor sich gehen. Diese Geschwindigkeiten sind aber, wie die Betrachtung des Diagrammes der Relativbewegungen Figur 40 bereits gezeigt hat, außerordentlich verschieden und unter Umständen außerordentlich groß.

Die Dämpfung der Wagenfedern.

Von den erwähnten schwingungshemmenden Kräften im Fahrgestell wird im allgemeinen der Reibung zwischen den Blättern der Wagenfedern die größte dämpfende Wirkung zugeschrieben.

Zu ihrer zahlenmäßigen Feststellung wurde die durch Figur 61 veranschaulichte Versuchseinrichtung getroffen. Die Feder *A* wurde in der gleichen Weise wie für die statischen Beanspruchungen mit ihren Gehängen in zwei Böckchen *B* eingesetzt. Auf die Mitte der Feder wurde ein die Blätter lose umfassender Bügel *C* aufgebracht, der oben und unten einen Haken trug. An den unteren Haken wurde eine Last *Q* gehängt, sodaß die Feder durch diese Last eine Durchbiegung erfuhr. Mit Hilfe des oberen Hakens konnte der Bügel mit der Last durch einen über der Feder angeordneten Flaschenzug angehoben, die Feder somit völlig entlastet werden.

Um die bereits in der Einleitung beschriebene Registriervorrichtung ohne weiteres auch für die Aufzeichnung der Schwingungsbewegungen der Federmitte verwenden zu können, wurde die in der dargelegten Weise eingebaute Feder der Figur 61 entsprechend mit dieser Schreibvorrichtung in Verbindung gebracht. An dem Bügel der Federmitte wurde ein Schreibstift befestigt, der sich federnd gegen die berußte Glasplatte der Registriervorrichtung anlegte.

Die Durchführung der Versuche erfolgte derart, daß der obere Bügelhaken durch eine Schnur mit dem Flaschenzug verbunden wurde. Der Bügel wurde hierauf so weit hochgezogen, daß die Feder völlig entlastet war, zwischen Federmitte und Bügel aber eben

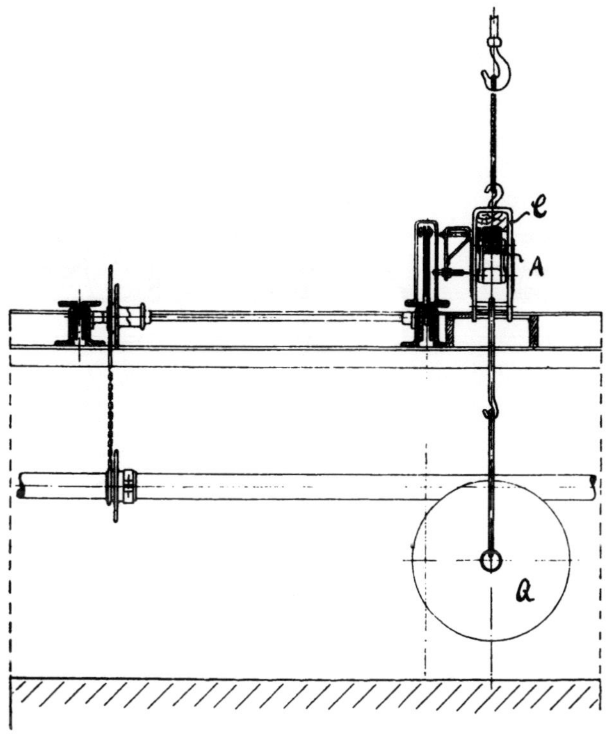

Fig. 61.

noch Berührung stattfand. Durch einen scharfen Schlag wurde sodann die haltende Schnur zwischen Bügel und Kranhaken durchschnitten, die Last Q mußte allein von der vorher unbelasteten Feder getragen werden. Die Feder geriet in Schwingungsbewegungen, deren Ausschläge kleiner und kleiner wurden, bis sie völlig ausklangen. Da gleichzeitig auch die Glasplatte der Schreibvorrichtung in gleichmäßig fortschreitender Bewegung an dem Schreibstift des Federbügels vorbeigeführt wurde, zeichneten sich die Schwingungsbewegungen auf der Glasplatte auf.

Figur 62 zeigt ein so erhaltenes Schwingungsdiagramm. Die Wirkung der dämpfenden Kräfte ist deutlich zu erkennen. Sie entsteht dadurch, daß Reibungen sowohl zwischen den einzelnen

Blättern der Feder als auch in den Bolzen der Federaufhängungen auftreten, während von einer merklichen Hemmung der Schwingungen durch den Luftwiderstand infolge der geringen Schwingungsgeschwindigkeiten nicht gesprochen werden kann. Wegen der ge-

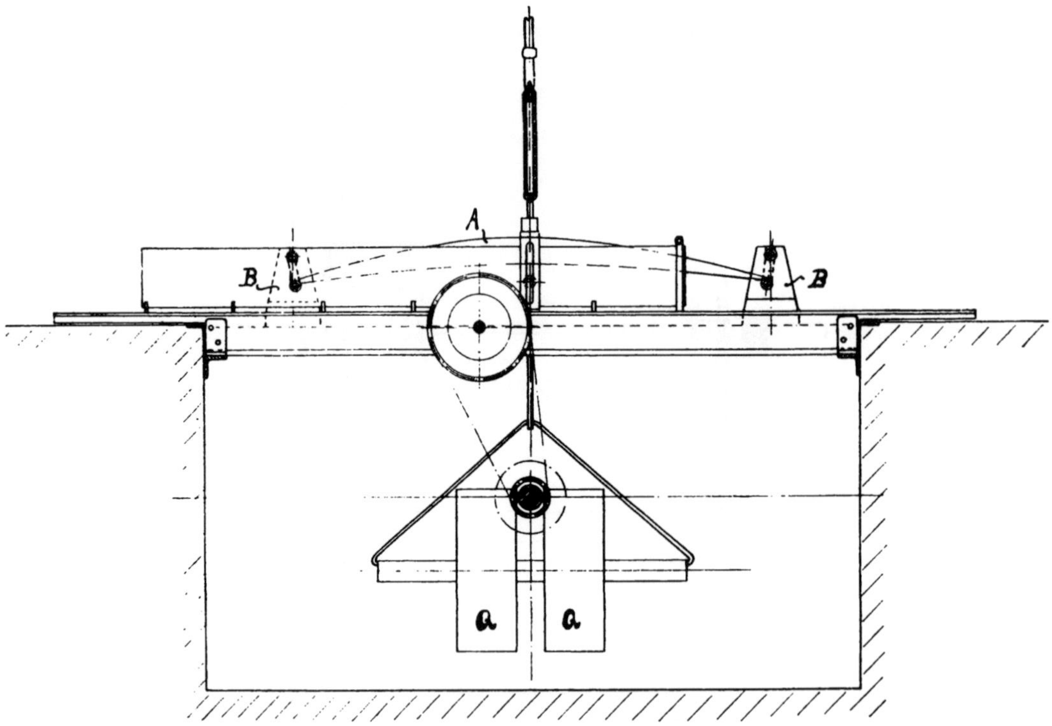

ringen Geschwindigkeit der Relativbewegungen der aufeinander gleitenden Teile ist weiterhin auch die Annahme berechtigt, daß die durch die Reibung erzeugten, hemmenden Kräfte konstante Größe haben, Es liegt somit der Fall 1 der theoretischen Betrachtungen vor, für den die Dämpfung der Schwingungen durch konstante Kräfte erfolgt. Die Schwingungsausschläge müssen eine arithmetische Reihe bilden, d. h. je zwei benachbarte Schwingungsausschläge müssen um den gleichen Betrag von einander verschieden sein; es muß die bereits wiedergegebene Beziehung gelten:

$$a_n - a_{n+1} = 2e.$$

Um zu zeigen, in welchem Maße dies Gesetz für die vorliegenden Schwingungen erfüllt ist, wurden die Werte e für die einzelnen

Phasen der Schwingungsbewegung ermittelt und in ein Diagramm eingetragen; die Schwingungsausschläge bilden die Abscissen des

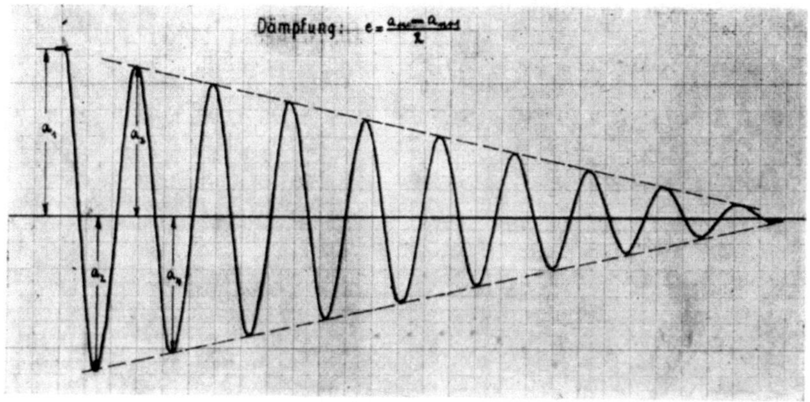

Fig. 62.

Diagrammes, die Werte e die Ordinaten, wobei jedem Werte e ein mittlerer Schwingungsausschlag $\frac{a_n + a_{n+1}}{2}$ zugeordnet wurde, da sich die e-Werte aus der Größe zweier benachbarten Schwingungsausschläge a_n und a_{n+1} ergeben, also zwei Schwingungsausschlägen zugehören. Die Figur 63 zeigt das erhaltene Diagramm. Der entstehende Kurvenzug ist angenähert eine horizontale Gerade, d. h. die Dämpfung ist von der Größe des Schwingungsausschlages nahezu unabhängig. Das oben angeführte Gesetz ist somit erfüllt.

Für verschieden stark gedämpfte Schwingungsbewegungen nimmt der Wert e verschiedene Größe an. Da es ganz allgemein für jede in beliebiger Gesetzmäßigkeit gedämpfte Schwingung möglich sein wird, an Hand eines aufgenommenen Schwingungsdiagrammes die Differenz zweier benachbarten Schwingungsausschläge zu ermitteln, bietet die Bildung des Wertes

$$e = \frac{a_n - a_{n+1}}{2}$$

ein geeignetes, allgemein anwendbares Hilfsmittel, um die Intensität der Wirkung dämpfender Kräfte zu messen und ihre Größe zeichnerisch zur Darstellung zu bringen.

Von dieser Methode der Messung und Darstellung wurde im Folgenden der weitgehendste Gebrauch gemacht. Es erübrigt sich, darauf hinzuweisen, daß bei dieser allgemeineren Benutzung des

Ausdruckes e die ihm nach der theoretischen Ableitung zukommende besondere geometrische Bedeutung verloren geht.

Als Versuchsobjekt diente zunächst die Feder I des Kardanwagens (siehe Federtabelle Seite 38). Aus der Figur 63 ergibt sich

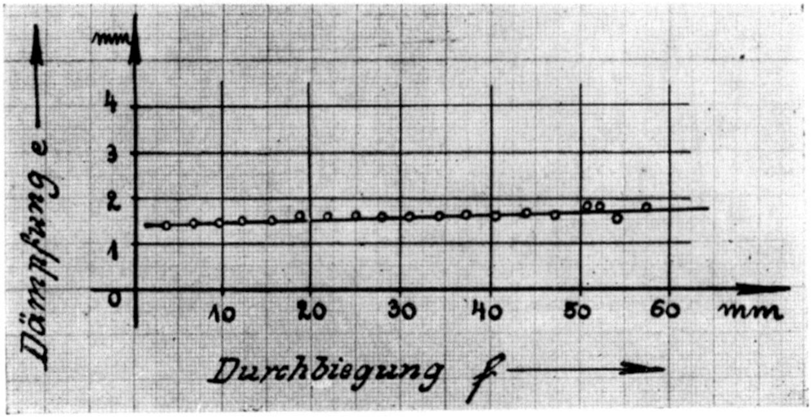

Fig. 63.

der mittlere Wert für die Dämpfung der untersuchten Blattfeder und deren Gehänge zu $e = 1{,}6$ mm. Dabei ist zu bemerken, daß die Feder im Anlieferungszustand geprüft wurde, d. h. in einem Zustand, in dem sich die Wagenfedern in den ersten Monaten der Inbetriebnahme des Wagens befinden werden; es hat sich weder eine erhebliche Rost- oder Schmutzschicht zwischen den Federblättern angesetzt, noch auch weisen die Federbolzen eine merkliche Abnutzung auf. Die Federbolzen waren geölt und die Federblätter mit einer leichten Fettschicht überzogen. Es wurde Sorge getragen, daß dieser Zustand während der Versuche dauernd erhalten blieb.

Die für die Versuche benutzte Belastung betrug 300 kg. Durch Vermehrung und Verminderung der Last innerhalb der durch die Größe der Federn gegebenen Grenzen wurde festgestellt, daß die Größe der Dämpfung von der Federbelastung nahezu unabhängig ist.

Die Federn von Kraftwagen werden vor allem dann aus einer größeren Anzahl von Blättern zusammengesetzt, wenn für den Wagen eine besonders starke Dämpfung erreicht werden soll. Es wird angenommen, daß die Dämpfung einer Blattfeder von der Blattzahl abhängig ist. Um ein Urteil über die Berechtigung dieser Annahme zu erlangen, wurden weitere Versuche derart angestellt, daß einige

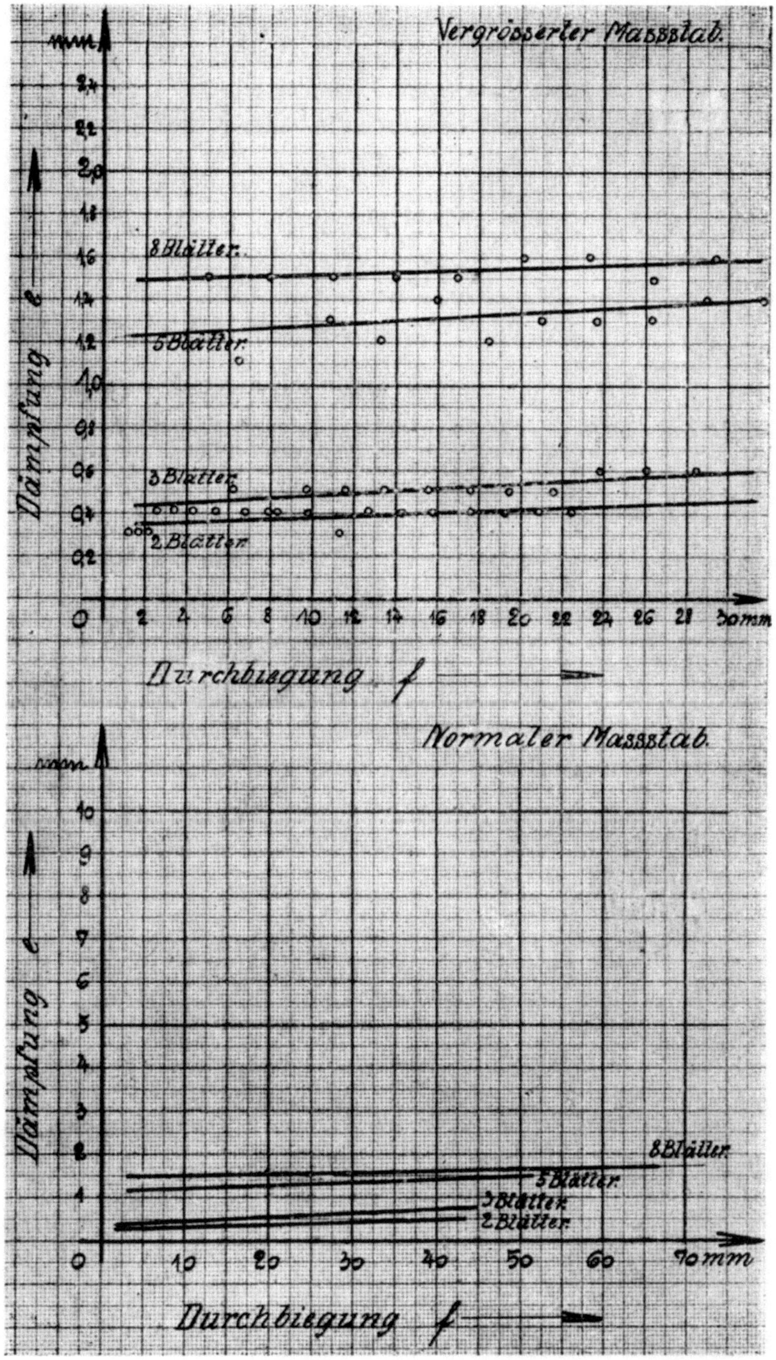
Vergrösserter Massstab.
8 Blätter.
5 Blätter.
3 Blätter.
2 Blätter.
Dämpfung e
Durchbiegung f
Normaler Massstab.
8 Blätter.
5 Blätter.
3 Blätter.
2 Blätter.
Dämpfung e
Durchbiegung f

Fig. 64 u. 65.

Lagen der aus 8 Blättern zusammengesetzten Feder entfernt wurden. An der so veränderten Feder wurde die Wirkung der dämpfenden Kräfte erneut festgestellt. Begonnen wurde mit der Entfernung der dünnen, unteren Blätter und es wurde die Feder nacheinander mit der Blattzahl 5, 3 und 2 geprüft. Es ergaben sich die in den Figuren 64 und 65 enthaltenen Versuchswerte. Der Maßstab des Diagrammes, in das, um den Vergleich zu erleichtern, auch die *e*-Kurve aus Figur 63 mit aufgenommen wurde, ist der Deutlichkeit wegen besonders groß gewählt. Es zeigt sich, daß die Dämpfung der Feder einschließlich der Federaufhängung tatsächlich von der Blattzahl in erheblichem Maße abhängig ist.

Der verhältnismäßig große Unterschied der *e*-Werte für die Blattzahlen 5 und 3 erklärt sich daraus, daß bei Entfernung der Blätter 4, 5, 6, 7 und 8 auch die Schellen wegfielen, mit denen die Feder zur Verhütung des seitlichen Verschiebens der Blätter ausgerüstet war, und die die Feder in ihrer freien Schwingungsbewegung etwas behinderten.

Ein besonders wichtiges Ergebnis lieferte ein weiterer Versuch, der mit der Feder im ursprünglichen Zustand durchgeführt wurde. Die von der Feder getragene Last *Q* wurde schief an den Bügel *C* angehängt, sodaß eine Verwindung der Federblätter und ein Klemmen in den Federgehängen eintrat. Die Dämpfung wurde hierdurch in hohem Maße gesteigert; sie war umso größer, je größer die Schiefstellung war. Diese Beobachtung ist in Bezug auf die später wiederzugebenden Versuchsresultate über den Einfluß von Klemmungen von besonderer Wichtigkeit.

Die Eigendämpfung der Kraftfahrzeuge.

Die Dämpfung in den Blattfedern und ihren Gehängen bildet nur einen geringen Teil der Eigendämpfung des Fahrgestells. Es wurden Versuche angeschlossen, um die Größe dieser Eigendämpfung zu ermitteln. Die Federn wurden in das Fahrgestell eingebaut; sodann wurde der Fahrzeugrahmen durch äußere Kräfte in Schwingungen versetzt, die mehr oder weniger schnell zum Ausklingen kamen. Das Ausklingen wurde durch die Registriervorrichtung aufgezeichnet. Aus den Schwingungsdiagrammen läßt sich in der bisher angewendeten Weise die Größe der Dämpfung feststellen und durch Ermittlung der Werte *e* zum Ausdruck bringen. Dabei wurden für die Versuche alle diejenigen Größen ver-

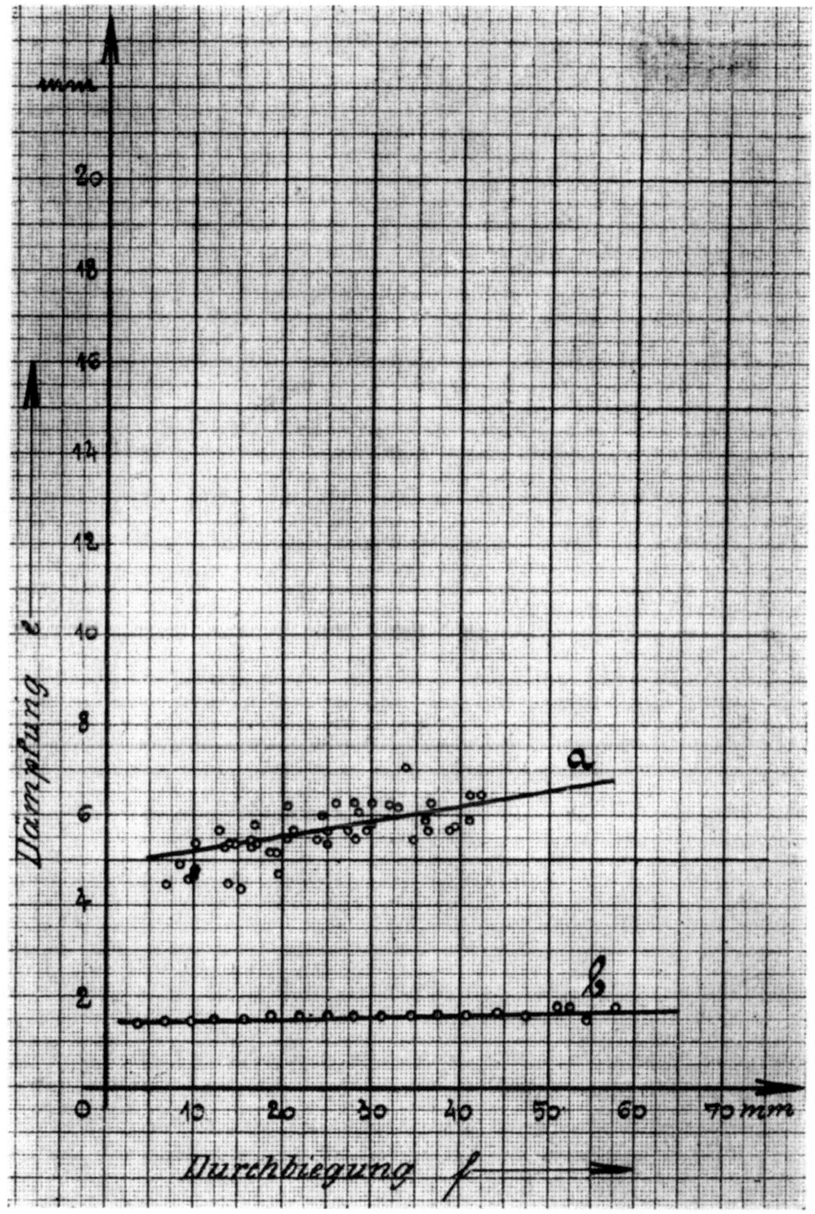
mm
20
18
16
14
12
10
8
6
4
2
0
10
20
30
40
50
60
70 mm
a
b
Dämpfung e
Durchbiegung f

Fig. 66.

ändert, von denen eine Beeinflussung der Dämpfung erwartet werden konnte. In weiten Grenzen geändert wurde die Größe der schwingenden, von den Federn getragenen Rahmenmasse, die Fahrgeschwindigkeit und die durch die Teile des Triebwerkes übertragene Leistung, und zwar wurde das Rahmengewicht entsprechend einem Achsdruck von 600 bis 1200 kg, die Fahrgeschwindigkeit zwischen den Grenzen 15 und 75 km pro Std. und die übertragene Leistung zwischen den Grenzen 5 und 20 PS geändert.

Obwohl alle diese veränderlichen Größen in verschiedener Zusammenfassung dem Versuch zugrunde gelegt wurden, ergaben sich aus den Schwingungsdiagrammen nahezu gleiche Werte für e. Sie wurden über dem entsprechenden Wert des Schwingungsausschlages in das durch die Figur 66 wiedergegebene Diagramm, Kurve *a*, eingetragen. (Kurve *b*: Vergleichskurve für Dämpfung der Feder allein).

Es zeigt sich, daß auch die Eigendämpfung von der Ausschlaggröße der Schwingungen wenig abhängig ist. Auffällig ist dabei vor allem die große Höhe der e-Werte. Die Werte betragen das Drei- bis Vierfache des e-Wertes, den die Schwingungsversuche mit der Feder allein ergeben haben, (Kurve *b*). Die Ursache hierfür ist darin zu suchen, daß außer der durch die Blattfeder erzeugten Dämpfung eine große Anzahl dämpfender Kräfte in den an der Schwingungsbewegung beteiligten Konstruktionsgliedern des Kraftwagens auftreten. Diese Kräfte haben in ihrer Gesamtheit eine beträchtliche Wirkung, sie lassen sich durch den Versuch ihrer Größe nach im einzelnen nicht bestimmen.

Von besonderem Interesse ist die Feststellung, daß weder die Größe der Fahrgeschwindigkeit noch die Größe der übertragenen Leistung einen nennenswerten Einfluß auf die Größe der Eigendämpfung ausüben. Dies ist von großer praktischer Bedeutung, denn für den ruhigen, gleichmäßigen Lauf eines Wagens auf unebener Fahrbahn ist das Vorhandensein einer bestimmten und vor allem unveränderlichen Eigendämpfung, die die Schwingungsbewegungen von Achse und Rahmen schnell zum Ausklingen bringt, erste Vorbedingung. Es wäre unzulässig, wenn die dämpfenden Kräfte für große Fahrgeschwindigkeiten, denen im allgemeinen auch große Leistungen des Antriebsmotors entsprechen, eine wesentliche Steigerung erfahren würden.

Die gleichen Feststellungen wie an dem Kardanuntergestell wurden auch an dem für die Versuche zur Verfügung stehenden Kettenwagen vorgenommen. Es wurde wiederum durch Schwingungsversuche die Dämpfung der Blattfeder allein und sodann die Eigendämpfung des Untergestells ermittelt. Es ergab sich für die Dämpfung der Feder der mittlere Wert $e = 2{,}5$ mm, Figur 67, Kurve *b*. Der Wert ist beträchtlich höher als derjenige, der durch die Versuche mit der Feder des Kardanuntergestells erhalten worden ist. Dies erklärt sich zwanglos daraus, daß die Federn des Kettenwagens eine größere Blattzahl (Blattzahl 9) besaßen und in ihren Gehängen weniger gut geführt waren.

Trotz dieser größeren Federdämpfung ergaben die Versuche kleinere Werte für die gesamte Eigendämpfung des Kettenwagens, Figur 67, Kurve *a*. Hieraus geht hervor, daß die dämpfende Wirkung derjenigen Wagenglieder, die außer der Feder an den Schwingungsbewegungen von Achse und Rahmen teilnehmen, am Kettenwagen geringer sind als am Kardanuntergestell. Auch dies ist erklärlich, denn die schwingenden Teile des Kettenwagens sind gering an Zahl. Die Achse steht nur durch die Federn, durch die kugelig angelenkten Kettenspanner und durch die Ketten selbst mit dem Rahmen in Verbindung, die Ketten aber sind ein elastischeres Zwischenglied als das Triebwerk eines Kardanwagens. Auch für den Kettenwagen wurde während der Versuche die Belastung, die Fahrgeschwindigkeit und die übertragene Leistung in den gleichen Grenzen verändert, ohne daß wesentlich andere Werte der Dämpfung *e* festgestellt werden konnten. Die Figur 67 läßt dies deutlich erkennen, da die eingezeichneten Punkte in gruppenweiser Zusammengehörigkeit sämtliche erhaltenen *e*-Werte darstellen. Es ist wichtig, daß auch in den Fällen größter Leistungsübertragung, in denen also in den Ketten große Zugkräfte und in den Gelenken der Kettenspanner große Druckkräfte auftreten, die Eigendämpfung die gleiche bleibt.

Die mit dem Kardan- und dem Kettenwagen durchgeführten Versuche haben ergeben, daß die Dämpfung eines jeden Untergestells der beiden Fahrzeugtypen eine bestimmte, unveränderliche, insbesondere von der Ausschlaggröße der Schwingungen, von der Fahrgeschwindigkeit und von der durch das Triebwerk übertragenen Leistung unabhängige Dämpfung besitzt, daß aber die Größe der Eigendämpfung dieser beiden Fahrzeugtypen durchaus verschieden ist.

Diese Abhängigkeit der Dämpfung von der Bauart des Wagens ist von besonderem Interesse. Es ist anzunehmen, daß auch geringere Unterschiede in der baulichen Zusammensetzung eines Fahr-

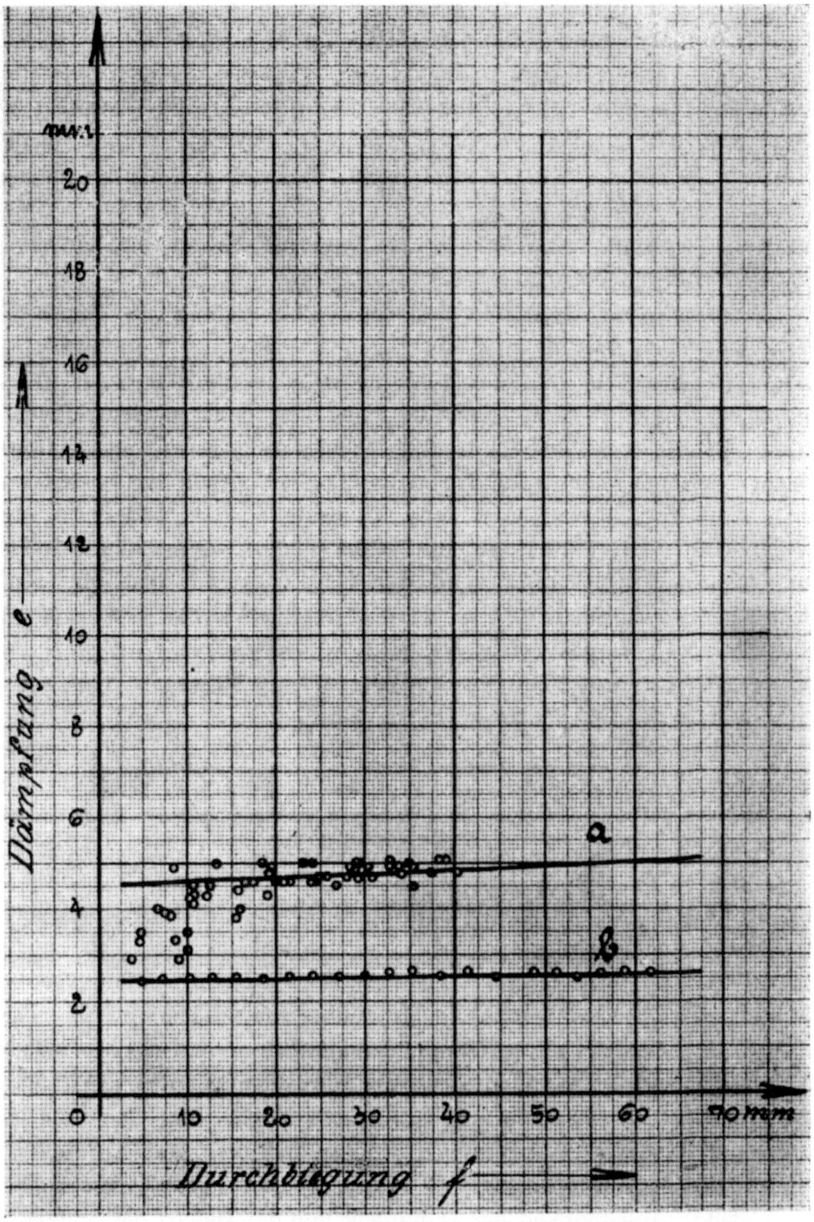
20
18
16
14
12
10
8
6
4
2
0
10
20
30
40
50
60
70 mm
a
b
Dämpfung e
Durchbiegung f

Fig. 67.

zeuges, als sie im Aufbau eines Kardan- und eines Kettenwagens bestehen, schon einen erheblichen Einfluß auf die Größe der Dämpfung haben. Verschiedene Ausführungsarten der Federbefestigung, der Kraftübertragung, der Achsabstützung werden verschiedene Größe der Dämpfung ergeben. Ebenso werden Zufälligkeiten bei der Montage die Dämpfung stark verändern können; durch eine schief eingesetzte Blattfeder, eine unrichtige Achsabstützung, durch eine klemmende Kraftübertragung kann die Dämpfung erheblich vergrößert werden. Aber auch Veränderungen, wie sie sich bei Benutzung eines Kraftwagens nach und nach von selbst einstellen, infolge von Verschmutzungen, von mangelhafter Schmierung oder durch Abnutzung, können die Eigendämpfung beträchtlich beeinflussen.

Weiterhin ist zu beachten, daß die Messung der Dämpfung während der Versuche auf Grund von Schwingungsbewegungen erfolgte, bei denen der Rahmen und die Achse ihre parallele Lage zueinander beibehielten. Tritt aber, wie dies während der Fahrt des Wagens auf unebener Fahrbahn durch einseitiges Anheben der Achse sehr häufig der Fall ist, eine Schiefstellung der Achse gegen den Rahmen ein, so sind Klemmungen in den Federn, in der Achsabstützung oder in der Kraftübertragung die natürliche Folge. Je nach der Stärke der Schiefstellung wird die Klemmung und mit ihr die Dämpfung in völlig unkontrollierbarem Maße anwachsen.

Diese auf Grund der Versuchsergebnisse angestellten Überlegungen zeigen, daß die Dämpfung eines Kraftfahrzeuges von einer großen Zahl von Zufälligkeiten sowohl wie von dem augenblicklichen Zustand der einzelnen Wagenteile in hohem Maße abhängig ist. Es ist deshalb für den Hersteller von Kraftwagen sehr schwierig, wenn nicht unmöglich, die Eigendämpfung eines Kraftfahrzeuges im voraus mit Sicherheit zu bestimmen. Erst die mit dem Kraftwagen vorgenommenen Fahrproben lassen erkennen, ob das Ausklingen der Schwingungen in geeigneter Weise erfolgt. Es ist eine Erfahrungstatsache, daß die Wirkung von Unebenheiten der Fahrbahn auf nahezu jeden Wagen eine andere ist, weil selbst Wagen völlig gleicher Bauart durchaus verschiedene Eigendämpfung besitzen.

Das einzige Mittel, die Dämpfung in bestimmter Richtung mit Sicherheit zu beeinflussen, ist die Veränderung der Blattzahl für die Wagenfedern. Die hierdurch erreichte Dämpfungsänderung ist aber, wie die Versuche mit der vom Untergestell getrennten Feder gezeigt haben, Figur 65, im Vergleich zur Größe der Gesamtdämpfung des Untergestells nur gering, so daß auch dieses Mittel als ungenügend bezeichnet werden muß. Die Unsicherheit in der Größe der Dämpfung bleibt bestehen.

Die Frage der Schwingungsdämpfung dürfte daher mit Rücksicht auf die Untersuchungsergebnisse auf folgendem Wege die beste Lösung erfahren: Die Eigendämpfung des Fahrgestells wird mit allen zu Gebote stehenden Mitteln auf ein Mindestmaß zurückgeführt, und es werden, um trotzdem ein schnelles Ausklingen der Schwingungen zu erreichen, besondere Apparate zwischen Achse und Rahmen eingeschaltet, in denen die dämpfenden Kräfte in bestimmter Gesetzmäßigkeit hervorgebracht werden.

Durch sorgfältige, jede Klemmung vermeidende konstruktive Durchbildung der Kraftübertragung, der Achsabstützung, der Federaufhängungen, durch Beachtung aller Gesichtspunkte für die Erreichung einer geringen Federblattdämpfung, durch besondere Sorgfalt während der Montage wird es möglich sein, die in ihrer Größe und Veränderlichkeit unkontrollierbaren dämpfenden Kräfte eines Fahrgestells wesentlich herabzumindern, sodaß das Fahrzeug eine geringe Eigendämpfung besitzt.

Hierbei wird der Kettenwagen mit seiner an sich kleineren Eigendämpfung dem Kardanwagen gegenüber im Vorteil sein.

Um die Dämpfung in der Blattfeder selbst klein zu halten, ist es nötig, die Blattzahl, soweit dies andere Rücksichten zulassen, gering zu wählen, die Flächen, mit denen die einzelnen Federblätter aufeinanderliegen, glatt zu halten, sie zu schmieren, Längsrillen in den Federblättern und klemmende Bandagen nicht anzuwenden, für lange, leicht bewegliche Federgehänge zu sorgen und grundsätzlich alles zu vermeiden, was Klemmungen in den einzelnen Teilen der Feder und der Federaufhängung hervorrufen kann.

Untersuchung der Dämpferapparate.

Nachdem somit gezeigt worden ist, daß die Dämpfung der Schwingungsbewegungen von Kraftfahrzeugen in zweckmäßiger Weise durch zusätzlich angebrachte Apparate bewirkt wird, ersteht die Frage, ob die auf dem Markt befindlichen Schwingungsdämpfer geeignet sind, diese Aufgabe zu übernehmen. Zur Beantwortung dieser Frage war es nötig, durch Versuche die allgemeinen Eigenschaften der Schwingungsdämpfer an typischen Beispielen zu prüfen. Es war erforderlich, die Größe ihrer Dämpfungswirkung festzustellen und weiter insbesondere zu zeigen, in welcher Weise sich die dämpfenden Kräfte mit der Größe des Schwingungsausschlages verändern.

Die Versuche wurden in der durch Figur 61 veranschaulichten Weise durchgeführt. Die Feder *A* wurde in Böckchen *B* eingebaut, auf das Rahmengestell der Bremsgrube aufgesetzt und durch ein an der Federmitte angehängtes Gewicht *Q* von bestimmter Größe belastet. Zwischen dem Rahmen und der Federmitte wurde hierauf der zu prüfende Dämpfer derart angeschlossen, daß die durch den Apparat erzeugten dämpfenden Kräfte den Schwingungen der Feder entgegenwirkten. Die entstehenden, mehr oder weniger schnell abnehmenden Schwingungsbewegungen wurden mit Hilfe eines an der Federmitte befestigten Stiftes auf berußte Glasplatten in bekannter Weise aufgeschrieben, und es wurden aus den erhaltenen Schwingungsdiagrammen die Werte e als das Maß für die Stärke der Dämpfung ermittelt. Die e-Werte wurden sodann über der Größe des Schwingungsausschlages in Diagramme eingetragen.

Die Schwingungsbewegungen verliefen im allgemeinen isochron. Es folgt daraus, daß zu einem großen Ausschlag eine große Schwingungsgeschwindigkeit gehört. Die Diagramme, die die Abhängigkeit der Dämpfung e von dem Schwingungsausschlag zeigen, lassen daher gleichzeitig auch die Abhängigkeit der Dämpfung von der Schwingungsgeschwindigkeit erkennen.

Es ergaben sich durch die Versuchsführung gute Einblicke in die Wirkungsweise der einzelnen Dämpfersysteme, wenn auch beachtet werden muß, daß die Schwingungsbewegungen am fahrenden Wagen zusammengesetzterer Natur sind als während der beschriebenen Versuche. Später wiederzugebende weitere Untersuchungen, bei denen die Dämpfer am Fahrgestell selbst angebracht waren, werden die an dieser Stelle wiedergegebenen Versuche ergänzen.

Einfacher Reibungsdämpfer.

Der erste der untersuchten Dämpfer ist ein Reibungsdämpfer einfachster Art. Er ist in Figur 68 dargestellt, und es beruht seine Wirkung auf der Erzeugung von Reibungskräften, die den Schwingungsbewegungen entgegenarbeiten. Seine Bauart ist die folgende. Über ein kleines Trommelgehäuse *A* ist ein Lederband *B* gelegt, das durch einen federnden Ring *C* auf das Trommelgehäuse aufgepreßt wird. Die Spannung des äußeren Ringes *C* kann durch Anziehen der Schraube *D* verändert werden. Der Ring *C* läuft in einen Arm *E* mit Auge *F* aus, an dem eine Zugstange *G* angebracht ist. Das freie Ende

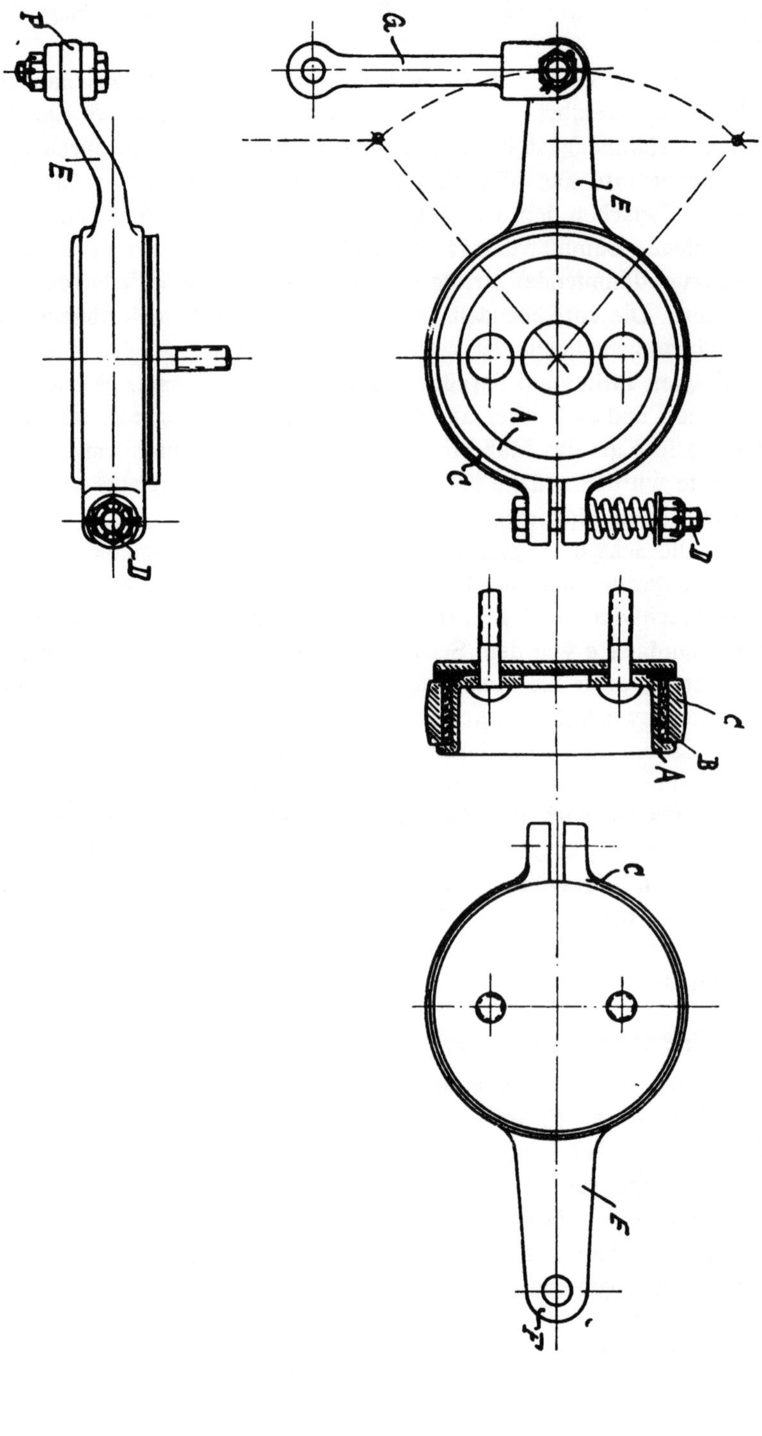

Fig. 68.

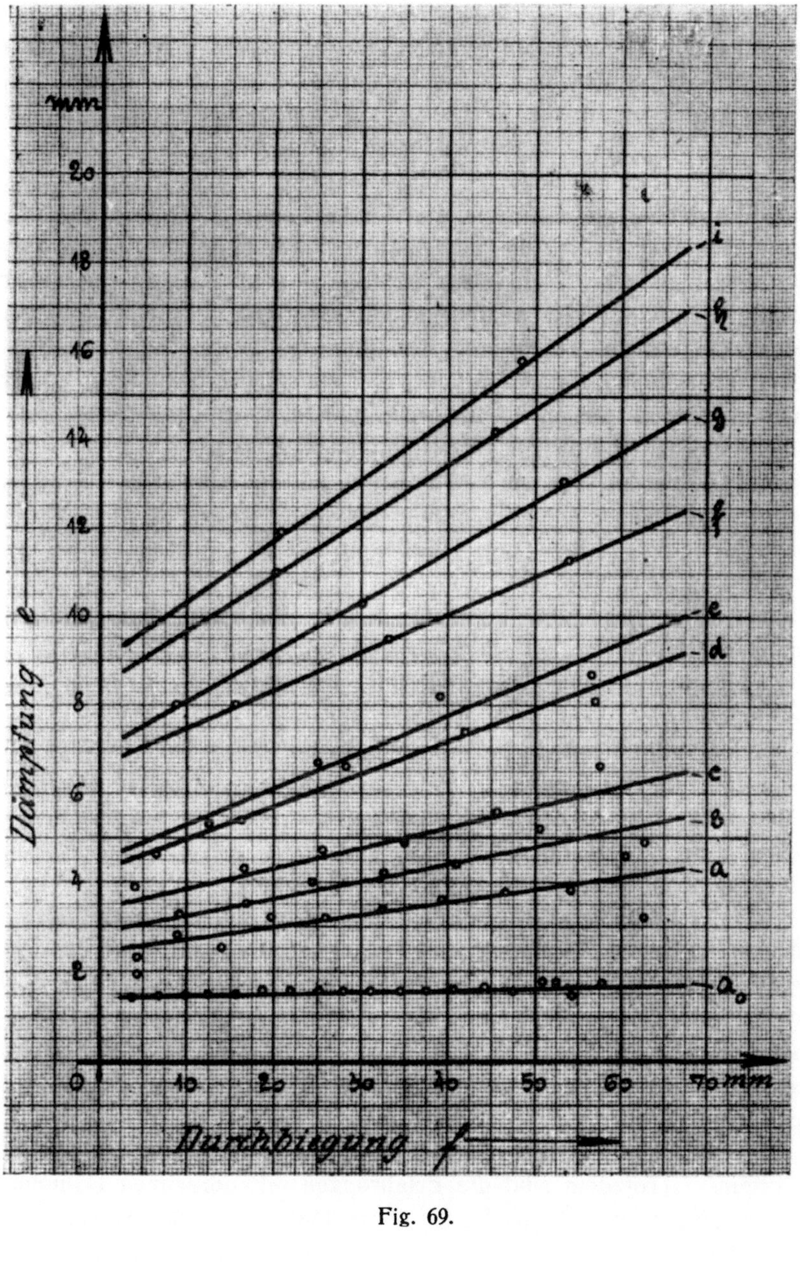
mm
20
18
16
14
12
10
8
6
4
2
0
10
20
30
40
50
60
70 mm
Dämpfung e
Durchbiegung f
i
h
g
f
e
d
c
b
a
a₀

Fig. 69.

dieser Zugstange ist mit der Achse, die Trommel *A* mit dem Rahmen verbunden. Führen Achse und Rahmen Relativbewegungen zueinander aus, so muß der Ring *C* auf der Trommel *A* gleiten, eine Bewegung, die von den auftretenden Reibungskräften gehemmt wird. Je nach der Stärke des Schraubenanzuges sind diese Kräfte groß oder klein, sodaß die erzeugten Schwingungsbewegungen mehr oder weniger schnell zum Ausklingen kommen.

In bereits geschilderter Weise wurden Schwingungsdiagramme aufgeschrieben, aus denen die Werte *e* bestimmt und in weiteren Diagrammen über der Größe des Schwingungsausschlages aufgetragen wurden, Figur 69. Es entstehen die Kurven *a* bis *i*, deren jede einem bestimmten Grad des Anziehens der Schraube *D* entspricht. Die Kurve *a* stellt eine sehr geringe Dämpfung dar, — die Schraube *D* ist eben nur lose angezogen — die Kurve *i* die stärkste Dämpfung infolge sehr kräftigen Anziehens der Schraube *D*. Die Kurve a_0 zeigt wiederum den Betrag der Federdämpfung allein.

Da die dämpfenden Kräfte Reibungskräfte sind, kann in erster Annäherung angenommen werden, daß diese Kräfte für jede Größe des Schwingungsausschlages gleich sind. Es liegt also der Fall 1 der theoretischen Betrachtungen vor, d. i. Dämpfung von Schwingungsbewegungen durch eine konstante Kraft. Nach den Betrachtungen müßten die *e*-Werte auf einer horizontalen geraden Linie liegen. Es ist aber die Mitte der Feder mit Hilfe eines Gestänges *EFG* mit dem Dämpferkörper verbunden derart, daß für große Schwingungsausschläge die die Reibung am Trommelumfang überwindende Kraft, wie Figur 68 zeigt, an einem kleineren Hebelarm wirkt als für kleine Ausschläge. Es ist daher die Dämpfungswirkung für große Schwingungen größer als für kleine. Die *e*-Kurven müssen sich also im Diagramm als schräge gerade Linien darstellen.

Der Dämpfer erzeugt somit eine in geringem Maße mit steigendem Betrag des Schwingungsausschlages progressive Dämpfung. Von größerer Bedeutung als diese an sich günstige Erscheinung ist aber der Übelstand, daß die Dämpfung auch für kleine Schwingungsausschläge sehr groß ist. Es treten beim ersten Anheben der Achse starke, hemmende Kräfte auf, die, wie in der Einleitung gezeigt wurde, durchaus unerwünscht sind.

Die leichte Regulierbarkeit der Dämpfung ist ein Vorteil des Systems. Trotzdem sind die Erfahrungen mit derartigen Dämpfern recht schlecht, weil die Radreifen übermäßig beansprucht werden, und weil die zwischen dem Leder und dem Trommelgehäuse auftretende Reibung sich zu schnell verändert. Das Leder wird schon nach kurzer

Zeit des Gebrauches glatt, sodaß die Dämpfungswirkung trotz scharfen Anziehens der Stellschraube gering ist.

Progressiv wirkender Reibungsdämpfer.

Eine etwas andere Wirkung als der untersuchte einfache Reibungsdämpfer hat der weiterhin geprüfte progressiv wirkende Dämpfer (Erzeugnis der Daimler - Motoren - Gesellschaft). Die dämpfenden Kräfte entstehen durch Reibung zwischen zwei aufeinander gleitenden, durch eine Feder zusammengepreßten Metallscheiben. Figur 70 veranschaulicht die Bauart des Dämpfers.

Zwei ringförmige, mit wellenartigen Erhöhungen und Vertiefungen versehene Flächen *A* und *B* werden durch eine starke Spiralfeder *C* gegeneinander gepreßt, wobei mit Hilfe einer Mutter *D* die Spannung der Feder verändert werden kann. Zur Führung der Ringe und der Feder dient eine Hülse *E* und ein Flansch *F*. Der Ring *A* trägt einen Arm *G*, der Ring *B* einen Arm *H*; an die Arme ist mit Hilfe der Stangen *J* und *K* ein Querstück *L* angeschlossen. Dieses wurde mit der Federmitte, der Flansch *F* mit dem Rahmen der Bremsgrube verbunden. Beim Schwingen der Feder wurden die Arme *G* und *H* auf und ab bewegt, sodaß sich die Ringe *A* und *B* gegeneinander verdrehen. Während in der Normallage die wellenförmigen Erhöhungen des einen Ringes in den Vertiefungen des anderen gelegen sind, kommen beim Schwingen die Erhöhungen eines Ringes auf die Erhöhungen des anderen zu liegen, die Scheiben werden in achsialer Richtung auseinandergedrückt, die Spiralfeder wird gespannt. Es erhöht sich hierdurch der Normaldruck und somit auch die Reibung zwischen den Ringflächen. Die Dämpfung nimmt also mit der Größe des Schwingungsausschlages zu.

Die Figur 71 läßt erkennen, daß die durch die Konstruktion erreichte Veränderung der Dämpfung recht gering ist. Dabei muß beachtet werden, daß ein wenn auch geringer Teil des Anwachsens als Folge einer ähnlichen Hebelwirkung angesehen werden muß, wie sie beim vorher geprüften Reibungsdämpfer auftrat. Der Dämpfer wurde in 5 verschiedenen Einstellungen geprüft, die Kurve *a* stellt die schwächste Dämpfung dar — die Mutter war nur soweit angezogen, daß eine leichte Berührung der Ringe *A* und *B* in der Normallage eintrat — und die Kurve *e* zeigt die stärkste Dämpfung bei starkem Anziehen der Stellmutter *C*. (Kurve a_0: Federdämpfung). Die Dämpferwirkung ist somit in weitem Maße veränderlich. Es muß jedoch als ein großer Nachteil angesehen werden, daß die kleinen Schwingungs-

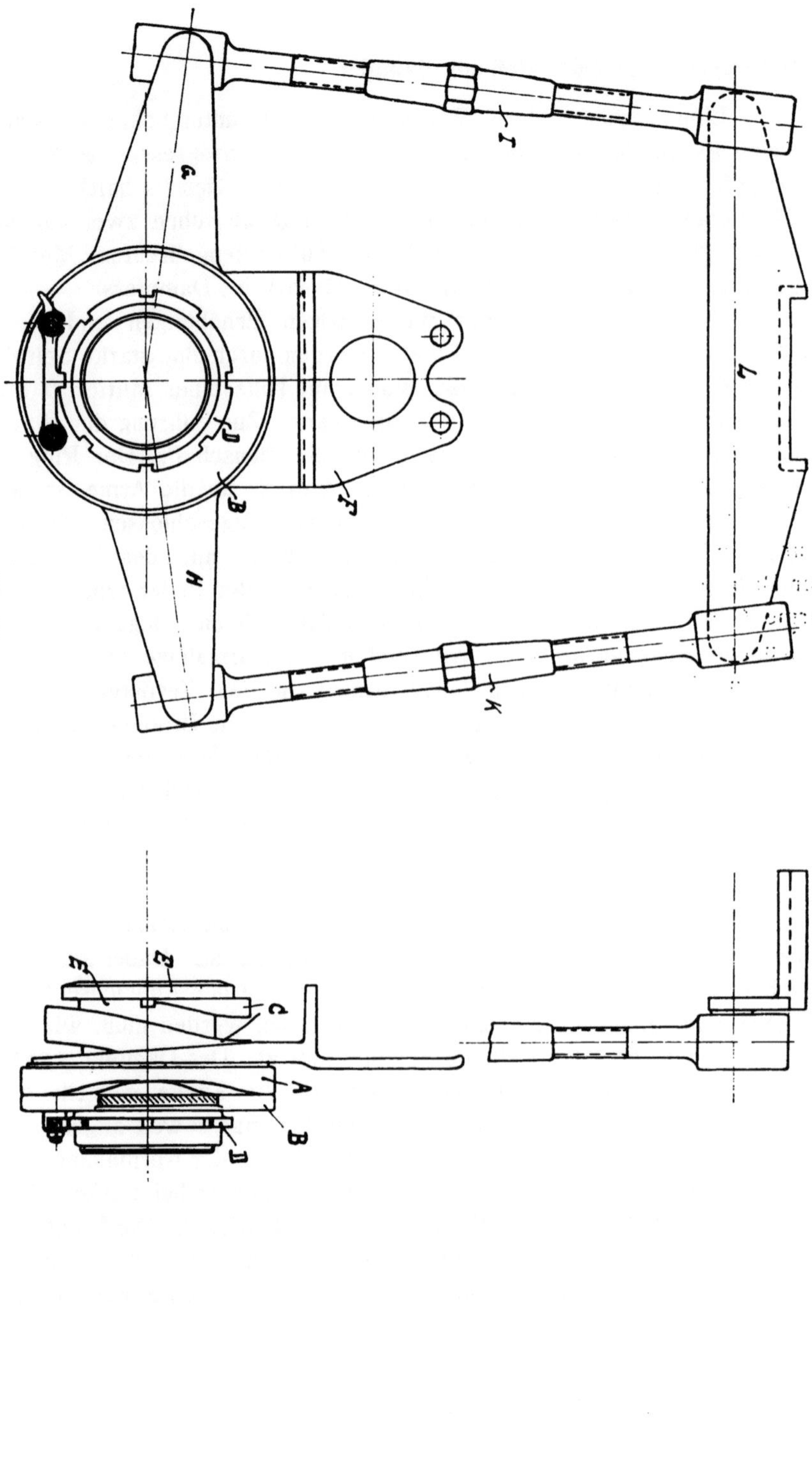

Fig. 70.

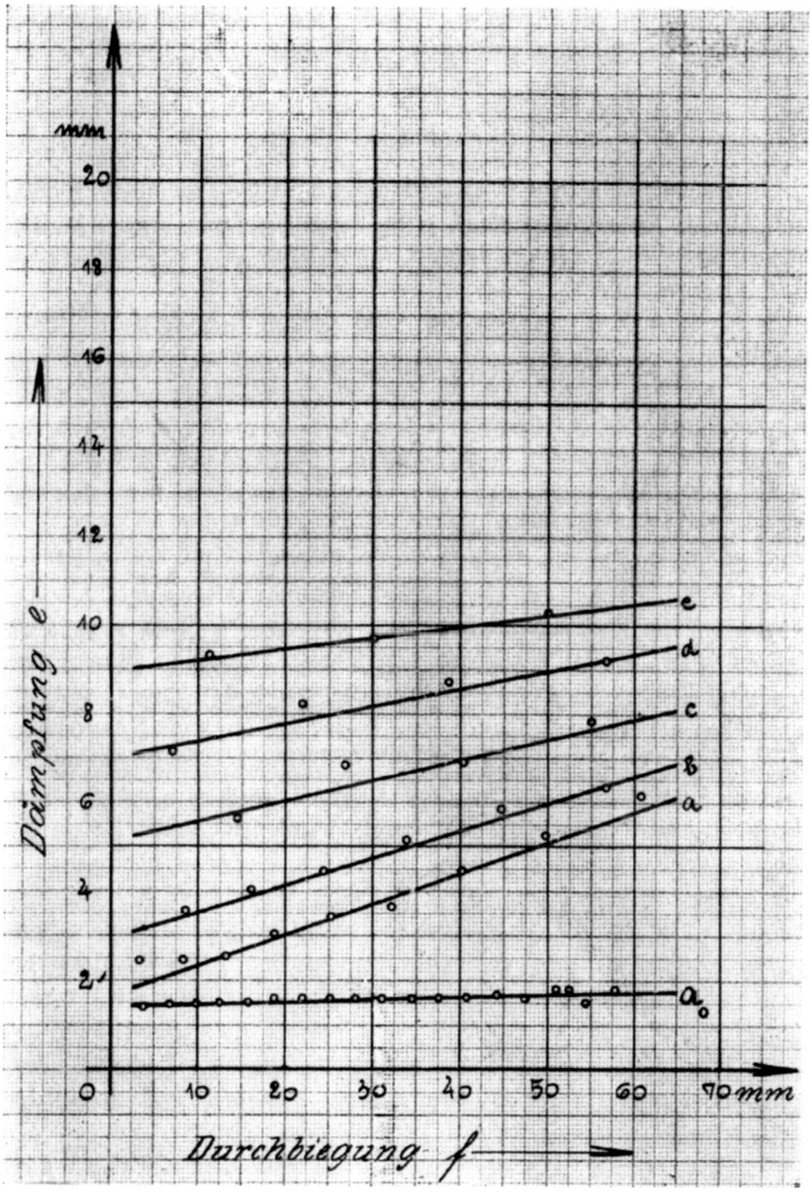
mm
20
18
16
14
12
10
8
6
4
2
0
10
20
30
40
50
60
70 mm
e
d
c
b
a
a_0
Dämpfung e
Durchbiegung f

Fig. 71.

ausschläge sehr stark abgedämpft werden, daß also das Anheben der Achse beim Auftreffen der Räder auf ein Hindernis beträchtlich erschwert ist. Ein mit einem derartigen, stark angespannten Dämpfer versehener Wagen zeigt eine harte Federung.

Progressiv wirkender Reibungsdämpfer Sphinx.

Auf einem anderen Prinzip beruht der Reibungsdämpfer Sphinx. Metall- und Gewebestreifen, die sich mit großer Spannung an Metallflächen anpressen, werden unter Überwindung von Reibungskräften verschoben, (Figur 72).

In einem Gehäuse *A* mit konzentrisch angeordneten Ringstegen *B* liegen Gewebestreifen *C*. Diese legen sich, durch Stahlbänder *D* kräftig nach außen gepreßt, an die Ringstege *B* an. Jeder der Streifen *C* und der Bänder *D* zeigt Aussparungen, in die sich Anschläge *E* des Gehäusedeckels einlegen. Das Gehäuse *A* wurde mit dem Rahmen der Bremsgrube, der Gehäusedeckel mit Hilfe des Gestänges FGH mit der Federmitte verbunden.

Führt die Feder Schwingungsbewegungen aus, so wird der Hebel *F* und mit ihm der Deckel des Dämpfergehäuses mit den Anschlägen *E* hin und her bewegt. Die Anschläge müssen hierbei die Ringstücke *C* und *D* längs der ringförmigen Stege *B* unter Überwindung von Reibungswiderständen verschieben. Dabei sind die Anschläge und Aussparungen so bemessen, daß für kleine Ausschläge nur der erste Ring, für größere der erste und zweite Ring und für die größten Ausschläge sämtliche drei Ringe verschoben werden. Hierdurch wird eine Vermehrung der Dämpferwirkung mit der Größe des Schwingungsausschlages erzielt.

Figur 73 läßt erkennen, in welchem Maße diese Veränderung erreicht wird. Es zeigt sich, daß der erste und zweite Ring nahezu gleichzeitig zur Wirkung kommen, daß aber der dritte Ring erst bei Schwingungsausschlägen über rund 25 mm verschoben wird. Auch hier wieder wird der Verlauf der *e*-Kurve durch die Hebelwirkung des Verbindungsgestänges *FGH* beeinflußt, da die die Reibung überwindende Kraft je nach der Stellung des Hebels *F* an verschieden großem Hebelarm angreift.

Es zeigt sich, daß die Wirkung des Dämpfers für große Ausschläge sehr kräftig ist, für kleine jedoch stark abnimmt. Der Dämpfer wirkt also in hohem Masse progressiv.

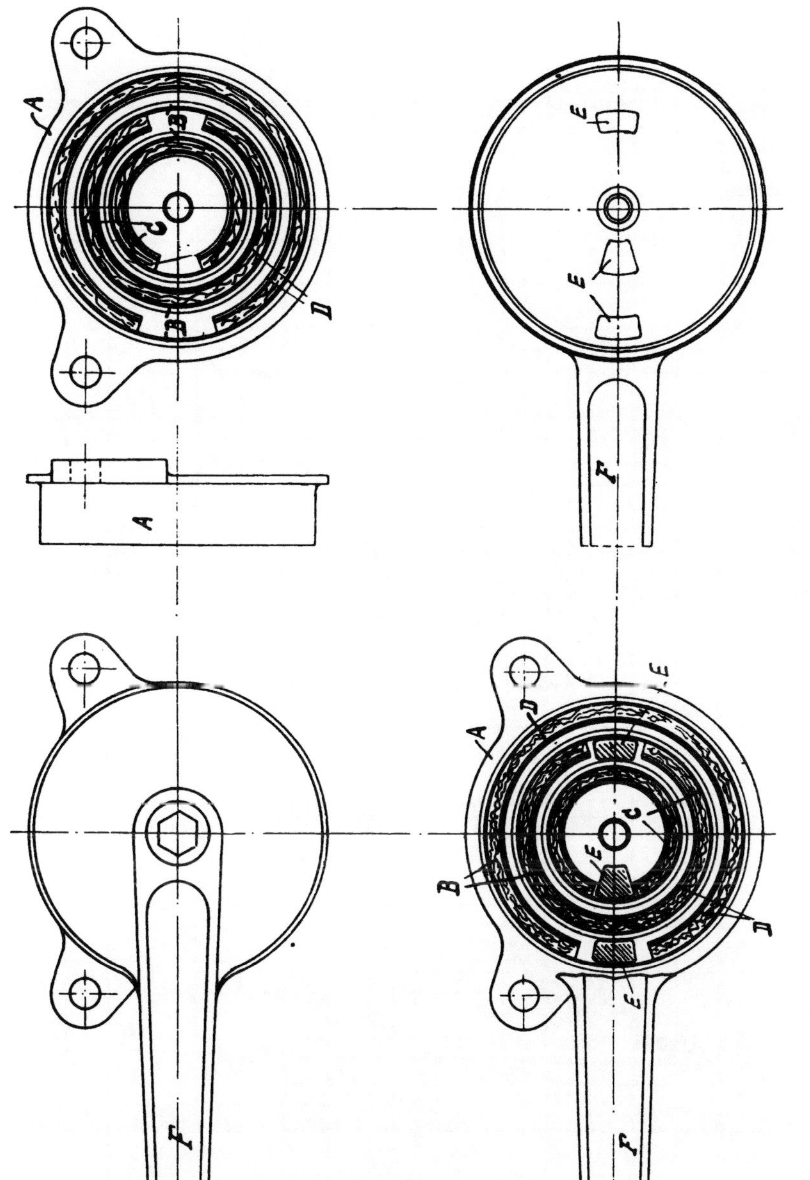

Fig. 72.

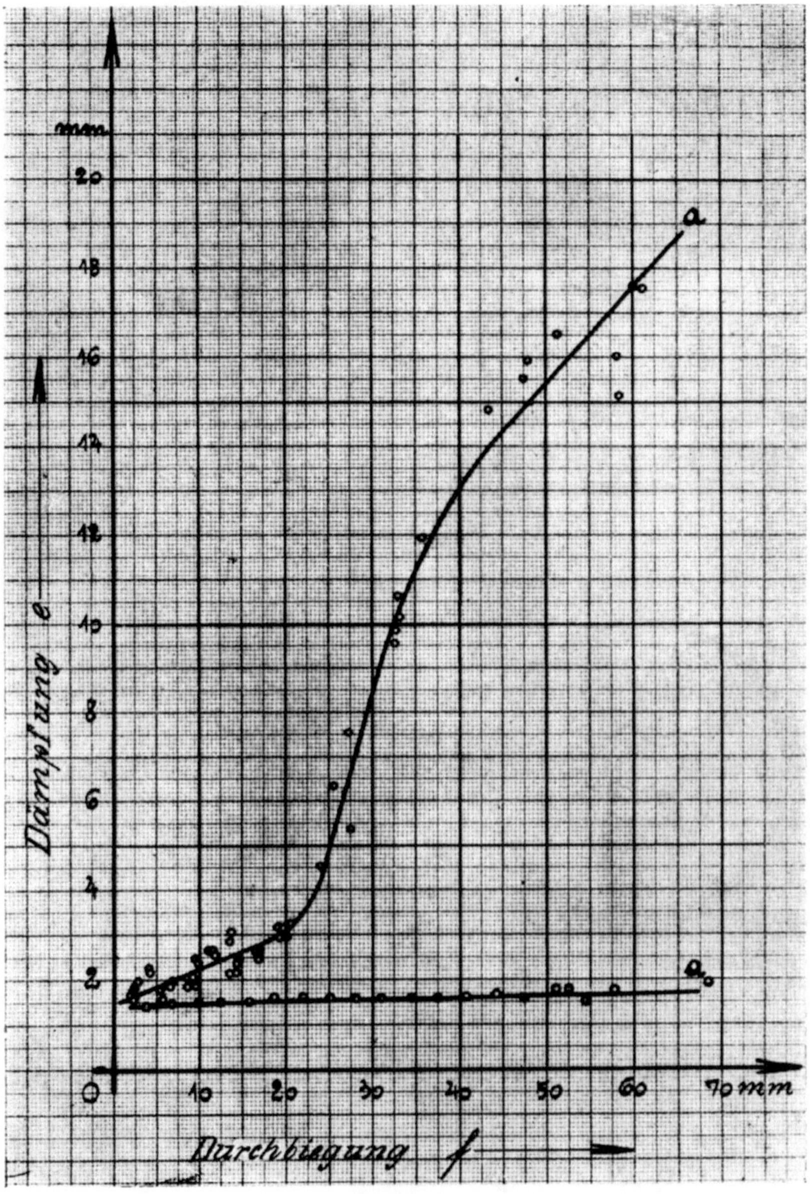
mm
20
18
16
14
12
10
8
6
4
2
0
10
20
30
40
50
60
70 mm
a
a_0
Dämpfung e
Durchbiegung f

Fig. 73.

Flüssigkeitsdämpfer.

Es wurden weiterhin Dämpfer untersucht, bei denen die dämpfenden Kräfte durch Flüssigkeitsreibung erzeugt werden.

1. Dämpfer Eclipse.

In einem fächerartigen Gehäuse *A* (Figur 74) befindet sich ein Flügelkolben *B* auf dem Drehbolzen *C*. Auf dem äußeren Ende dieses Bolzens ist ein Hebel *D* mit Gestänge *E* aufgesetzt, mit dessen Hilfe der Flügelkolben in seinem Gehäuse hin und herbewegt werden kann. Das Gehäuse selbst ist mit einer dicken, teigartigen Masse angefüllt, die der Bewegung des Flügelkolbens einen heftigen Widerstand entgegensetzt.

Für den Versuch wurde das Gehäuse *A* mit dem Rahmen der Bremsgrube, das Gestänge *E* mit der Federmitte verbunden. Führte die Feder Schwingungsbewegungen aus, so mußte der Flügelkolben unter Überwindung des Widerstandes der Füllmasse hin und her bewegt werden. Es entstand hierdurch eine sehr kräftige Dämpfungswirkung, deren Gesetzmäßigkeit durch die Figur 75 veranschaulicht ist, Kurve a. Die Dämpfung muß mit der Schwingungsgeschwindigkeit der Feder, also mit der Größe des Schwingungsausschlages, zunehmen. Es ergibt sich im Diagramm eine schräge gerade Linie, die anzeigt, daß die Größe der Dämpfung der Größe des Schwingungsausschlages und gleichzeitig auch der Größe der Schwingungsgeschwindigkeit direkt proportional ist.

Die Dämpfung muß Null werden, wenn der Schwingungsausschlag Null wird, d. h. die schräge gerade Linie muß durch den Koordinatenanfang gehen, wenn von jedem ermittelten e-Werte derjenige Betrag in Abzug gebracht wird, der den Anteil der Federreibung (Kurve a_0) an der Gesamtdämpfung darstellt. Der Kurvenverlauf des Diagrammes Figur 75 läßt diese Verhältnisse deutlich erkennen.

Der untersuchte Dämpfer zeigt somit in der Gesetzmäßigkeit seiner Dämpfungswirkung charakteristische Unterschiede gegen die Reibungsdämpfer der untersuchten Art. Eine Einstellbarkeit der Dämpfungswirkung von außen ist für diesen Dämpfer nicht möglich.

2. Dämpfer Houdaille.

In einem runden Gehäuse *A* (Figur 76), das durch die Stege *B* in zwei Kammern geteilt wird, bewegt sich drehbar ein Doppelflügel-

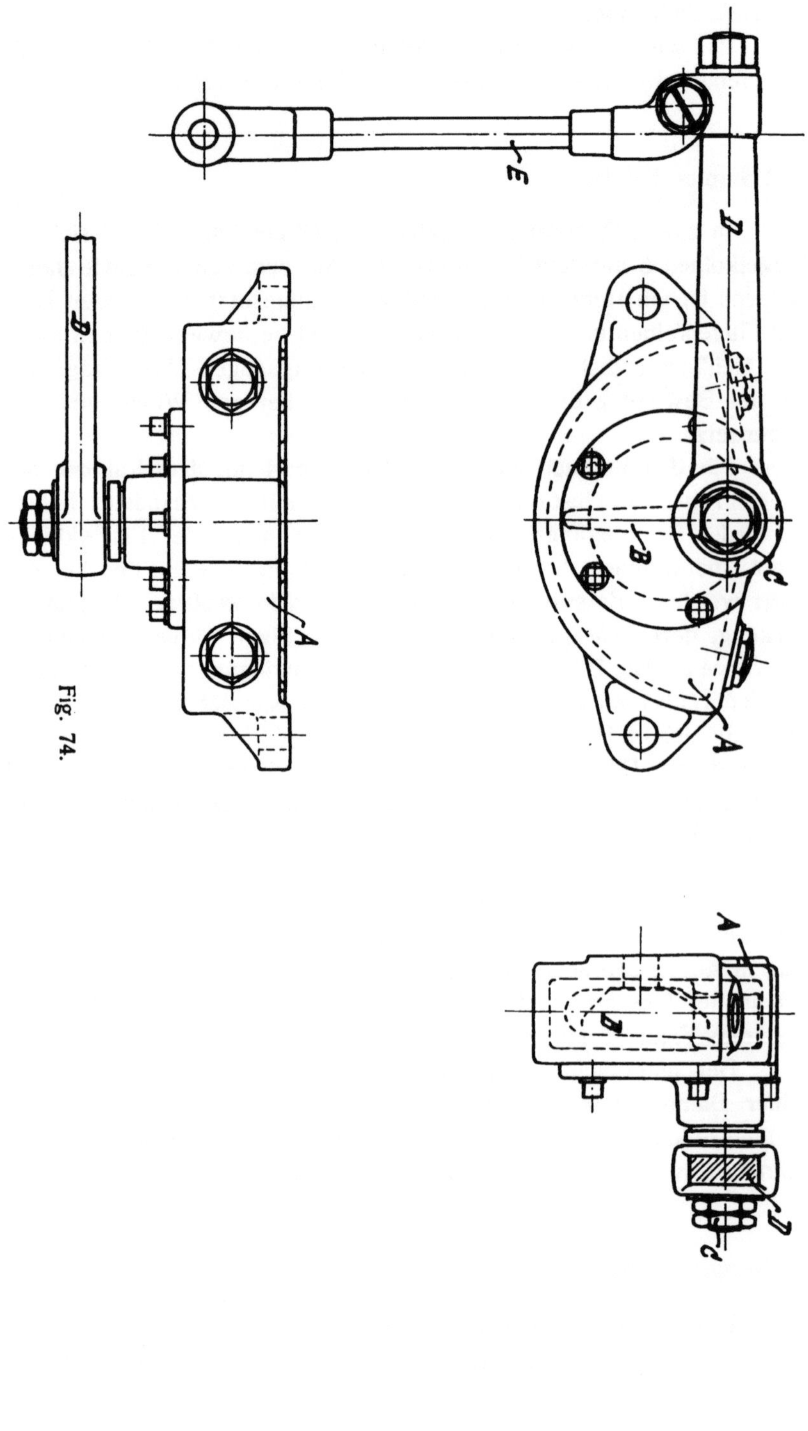

Fig. 74.

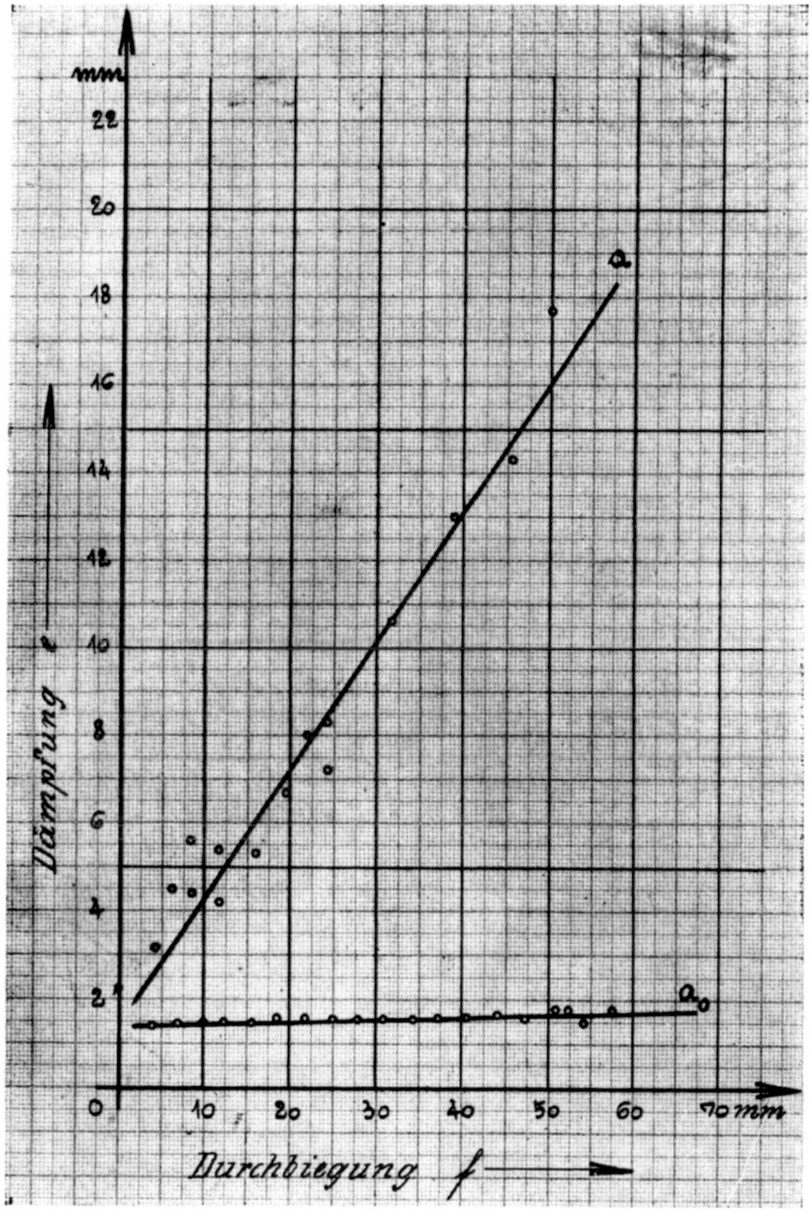
mm
22
20
18
16
14
12
10
8
6
4
2
0
10
20
30
40
50
60
70 mm
a
a_0
Dämpfung
Durchbiegung f

Fig. 75.

kolben *C* mit dem Bolzen *D*. Das Gehäuse ist mit Flüssigkeit gefüllt. Mit Hilfe eines am Bolzen *D* befestigten Hebels *E* und des Gestänges *F* kann der Flügelkolben hin und her bewegt werden. Der Flügelkolben besitzt Durchbohrungen, durch die die Flüssigkeit des Gehäuses hindurchtreten kann. Es legt sich jedoch von einer Seite ein Stahlplättchen *G* vor die Öffnung. Hierdurch soll erreicht werden, daß der Durchtritt der Flüssigkeit durch den Kolben in der einen Richtung leichter erfolgen kann als in der anderen. Weiterhin kann durch Bohrungen im Bolzen *D*, die von außen her durch eine in der Mitte des hohlen Bolzens *D* sitzende, kleine Spindel zur Veränderung der Dämpfungswirkung mehr oder weniger geschlossen werden kann, ebenfalls Flüssigkeit von einer Kolbenseite auf die andere übertreten. Es ergab jedoch diese Regelbarkeit keine wesentlichen Unterschiede in der Dämpferwirkung. Ebensowenig konnten beachtenswerte Unterschiede in der Dämpfungswirkung festgestellt werden, wenn durch die Schwingungsbewegungen der Feder der Kolben in der einen oder in der anderen Richtung bewegt wurde.

Die Figur 77 läßt die Gesetzmäßigkeit der Dämpfungswirkung erkennen. Die *e*-Kurve ist ebenfalls eine schräge gerade Linie, die Dämpfung wächst also auch für diesen Apparat direkt proportional mit der Größe des Schwingungsausschlages und der Schwingungsgeschwindigkeit.

Der an dem Gehäuse *A* angebrachte trapezförmige Ausbau *H* stellt eine Vorratskammer zur Aufnahme von Flüssigkeit dar. Geht durch den Gebrauch des Dämpfers etwas von der Flüssigkeitsfüllung verloren, so saugt der Flügelkolben selbsttätig Flüssigkeit durch die Ventile *J* in das Gehäuse *A* herein. Ein Nachlassen der Dämpferwirkung durch Verlust von Flüssigkeit ist also bis zu einem gewissen Grade unmöglich gemacht.

3. Dämpfer Glissoire.

Einen weiteren Flüssigkeitsdämpfer, bei dem durch besondere konstruktive Ausbildung des Gehäuses eine progressive Dämpfungswirkung erreicht wurde, zeigt Figur 78. In einem runden Gehäuse *A* mit dem festen Steg *B* bewegt sich drehbar um den Bolzen *C* ein Schwingkolben *D* von besonderer Gestaltung.

Er besitzt zwei mit je einer rechteckigen Aussparung *E* versehene Stege *F*, sodaß durch diese und durch den festen Steg *B* im Gehäuse 3 Räume $K_1 K_2 K_3$ abgetrennt werden. Das Gehäuse *A* ist

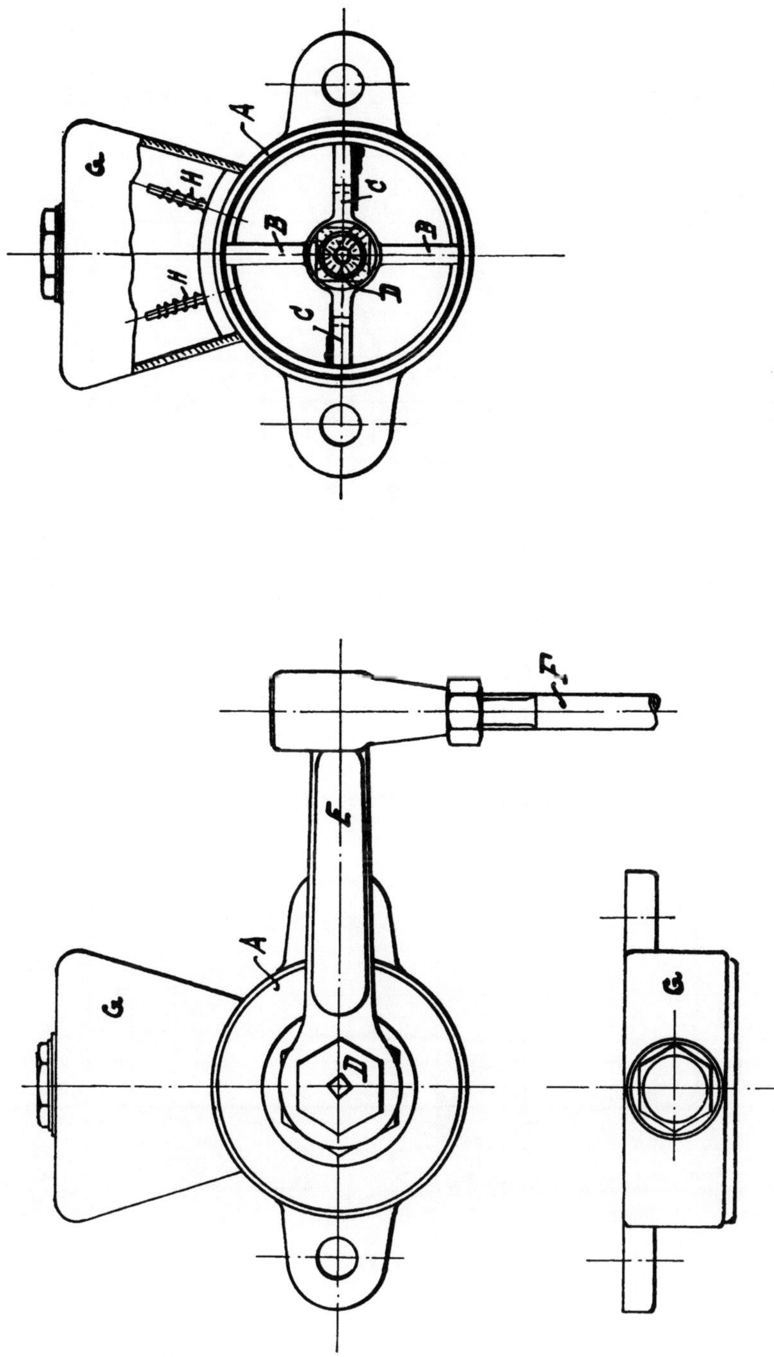

Fig. 76.

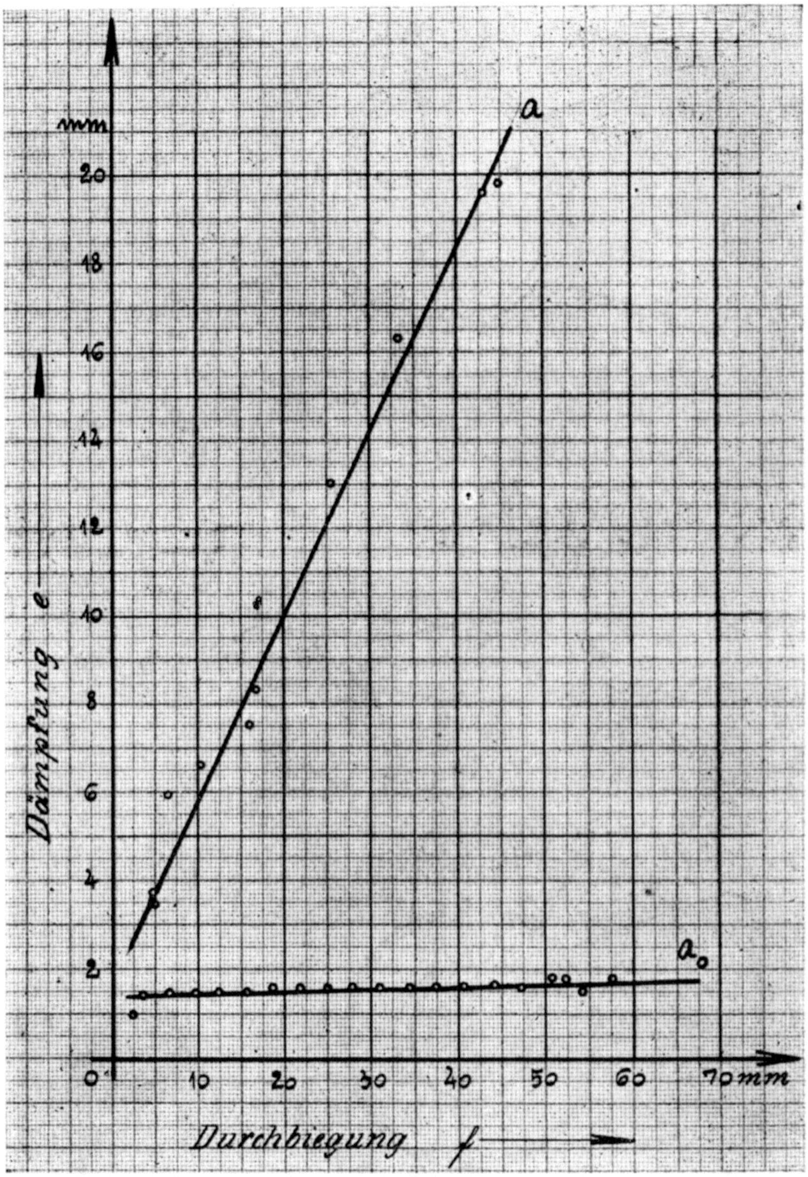
mm
20
18
16
14
12
10
8
6
4
2
Dämpfung e
a
a_0
0
10
20
30
40
50
60
70 mm
Durchbiegung f

Fig. 77.

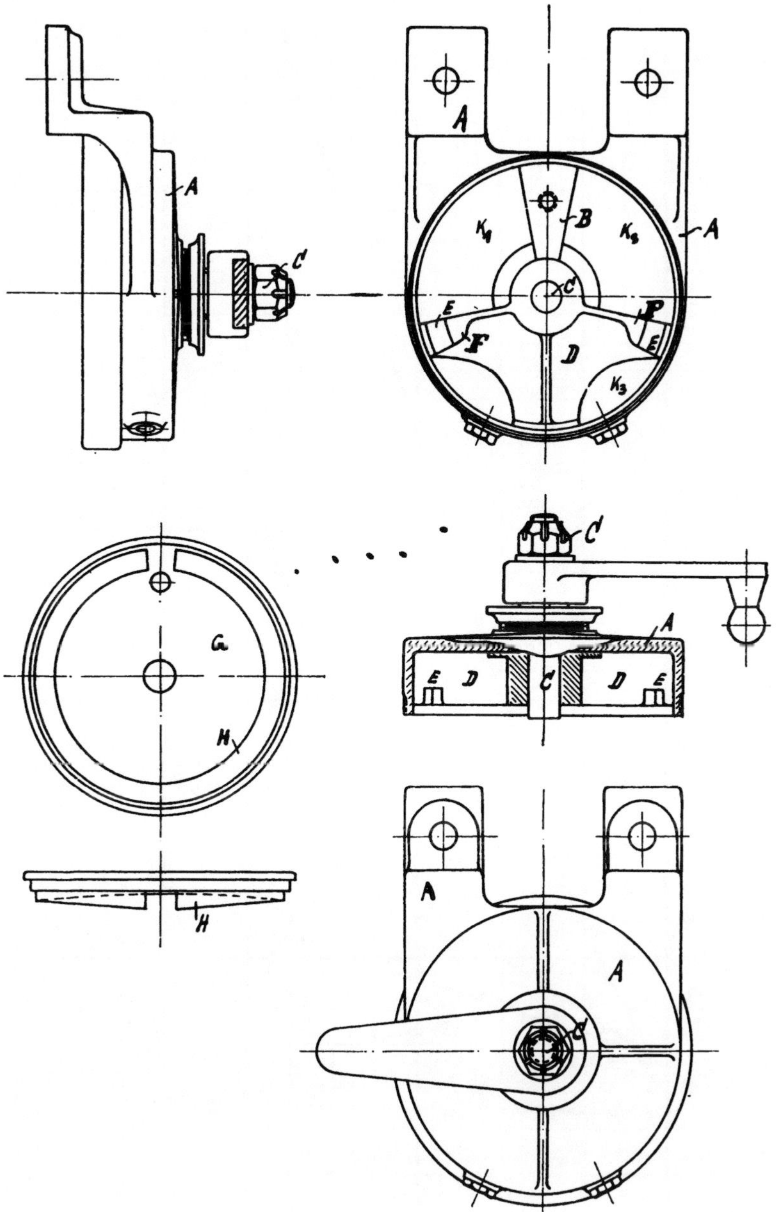

Fig. 78.

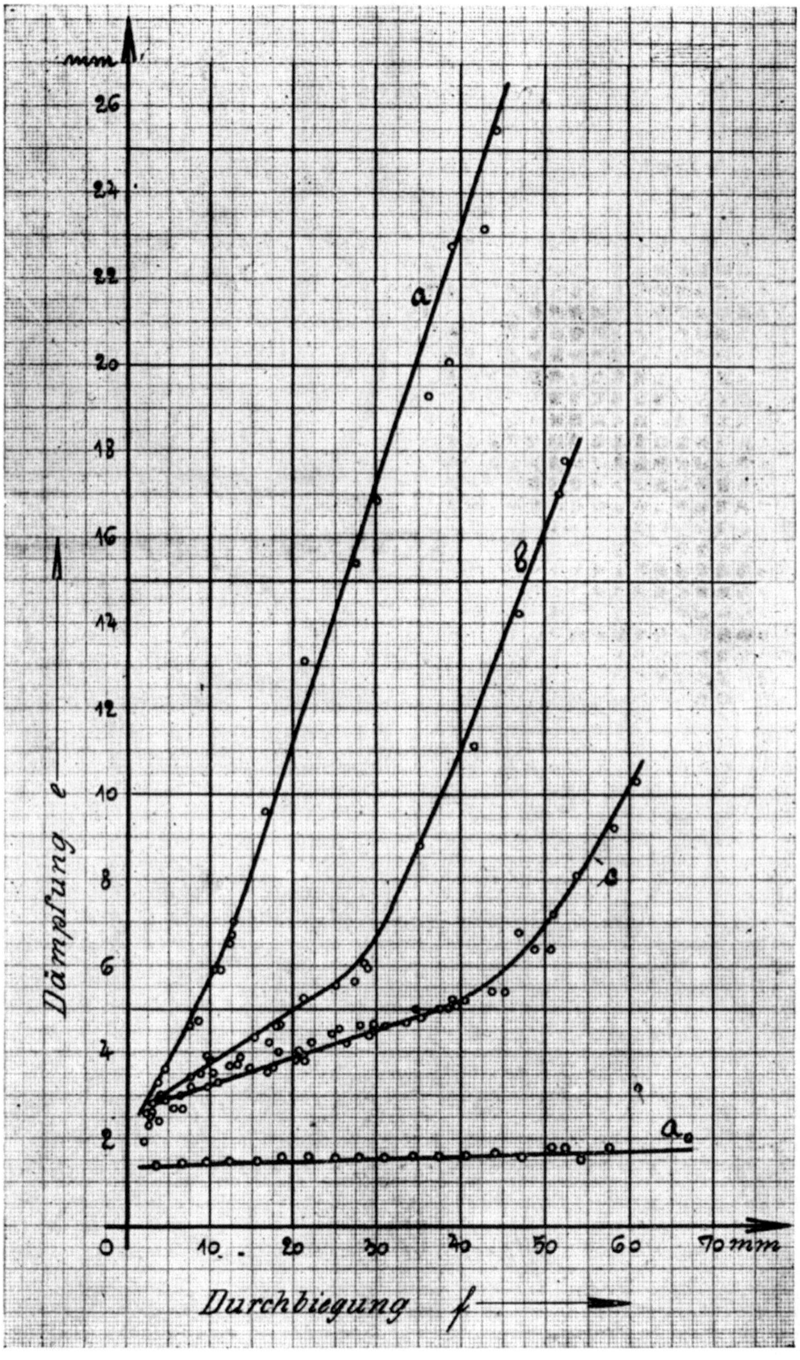
mm
26
24
22
20
18
16
14
12
10
8
6
4
2
0
10
20
30
40
50
60
70 mm
a
b
c
a_0
Dämpfung e
Durchbiegung f

Fig. 79.

mit Flüssigkeit gefüllt und durch den Deckel *G* verschlossen, der eine rampenartig ansteigende Rundleiste *H* besitzt. Eine an der höchsten Stelle der Leiste befindliche Aussparung ist von dem Steg *B* ausgefüllt. Dabei ist die Deckelleiste derart angeordnet, daß sie in die Aussparung *E* des Schwingkolbens hineinragt und die Aussparungen um so mehr verschließt, je mehr sich die Stege des Kolbens dem festen Steg *B*, also der höchsten Stelle der Rampenleiste, annähern.

Da bei einem Ausschwingen des Kolbens Flüssigkeit durch die Aussparungen *E* von einer Kolbenseite auf die andere übertreten muß, wird die Kolbenbewegung um so mehr gehemmt, je größer der Ausschlag des Kolbens ist. Es entsteht somit eine progressive Dämpfungswirkung.

Für die Versuche war die Federmitte mit dem Schwingkolben *D* verbunden, das Gehäuse *A* mit dem Rahmen der Bremsgrube. Es ergaben sich die Schwingungsdiagramme der Figur 79, welche die Veränderung der Dämpfungswirkung in Abhängigkeit von der Größe des Schwingungsausschlages in der üblichen Weise erkennen lassen. Der Versuch wurde mit drei verschiedenen Füllungsflüssigkeiten durchgeführt. Kurve *a* zeigt die Dämpfung bei Verwendung einer tranartigen Füllungsflüssigkeit (Dämpfer im Anlieferungszustand), Kurve *b* bei Verwendung von dickem Zylinderöl und Kurve *c* bei Verwendung von normalem Maschinenöl. (Kurve a_0: Federdämpfung.)

Die Kurve *c* läßt insbesondere erkennen, daß bei anfänglich sehr geringen Werten von *e* die Dämpfung bei größeren Ausschlägen ganz erheblich ansteigt. Es bleibt also in erwünschter Weise die Dämpfung für geringe Ausschläge klein und sie steigt für große Schwingungsausschläge auf ein Vielfaches des anfänglichen Betrages. Die Kurve *b* läßt dagegen erkennen, daß bei Anwendung zäherer Flüssigkeit die Gesamtdämpfung zwar erhöht wird, die Veränderung der Dämpfung infolge der besonderen konstruktiven Ausbildung des Gehäuses aber zurücktritt. Für den Dämpfer im Anlieferungszustand ergab sich angenähert eine schräge gerade Linie, Kurve *a*, wie sie die früheren Untersuchungen von Flüssigkeitsdämpfern ganz allgemein ergeben hatten.

4. Dämpfer Bob.

Auf Grund der Versuchsergebnisse wurde sodann ein weiterer Flüssigkeitsdämpfer neu angefertigt, der die erwünschten Eigenschaften, kleine Dämpfung für kleine Ausschläge und große Dämpfung

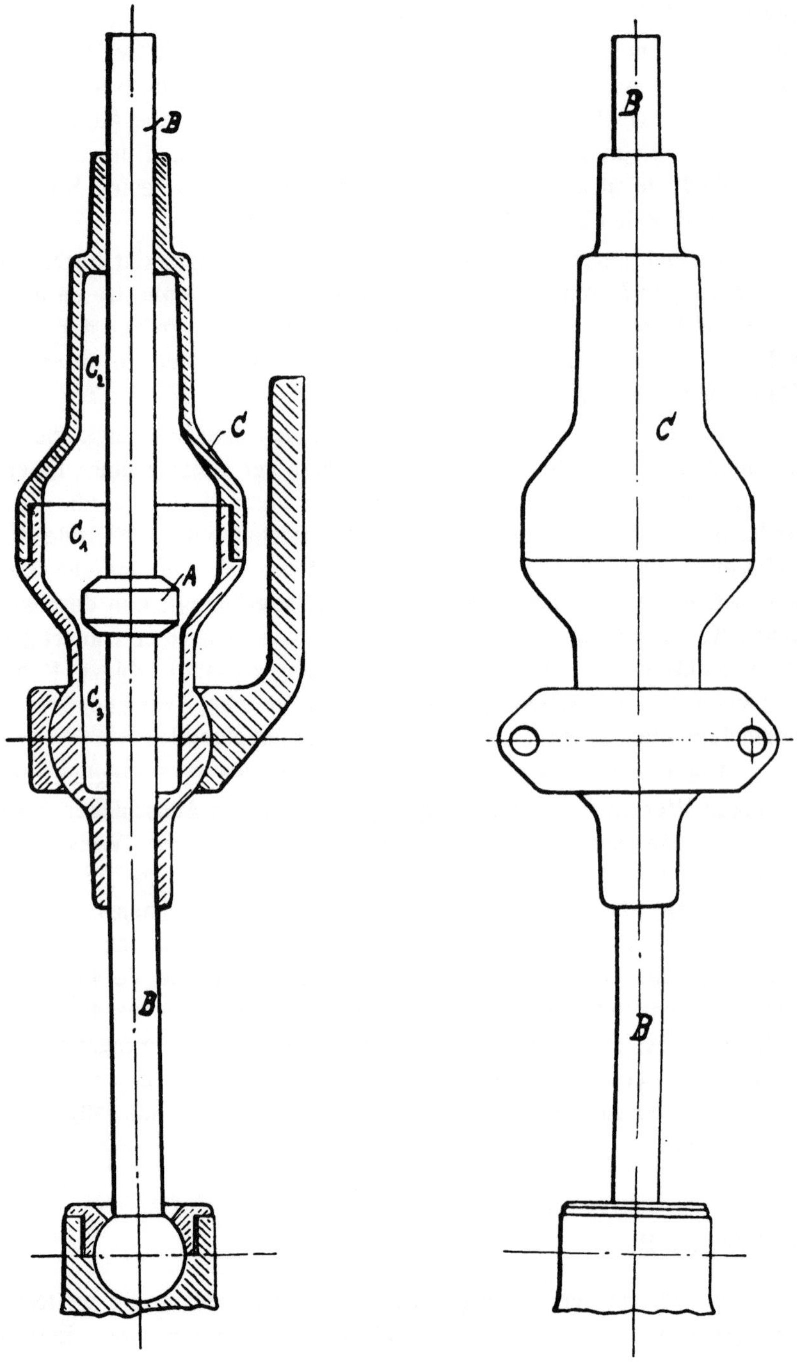

Fig. 80.

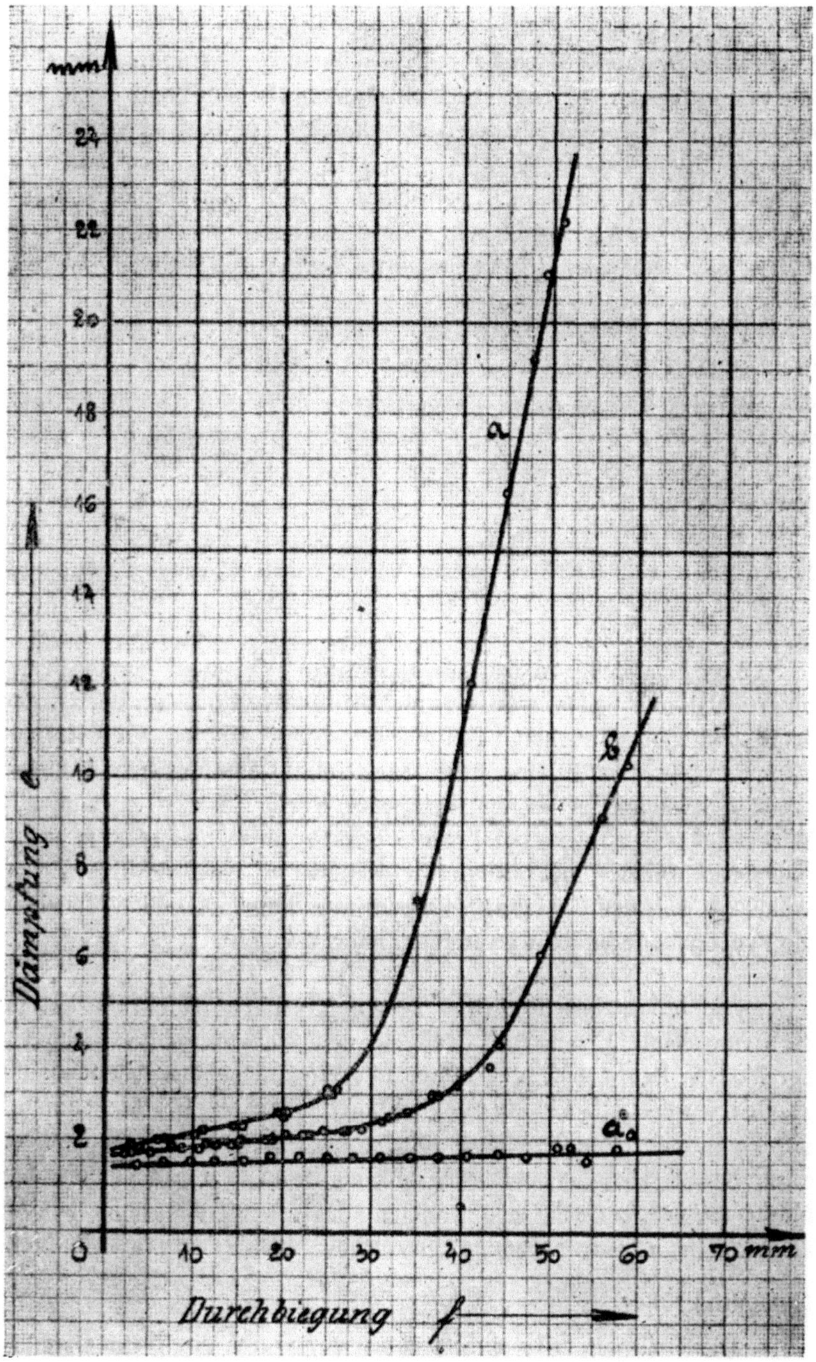

Fig. 81.

für besonders große Schwingungen hervorzubringen, in hohem Maße besaß. Die Wirkung wurde durch zweckmäßige Gestaltung des Gehäuseinnern erzielt. Die Bauart des Dämpfers ist aus Figur 80 zu erkennen. Der Kolben *A* mit der Kolbenstange *B* bewegt sich in einem Gehäuse *C* von besonderer Gestaltung. Es zeigt eine starke in der Mitte liegende Erweiterung C_1, an die sich nach oben und unten Verengungen C_2 und C_3 anschließen. Diese Verengungen haben eine konische, nach außen zu sich verjüngende Form. Das Gehäuse ist mit Flüssigkeit gefüllt.

Für die Versuche wurde das Gehäuse *C* mit dem Rahmen der Bremsgrube, die Kolbenstange *B* mit der Federmitte derart verbunden, daß sich der Kolben *A* im Ruhezustande der Feder (im Gegensatz zur Darstellung Fig. 80) in der Gehäusemitte befand. Für kleine Schwingungsbewegungen der Feder bewegte sich der Kolben in dem erweiterten mittleren Teile C_1, es erfolgte daher nur eine sehr geringe Schwingungsdämpfung. Wuchsen jedoch die Ausschläge der Feder, so trat der Kolben in die Verengungen C_2 und C_3 ein und wurde, je weiter er sich nach außen bewegte, mehr und mehr zurückgehalten.

Das in üblicher Weise aufgenommene Diagramm der *e*-Werte Figur 81 läßt das starke Ansteigen der Dämpferwirkung mit der Größe der Schwingungsausschläge deutlich erkennen. Bei äußerst geringer Dämpfung für kleine Ausschläge steigt die Dämpfungswirkung für große Schwingungen auf beträchtliche Werte. Kurve *a* zeigt die Wirkung des Dämpfers bei Füllung des Gehäuses mit dickflüssigem Zylinderöl, Kurve *b* die Wirkung bei Füllung mit einem mittleren Maschinenöl, während Kurve a_0 wiederum den Anteil erkennen läßt, den die Federreibung an der Gesamtdämpfung hat.

Die bisher beschriebenen und untersuchten Apparate hatten die gemeinsame Eigenschaft, daß sie den Schwingungsbewegungen der Massen Kräfte entgegensetzten, die durch Reibungsarbeiten aufgezehrt wurden. Es kommen jedoch auch Apparate zur Anwendung, die zwar dem Ausschwingen der Masse Kräfte entgegenstellen, diese Kräfte aber aufspeichern und sie beim Rückschwingen der Masse an diese zurückgeben. Solche Apparate werden daher besser als Stoßfänger oder Stoßpuffer bezeichnet, nicht aber als Dämpfer.

Gummiringpuffer.

Die einfachste Art eines solchen Apparates stellt ein Gummiringpuffer dar von der in Figur 82 wiedergegebenen Form. Innerhalb eines eisernen, die Federmitte *A* umfassenden Bügels *B* sind an der Federmitte zwei Gummiringe *C* angebracht, die zusammengedrückt werden, sobald die Ausschläge der schwingenden Federmitte größer sind, als dem zwischen den Ringen und dem Bügel befindlichen freien Raum entspricht. Die beim Zusammendrücken eines Ringes entstehende, der Schwingungsbewegung entgegenwirkende Kraft wird an die schwingende Masse zurückgegeben, wenn diese ihre Be-

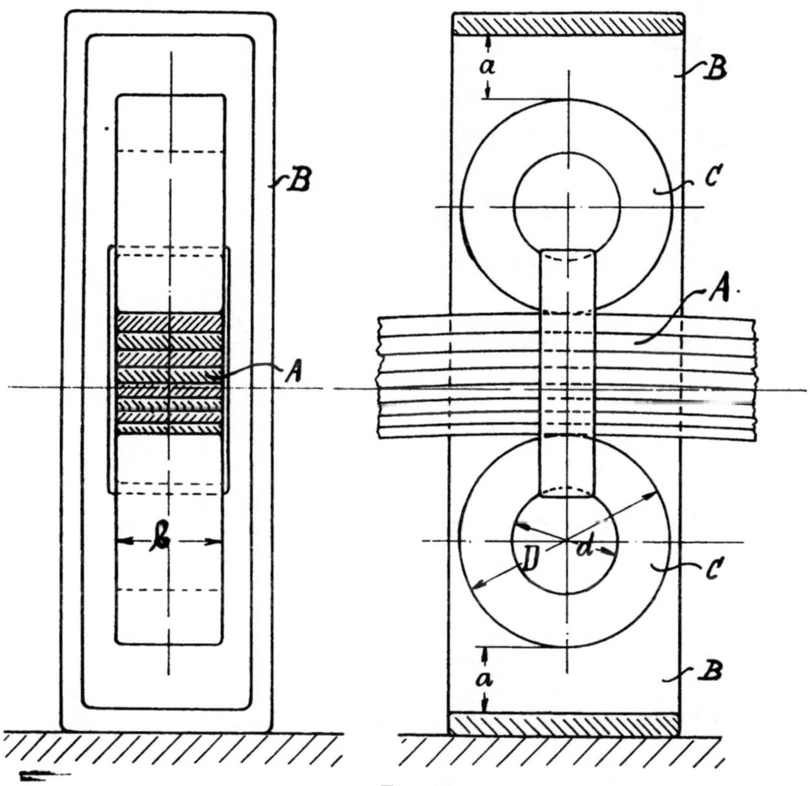

Fig. 82.

wegungsrichtung umkehrt und zurückschwingt. Da aber beim Zusammendrücken des Ringes ein erheblicher Stoßverlust eintritt, ist die Rückgabe unvollkommen. Die Federschwingungen kommen daher eher zur Ruhe, als dies ohne Anwendung der Gummiringe der Fall ist.

Das Diagramm der *e*-Werte Figur 83 zeigt, wie zu erwarten war, daß für kleine Ausschläge eine schwingungshemmende Wirkung

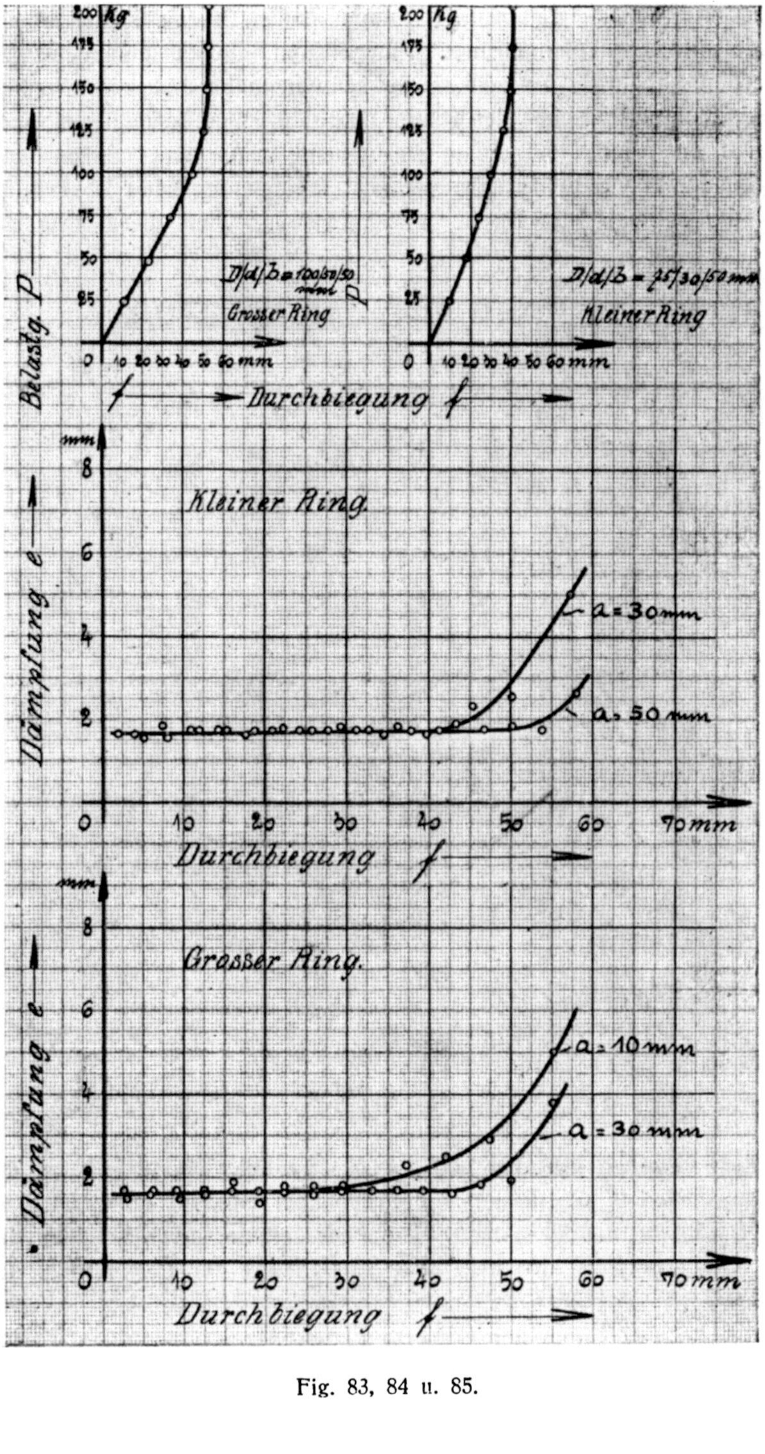
Kg
Belastg. P
D/d/B = 100/30/50 mm
Grosser Ring
D/d/B = 75/30/50 mm
Kleiner Ring
10 20 30 40 50 60 mm
Durchbiegung f
Dämpfung e
Kleiner Ring.
a = 30 mm
a = 50 mm
70 mm
Durchbiegung f
Dämpfung e
Grosser Ring.
a = 10 mm
a = 30 mm
70 mm
Durchbiegung f

Fig. 83, 84 u. 85.

überhaupt nicht vorhanden ist, da die Ringe nicht zur Anlage kommen. Von einer bestimmten Größe des Ausschlages an entsteht jedoch infolge der Stoßverluste eine schnell ansteigende kräftige Schwingungshemmung.

Nacke-Dämpfer.

Eine Mittelstellung zwischen Dämpfer und Puffer nimmt der Apparat ein, der durch Figur 86 veranschaulicht wird. In einem mit Flüssigkeit nur teilweise gefüllten Gehäuse *A* bewegt sich der Kolben *B* mit der Kolbenstange *C*. Das Gehäuse *A* trägt einen seitlich angegossenen Umlaufkanal *D*, durch den Flüssigkeit aus dem unteren Teil des Gehäuses *A* in den oberen Teil übertreten kann, während sie durch ein eingebautes Rückschlagventil gehindert wird, den umgekehrten Weg zu nehmen. Die Flüssigkeit soll demnach beim Abwärtsbewegen des Kolbens durch den Umlauf aus dem unteren nach dem oberen Teil abströmen können, während sie beim Abwärtsgehen des Kolbens diesen Weg verschlossen findet; sie muß sich zwischen Kolben und Zylinderwand hindurchdrücken. Ein weiterer Stutzen *E* mit Rückschlagventil ermöglicht das Ansaugen von Luft, falls sich im oberen Gehäuseteil ein Vakuum gebildet hat.

Für den Versuch wurde das Gehäuse *A* mit dem Rahmen der Bremsgrube, die Kolbenstange C mit der Federmitte verbunden. Das sich ergebende Diagramm der e-Werte zeigt Figur 87 a, b und c. Ein Unterschied beim Auf- und Abschwingen des Kolbens war nicht zu beobachten. Es tritt eine nur geringe, mit der Größe des Schwingungsausschlages wenig ansteigende Dämpfungswirkung auf. Der Grund hierfür ist, daß der Umlaufkanal vollständig seinen Zweck verfehlt. Die Schwingungszeiten der Feder sind so klein, die Umkehr in der Bewegungsrichtung der Federmitte erfolgt so schnell, daß das Öl in dem kurzen Zeitintervall nicht imstande ist, den Umlaufkanal und das Rückschlagventil zu durchfließen bzw. sich zwischen Kolben und Zylinderwand hindurchzudrücken. Die Wirkung des Apparates blieb daher auch durchaus die gleiche, als das Rückschlagventil durch ein eingesetztes Eisenstück dauernd geschlossen gehalten wurde, Fig. 87 b. Der Apparat wirkt lediglich als Stoßpuffer dadurch, daß die außer dem Öl im Gehäuse befindliche Luft sich zusammendrückt und wieder entspannt. Es ergab dies ein äußerst weiches Abfangen der Schwingungsbewegungen aber naturgemäß eine recht geringe Dämpfungswirkung.*)

*) Eine stoßartige Dämpfungswirkung entstand nach Fig. 87 c, wenn der Apparat übermäßig mit Oel gefüllt wurde.

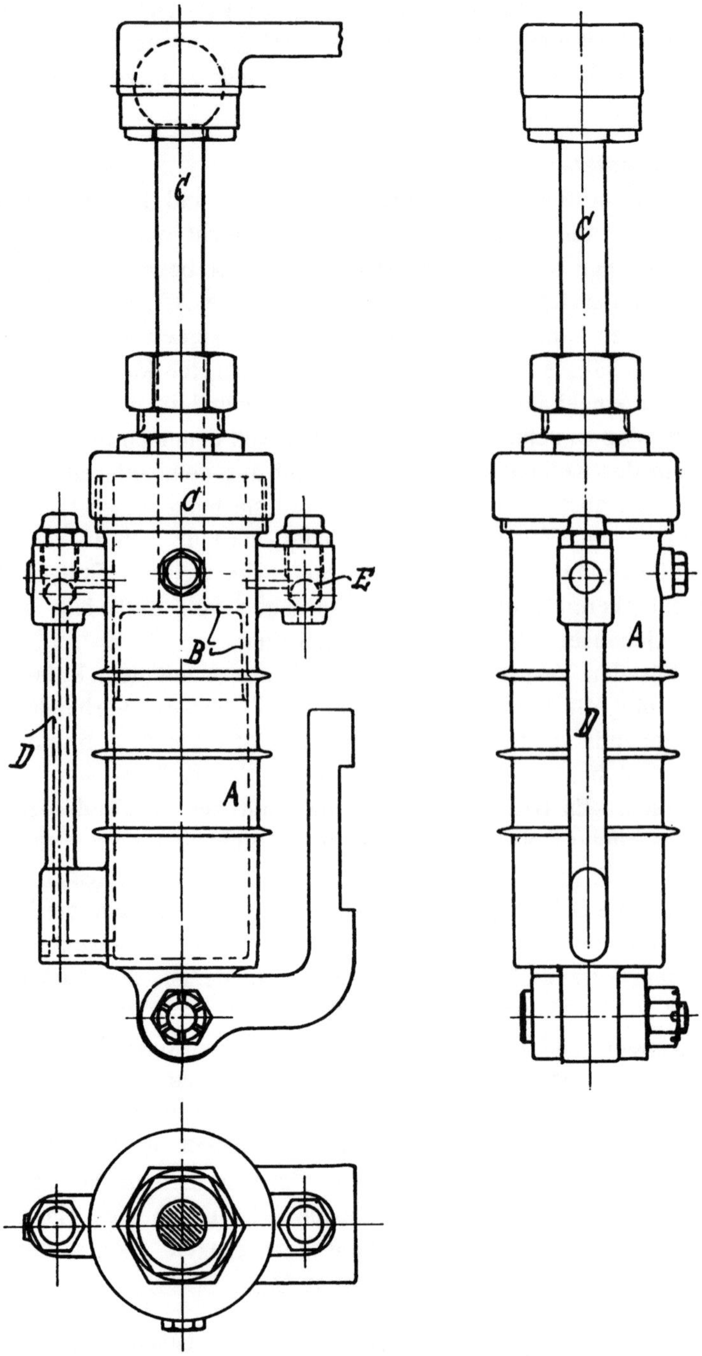

Fig. 86.

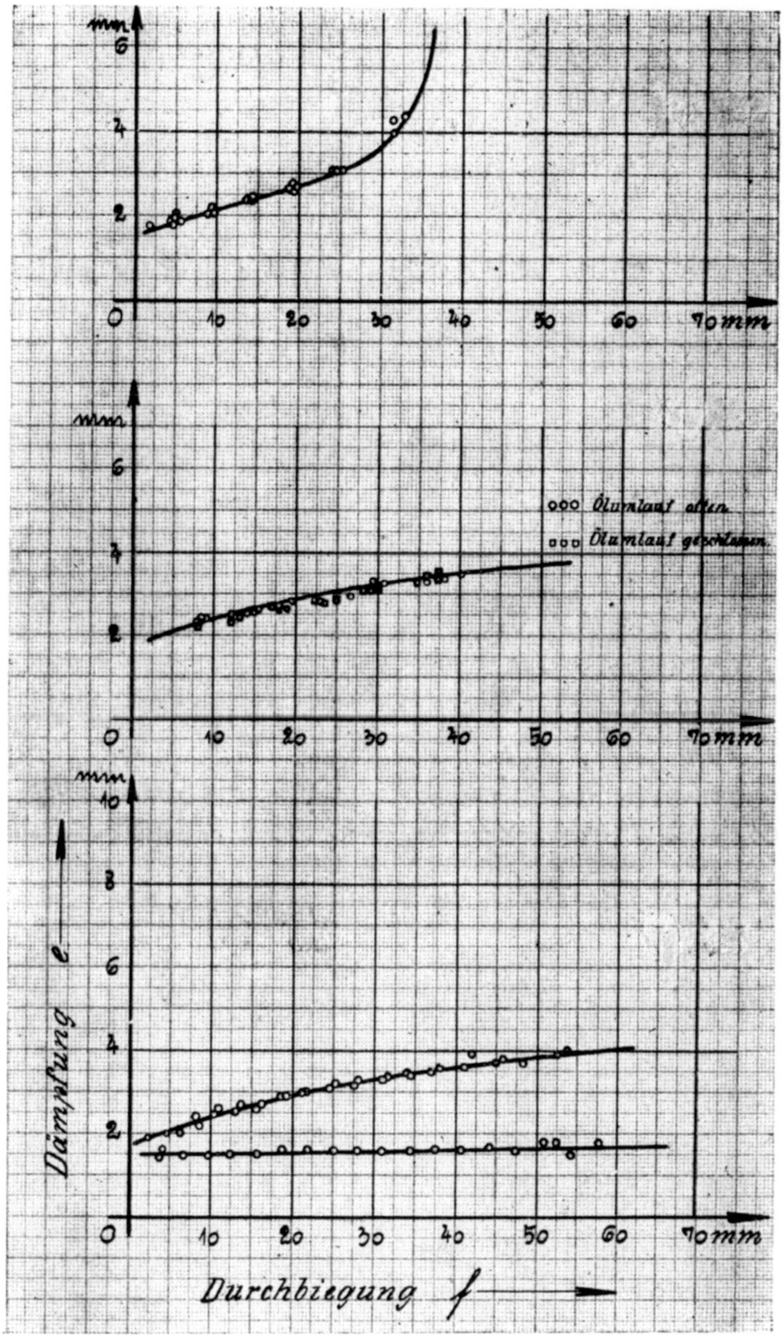
mm
6
4
2
0
10
20
30
40
50
60
70 mm
ooo Ölumlauf offen
□□□ Ölumlauf geschlossen
10
8
Dämpfung e
Durchbiegung f

c

b

a

Fig. 87.

Der Apparat ist als typischer Vertreter einer ganzen Reihe ähnlich gearteter Apparate anzusehen. Es ist gleichgiltig, ob das Rückschlagventil in einem Umlaufkanal oder im Kolben selbst angeordnet ist.

Für alle derartigen Ausführungen ist zu beachten, daß nur dann die durch die Konstruktion beabsichtigte Wirkung eintreten kann, wenn bei der Durchbildung der Apparate die außerordentliche Schnelligkeit, mit der die Schwingungsvorgänge sich abspielen, genügend berücksichtigt wird. Große Durchlässe, leichtbewegliche Ventile oder Klappen bei größter Einfachheit der Konstruktion sind unbedingt erforderlich.

Zusammenfassend kann daher das Folgende gesagt werden:

Wird der Beurteilung der Dämpferapparate der allgemeine Wertungsmaßstab zu Grunde gelegt, nach dem ein Dämpfer kleine Dämpfung bei kleinen und mittleren Schwingungsausschlägen und bei allmählichem Übergang große Dämpfung nur bei besonders großen Schwingungen zeigen soll, so erscheint nach den Versuchen der Dämpfer Bob als der beste. Er beläßt der Feder in der Mittellage volle Bewegungsfreiheit und wirkt bei allmählichem Übergang äußerst kräftig für große Schwingungsausschläge.

Weitere Versuche müssen zeigen, ob das Arbeiten eines Dämpfers nach diesen Grundregeln auch wirklich allen Anforderungen entspricht. Diese Versuche werden in einem späteren Abschnitt wiedergegeben werden, da es vorerst notwendig ist, das dynamische Verhalten der Teile eines Kraftwagens des näheren zu untersuchen.

Dynamische Prüfung der Abfederung von Kraftfahrzeugen.

Um des weiteren zu ermitteln, wie sich die Teile der Kraftübertragung und der Abfederung bei dynamischen Beanspruchungen verhalten, wurden besondere Versuche angestellt. Der Versuchswagen wurde in der bereits geschilderten Weise auf die Lauftrommeln der Bremsstation aufgesetzt und wiederum durch einen Elektromotor angetrieben. Die Stoßerzeugung erfolgte durch Unterbringen von Holznocken unter die Wagenräder, und zwar erfolgte der Stoß zunächst nur auf e i n Hinterrad Die Nocken hatten die in Figur 88 wiedergegebene Form*).

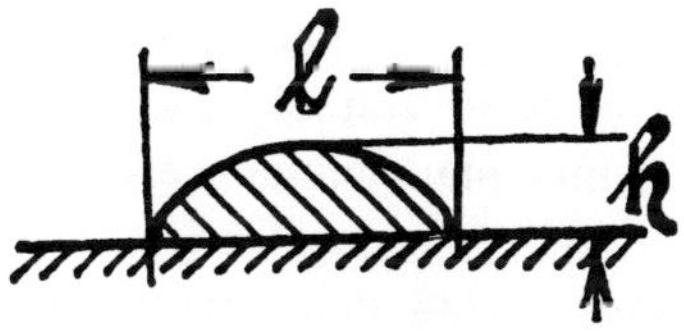

Fig. 88.

Als Versuchsobjekt diente der Kardanwagen. Er war ausgestattet mit Hinterfedern der Weicheit $B = 26$ mm/100 kg und hatte eine Pneumatikbereifung Flaches Profil 895/135 auf jedem der Hinterräder.

Es handelte sich zunächst darum, auf experimentellem Wege diejenigen Erscheinungen nachzuprüfen, die durch den praktischen Fahrbetrieb als Erfahrungstatsachen gelten; es war in erster Linie zu zeigen, wie sich die Schwingungsvorgänge mit der Fahrgeschwindigkeit, der Luftschlauchinnenpressung und der Wagenbelastung verändern, da diese Größen beim Benutzen eines Wagens auf der Straße vor allem veränderlich sind.

---

*) Die Aufbringung der Nocken geschah derart, daß sich die Stöße auf das Rad erst nach einer größeren Anzahl von Umdrehungen wiederholten.

Versuche mit veränderter Fahrgeschwindigkeit.

Es wurden zunächst Versuche mit veränderter Fahrgeschwindigkeit durchgeführt. Der Antriebsmotor lief mit der normalen Umdrehungszahl von rund 1200 pro Min., wobei nacheinander die verschiedenen Geschwindigkeitsgänge des Wechselräderwerkes eingeschaltet wurden; die scheinbare Fahrgeschwindigkeit des Wagens betrug daher 15, 22, 40 und 60 km pro Std. für den ersten, zweiten, dritten und vierten Schaltgang des Räderwerkes. Für den 4. Schaltgang, dem Gang mit direktem Eingriff, wurde überdies die Motorenumdrehungszahl für einen weiteren Versuch auf rund 1500 pro Min. gesteigert, sodaß die scheinbare Fahrgeschwindigkeit den Betrag von 75 km pro Std. erreichte. Dieser Versuch entspricht, wie bereits an anderer Stelle erwähnt wurde, der Gepflogenheit der Kraftwagenführer, den Motor für die einzelnen Schaltgänge mit der normalen Umdrehungszahl laufen zu lassen, seinen Gang aber zu beschleunigen, wenn auf günstiger Fahrbahn im direkten Schaltgang gelegentlich eine besonders große Fahrgeschwindigkeit des Wagens erreicht werden soll.

Die Belastung des Wagens blieb konstant und war so gewählt, daß sich ein Hinterachsdruck von 800 kg, also ein Raddruck von 400 kg ergab. Die Luftschlauchinnenpressung der Reifen betrug dauernd 7 at. Ferner wurden die Luftrommeln der Bremsstation zunächst nicht gebremst, sodaß das Triebwerk und die Reifen nur so viel Leistung zu übertragen hatten, als der Leerlaufantrieb der Bremswelle erforderte.

Die Versuche wurden in der Weise vorgenommen, daß auf eine der Holzscheiben ein Holznocken aufgelegt wurde. Das auf dieser Scheibe laufende Hinterrad mußte den Nocken überspringen*), Achse und Rahmen gerieten in Schwingungsbewegungen, die durch die beschriebene Registriervorrichtung aufgezeichnet wurden. Die Figur 38 zeigt ein so erhaltenes Schwingungsdiagramm, aus dem alle für die Schwingungsbewegungen charakteristischen Größen entnommen werden konnten. Beobachtet wurden die Größen:

h_A die Höhe, bis zu der die Achse über ihre normale Gleichgewichtslage angehoben wird,

h_R die Höhe, bis zu der der Rahmen über seine normale Gleichgewichtslage angehoben wird,

*) Siehe Fußnote S. 142.

v_A die beim Schwingungsvorgang erreichte größte Vertikalgeschwindigkeit der Achse (der Tangentenwinkel α besitzt seinen Größtwert),

v_R die beim Schwingungsvorgang erreichte größte Vertikalgeschwindigkeit des Rahmens (der Tangentenwinkel α besitzt seinen Größtwert),

S_t der Zeitraum zwischen dem Augenblick des ersten Anhebens der Achse und dem des erstmaligen Zurückkehrens in die Gleichgewichtslage, Strecke *AF* des Diagrammes.

s_{t_A} die mittlere halbe Schwingungszeit der Achsschwingung,

s_{t_R} ein Zehntel der mittleren halben Schwingungszeit der Rahmenschwingung,

P die Größe des Druckes zwischen der Bereifung und dem Boden im Punkt *G* der Schwingungsbewegung, d. i. nach Beendigung der ersten Achsrückschwingung.

Es ist unmöglich, im Rahmen dieses Versuchsberichtes alle erhaltenen Schwingungsdiagramme zeichnerisch wiederzugeben, insbesondere, weil es sich, um einwandfreie Mittelwerte zu erhalten, empfahl, unter gleichen Verhältnissen jeweils mehrere, im allgemeinen vier Diagramme aufzunehmen. Es wurde vielmehr in der Weise verfahren, daß den Diagrammen die vorerwählten, für die Schwingungsvorgänge charakteristischen Werte entnommen wurden. Es wurden ihre Mittelwerte gebildet und diese in besonderen Diagrammen über der Fahrgeschwindigkeit aufgetragen.*)

Figur 89 stellt ein so erhaltenes Diagramm dar. Es läßt in bequemer Weise die Veränderung der einzelnen Größen erkennen.

Es zeigt sich zunächst, daß die Schwingungszeiten s_{t_A} der Achse und s_{t_R} des Rahmens für die verschiedenen Fahrgeschwindigkeiten durchaus gleich bleiben und daß sich auch die Sprungzeit S_t der Achse nur sehr wenig verändert. Dies ist für die richtige Beurteilung der Schwingungsvorgänge von größter Bedeutung. Die Erscheinung ist durchaus erklärlich. Wie in der Einleitung des Abschnittes über Dämpfung bereits hervorgehoben wurde, ist die Schwingungszeit einer frei schwingenden oder durch konstante Kräfte in ihrer Schwingungsbewegung gedämpften Masse nur abhängig von der Größe der Masse und von der Größe derjenigen Kraft, die nach einem Ausschwingen die Masse in die Gleichgewichtslage zurückzuführen sucht und die proportional ist der Größe des Schwingungsausschlages. Wenn auch die am Kraftwagen auftretenden Schwin-

*) s_{t_R} wurde als ein Zehntel der Schwingungszeit aufgetragen, um möglichst übersichtliche Diagramme zu erhalten.

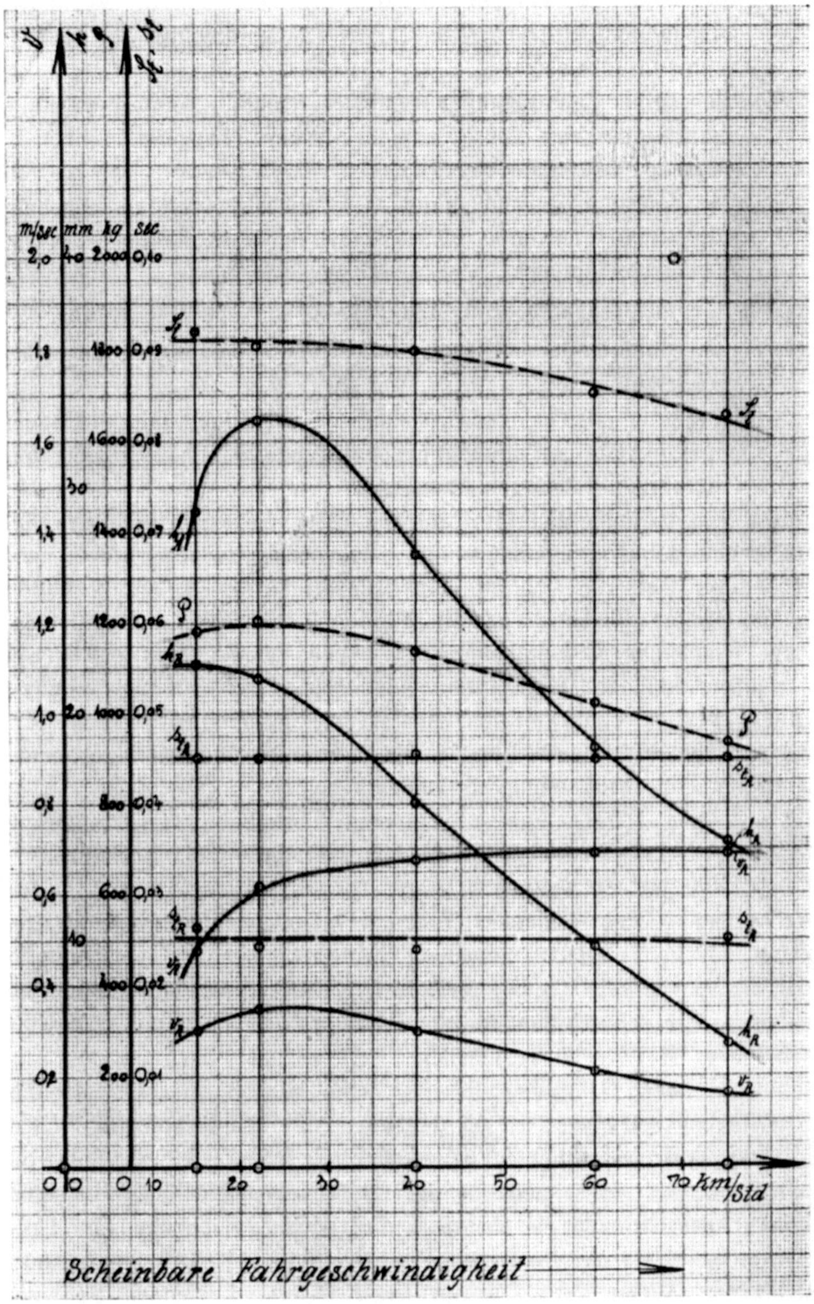
m/sec mm kg sec
2,0 40 2000 0,10
1,8 1800 0,09
1,6 1600 0,08
1,4 1400 0,07
1,2 1200 0,06
1,0 20 1000 0,05
0,8 800 0,04
0,6 600 0,03
0,4 400 0,02
0,2 200 0,01
0 0 0 10 20 30 40 50 60 70 km/Std
Scheinbare Fahrgeschwindigkeit

Fig. 89.

gungsbewegungen zusammengesetzter Natur sind, so bleibt doch die schwingende Masse sowohl wie auch die die Masse nach dem Ausschwingen zurückführende Kraft unverändert. Denn es werden die zurückführenden Kräfte durch die Wagenfedern und die Radbereifung hervorgebracht. Bei dem Versuch konnten also erst bei einer Änderung der schwingenden Massen, der Federn oder der Bereifung Änderungen in den Schwingungszeiten erwartet werden. Da aber während der Versuche ausschließlich die Fahrgeschwindigkeit geändert wurde, mußten die Schwingungszeiten von Achse und Rahmen konstant bleiben.

Anders verhält es sich mit dem ersten Anheben der Achse beim Auftreffen des Rades auf das Hindernis. Je schneller das Rad über das Hindernis hinwegzurollen sucht, um so schneller muß die Achse und durch Vermittlung der Federn auch der Rahmen angehoben werden, d. h. um so größer müssen die Vertikalbeschleunigungen sein, die die Achsmasse erfährt. Für große Beschleunigungen sind aber große Drücke zwischen Rad und Hindernis erforderlich. Bei einer elastischen Radbereifung ist die unmittelbare Folge hiervon, daß sich das Hindernis bis zu einer größeren Tiefe in den Radreifen einbettet. Die die Achse anhebenden Kräfte werden gesteigert, ihre Einwirkungszeit aber ist geringer. Es müssen sich daher mit gesteigerter Fahrgeschwindigkeit die Schwingungsausschläge von Achse und Rahmen und die während des Schwingungsvorganges erreichten Höchstgeschwindigkeiten der Achse verändern.

Es ist nicht möglich, auf rein rechnerischem Wege die Veränderlichkeit dieser Größen festzustellen, da für eine solche Berechnung zu viele, unsichere Annahmen gemacht werden müßten. Der Versuch gibt jedoch einen klaren Überblick. Figur 89 zeigt, daß die Schwingungsausschläge h_A der Achse mit der Fahrgeschwindigkeit zunächst wenig ansteigen, daß sie aber bei einer Geschwindigkeit von rund 22 km pro Std. stark abzufallen beginnen. Die Größe h_A hat für das benutzte Hindernis bei einer Geschwindigkeit von rund 22 km pro Std. seinen Höchstwert erreicht, der die Hindernishöhe übersteigt, während der Wert bei einer Fahrgeschwindigkeit von 75 km pro Std. weniger als die Hälfte der Hindernishöhe beträgt. Die Kurve der Schwingungsausschläge h_R des Rahmens zeigt denselben Anstieg und Abfall mit zunehmender Fahrgeschwindigkeit. Diese Erscheinung deckt sich durchaus mit den Erfahrungen der Praxis. Je schneller ein Wagen fährt, um so weniger werden im allgemeinen die Unebenheiten der Fahrbahn von den Wageninsassen empfunden.

Es könnte daran gedacht werden, aus den durch die Registriervorrichtung erhaltenen Schwingungsdiagrammen die beim Anheben der Achse auftretenden Beschleunigungen auf zeichnerischem Wege zu ermitteln und aus ihnen die Beschleunigungsdrücke zu berechnen. Trotzdem die Schreibvorrichtung außerordentlich scharfe und übereinstimmende Linienzüge ergab, wurde von einer solchen Auswertung der Diagramme abgesehen; die Genauigkeit der Diagramme erschien für eine derartige Auswertung immerhin nicht ausreichend.

Ohne weiteres war es jedoch möglich, durch Anlegen von Tangenten an die Schwingungskurven die größte, während der Schwingungsbewegung auftretende Geschwindigkeit zu ermitteln; sie tritt in dem Punkte auf, in dem die steilste Tangente an die Kurve gelegt werden kann. Die Geschwindigkeit läßt sich zerlegen in eine Horizontalkomponente gleich der Fahrgeschwindigkeit und in eine Vertikalkomponente.

Diese größte Vertikalgeschwindigkeit wurde für jede der Schwingungsbewegungen von Achse und Rahmen bestimmt und es wurden ihre Werte v_A und v_R in das Diagramm Figur 89 aufgenommen. Es zeigt sich, daß die Vertikalgeschwindigkeiten mit der Fahrgeschwindigkeit nur wenig ansteigen und daß sie sich für das benutzte Hindernis einem Höchstwert annähern. Es braucht also nicht befürchtet zu werden, daß bei zu großer Fahrgeschwindigkeit die Vertikalgeschwindigkeiten der Achsbewegung bis auf unbegrenzte Werte anwachsen, wenn es nur möglich ist, daß sich das Hindernis beim Ansteigen der Bodendruckkräfte mehr und mehr in den Reifen eindrückt. Diese für den praktischen Fahrbetrieb überaus wichtige Beobachtung wird im weiteren Verlauf der Versuchsberichte noch mehrfach Erwähnung finden.

Die Vertikalgeschwindigkeit der Rahmenbewegung zeigt bis etwa 22 km pro Std. einen geringen Anstieg und von hier an ein langsames Abfallen. Dies erscheint selbstverständlich mit Rücksicht darauf, daß die gesamte Schwingungsbewegung des Rahmens mit steigender Fahrgeschwindigkeit geringer wird, wie es besonders in den Werten h_R zum Ausdruck kommt.

Das Diagramm Figur 89 enthält noch einen weiteren Kurvenzug. Er gibt die Drücke P an, die auftreten, wenn die Achsmasse nach Überschreitung ihrer Höchstlage im Abwärtsschwingen auf die Fahrbahn aufprallt. Diese Drücke werden um so mehr den normalen Raddruck übersteigen, je größer die Höhe ist, aus der die Achse mit den Rädern herabgeschleudert wird. Es zeigt sich, daß die Drücke nach einem geringen Anstieg beträchtlich abnehmen. Der Kurvenverlauf steht also mit demjenigen der h-Kurven in vollem Einklang.

Die Bestimmung der Bodendrücke ist durch die von der Registriervorrichtung aufgenommenen Schwingungsdiagramme möglich. Nähert sich die Radmitte nach dem Linienzug *EFG* der Figur 38 um mehr, als dem normalen Raddruck entspricht, dem Boden, so muß sich der Radreifen um den gleichen Betrag an der Bodenberührstelle zusätzlich zusammendrücken. Durch Prüfungen, wie sie in dem Abschnitt über die statischen Prüfungen der Reifen beschrieben wurden, sind aber die für eine solche Zusammendrückung nötigen Kräfte bekannt. Es läßt sich somit an der Größe des Ausschlages *FGH* ohne weiteres angeben, welche Bodendrücke während des Aufprallens wirksam gewesen sind.

Zusammenfassend kann daher gesagt werden, daß bei Steigerungen der Fahrgeschwindigkeit die Schwingungszeiten gleich bleiben, daß die Schwingungsbewegungen von Achse und Rahmen geringer werden und daß die die Radreifen beanspruchenden Aufpralldrücke abnehmen. In welcher Weise die zum Anheben der Achse nötigen Kräfte sich mit der Fahrgeschwindigkeit verändern, wird durch eine später wiederzugebende besondere Untersuchung dargelegt werden.

Um zu zeigen, um wie vieles günstiger die Schwingungsverhältnisse bei Verwendung einer elastischen Radbereifung liegen gegenüber dem Fall einer starren Bereifung, wurden die bei einer starren Bereifung auftretenden maximalen Vertikalgeschwindigkeiten auf zeichnerischem Wege für die gleichen Abstufungen der Fahrgeschwindigkeiten ermittelt. Es ergeben sich die Werte:

Fahrgeschwindigkeit	Maximale Vertikalgeschwindigkeit der Achse
15 km/Std.	1,9 m/Sek.
22 „	2,9 „
40 „	5,2 „
60 „	7,8 „
75 „	9,8 „

Es zeigt sich, daß diese theoretisch ermittelten Vertikalgeschwindigkeiten um ein Vielfaches größer sind als die tatsächlich auftretenden Geschwindigkeiten. Die Rechnung würde also ein durchaus falsches Bild der Schwingungsvorgänge ergeben.

Versuche mit veränderter Luftschlauchinnenpressung.

Ein Hindernis wird sich um so leichter in den Radreifen einbetten können, je weicher der Reifen ist. Die Weichheit eines Luftreifens ist aber in hohem Maße abhängig von dem Luftdruck, der im Innern des Luftschlauches herrscht. Es war daher von Interessse, die Größe des Einflusses dieser Innenpressung auf die Schwingungsvorgänge durch besondere Versuche festzustellen.

Da sich bei den Versuchen mit veränderter Fahrgeschwindigkeit die größten Schwingungsausschläge bei einer Geschwindigkeit von rund 22 km pro Std. ergeben hatten, wurde für die folgenden Versuche diese Geschwindigkeit dauernd beibehalten, da angenommen werden mußte, daß sich die Unterschiede infolge veränderter Luftpressung beim Einhalten dieser Geschwindigkeit am deutlichsten zeigen würden. Der Hinterachsdruck betrug wiederum 800 kg, die Räder waren mit einer Bereifung, Flaches Profil 895/135 ausgestattet. Das den Stoß hervorrufende Hindernis war das gleiche wie für die Versuche mit veränderter Fahrgeschwindigkeit. Die Lauftrommeln wurden nicht gebremst.

Die Luftschlauchinnenpressung wurde zwischen den Grenzen 3 und 8 at in Stufen von je 1 at verändert. Die Schwingungsbewegungen wurden wiederum durch die Registriervorrichtung aufgeschrieben. Den erhaltenen Diagrammen wurden die für die Schwingungsbewegungen charakteristischen Größen entnommen und in ein besonderes Diagramm Figur 90 über den Werten der Luftschlauchinnenpressung aufgetragen.

Es zeigt sich, daß die Schwingungszeit des Rahmens eine Änderung nicht erfährt, da die schwingende Masse und die die Masse zurückführenden Kräfte, die Federkräfte, ungeändert bleiben. Die Schwingungszeit der Achse nimmt jedoch ab. Dies ist erklärlich, denn die Achse stellt, wie bereits erwähnt wurde, eine zwischen zwei federnden Systemen schwingende Masse dar; die Wagenfedern wirken auf der einen, die Luftreifen auf der andern Seite. Sind aber die Reifen stark aufgepumpt, so sind die die Achsmasse zurückführenden Kräfte, soweit sie vom Luftreifen erzeugt werden, größer geworden, die Schwingungszeiten müssen also für hohe Luftschlauchinnenpressung kleiner werden.

Von besonderem Interesse sind die Kurven der h_A und h_R Werte. Sie zeigen einen starken Anstieg mit wachsender Luftpressung. Die Reifen sind durch die Luftdrucksteigerung härter geworden, sodaß sie dem sich eindrückenden Hindernis einen größeren

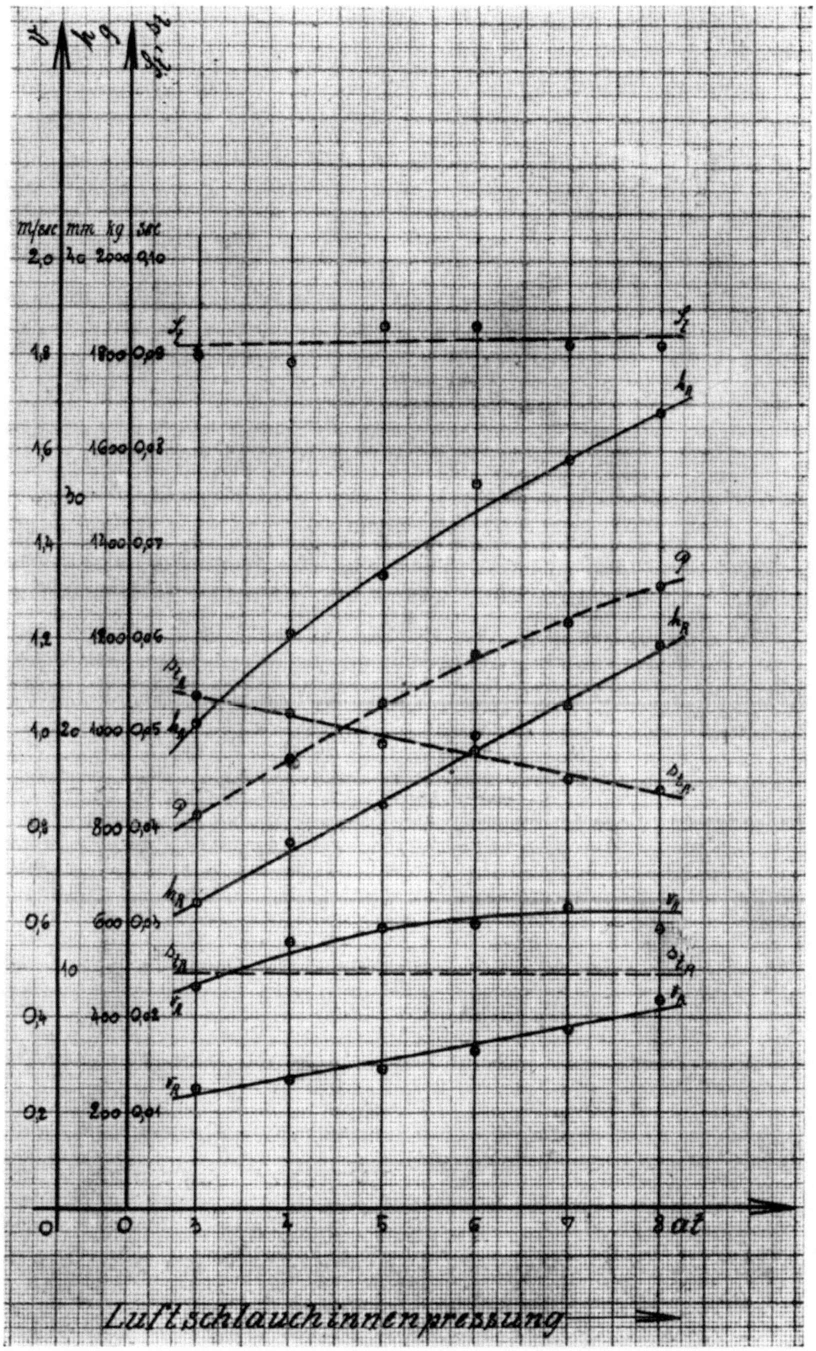
m/sec mm kg sec
2,0 40 2000 0,10
1,8 1800 0,09
1,6 1600 0,08
30
1,4 1400 0,07
1,2 1200 0,06
1,0 20 1000 0,05
0,8 800 0,04
0,6 600 0,03
10
0,4 400 0,02
0,2 200 0,01
0 0 3 4 5 6 7 8 at
Luftschlauchinnenpressung

Fig. 90.

Widerstand entgegensetzen. Es erfährt daher die Achsmasse eine erheblich größere Aufwärtsbeschleunigung, die Achse sowohl wie der Rahmen werden höher emporgeworfen. Ebenso nehmen, wie dies das Diagramm deutlich erkennen läßt, die maximalen Vertikalgeschwindigkeiten der Achs- und Rahmenschwingung mit steigender Luftpressung höhere Werte an. Die Sprungzeit der Achse bleibt ungeändert.

Da sich bei hoher Luftschlauchinnenpressung größere Schwingungsausschläge der Achse ergeben, müssen auch die Aufpralldrücke größer werden. Das Diagramm läßt auch diese Veränderungen erkennen. Die Steigerung der Drücke ist beträchtlich.

Die Versuche zeigen in übersichtlicher Weise, daß durch Erhöhung der Luftschlauchinnenpressung die Schwingungsbewegungen erheblich gesteigert werden, eine Erscheinung, die sich ebenfalls mit den Beobachtungen der Praxis deckt.

Es sei daran erinnert, daß in dem Abschnitt über die Leistungsverluste in Gummireifen eine hohe Luftschlauchinnenpressung als besonders günstig erschien. Es zeigen sich nunmehr die Nachteile der hohen Luftpressung. Erst nach Darlegung sämtlicher Versuche wird es möglich sein, die Vor- und Nachteile in der richtigen Weise abzuwägen und die für den Fahrbetrieb günstigsten Zustände zu erkennen.

Versuche mit verändertem Achsdruck.

Für die Versuche mit verändertem Achsdruck lief der Wagen mit einer scheinbaren Fahrgeschwindigkeit von rund 22 km pro Stunde auf den Holztrommeln. Die Bereifung war die gleiche wie für die Versuche der vorhergehenden Abschnitte, die Luftschlauchinnenpressung wurde auf 7 at gehalten, und es wurde für die Stoßerzeugung wiederum das durch Fig. 88 dargestellte Hindernis benutzt. Die Welle der Lauftrommeln wurde nicht gebremst.

Durch Auflegen von Gewichten auf den Wagenrahmen wurde der Achsdruck in weiten Grenzen verändert. der Achsdruck hatte die Werte 600, 800, 1000, 1200 und 1400 kg. Den aufgeschriebenen Schwingungsdiagrammen wurden die charakteristischen Größen entnommen und in das Diagramm Figur 91 eingetragen. Es zeigt sich deutlich die Veränderung der einzelnen Größen mit der Rahmenbelastung.

Die Schwingungszeit s_{tR} des Rahmens wird wesentlich vergrößert, denn die schwingende Masse ist vergrößert, die zurück-

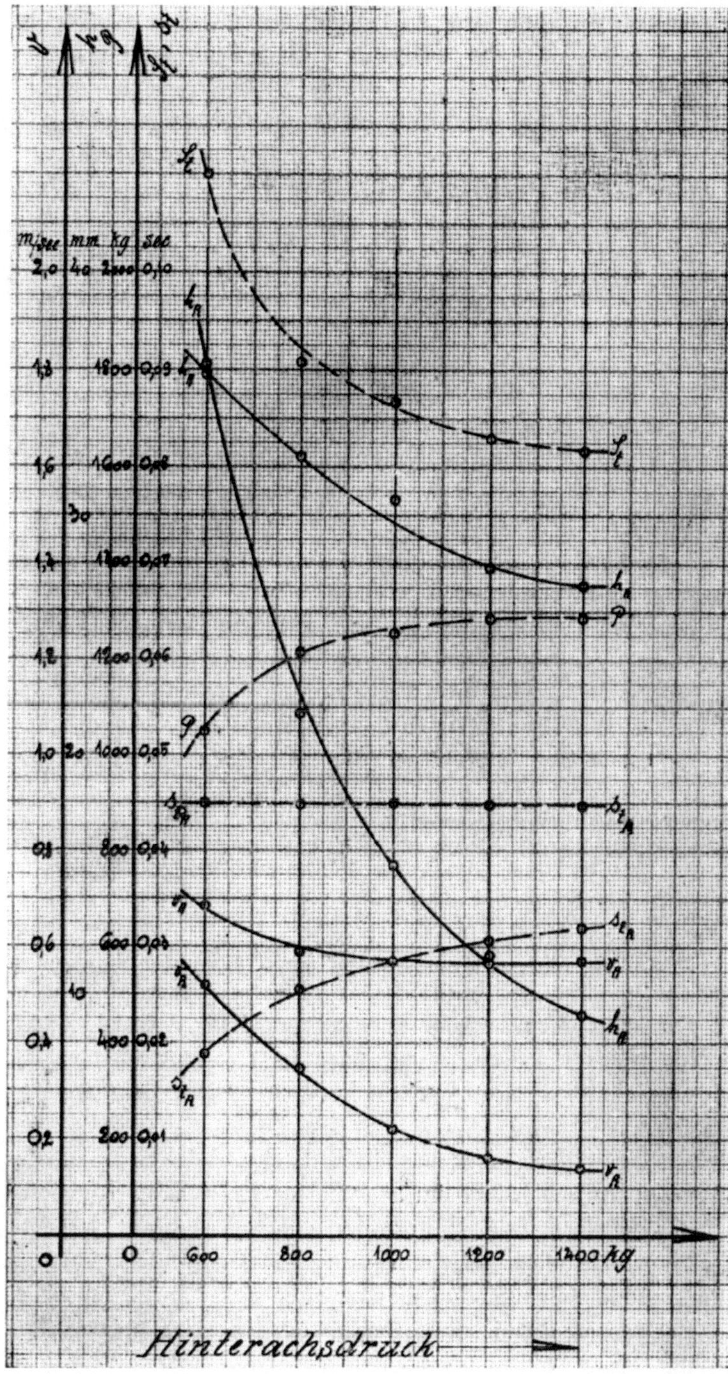
m/sec mm kg sec
2,0 40 2000 0,10
1,8 1800 0,09
1,6 1600 0,08
1,4 1400 0,07
1,2 1200 0,06
1,0 20 1000 0,05
0,8 800 0,04
0,6 600 0,03
0,4 400 0,02
0,2 200 0,01
0 0 600 800 1000 1200 1400 kg
Hinterachsdruck

Fig. 91.

führenden Kräfte aber sind annähernd gleich groß geblieben; die Schwingungszeiten s_{t_A} der Achsmasse bleiben unverändert.

Einen besonders starken Abfall mit steigendem Achsdruck zeigen die Kurven für die Schwingungsausschläge h_A und h_R. Dies ist erklärlich, denn die aufwärts zu beschleunigende Masse des Wagenrahmens ist erheblich gewachsen. Auch die Achsmasse wird weniger hoch geworfen, denn die dieser Masse erteilte kinetische Energie wird durch die in der Gleichgewichtslage stärker vorgespannten Wagenfedern schneller aufgezehrt, als dies bei geringer Rahmenbelastung der Fall ist.

Die stärker vorgespannte Wagenfeder würde eine beträchtliche Steigerung der Aufpralldrücke hervorrufen, wenn nicht die Verminderung der h_A-Werte so groß wäre, daß dieser die Pralldrücke verringernde Einfluß den Einfluß der größeren Federvorspannung wesentlich herabminderte. Die Pralldrücke nehmen daher mit wachsendem Achsdruck nur wenig zu.

Auch die Kurven für v_A und v_R zeigen mit zunehmendem Achsdruck geringere Werte.

Die Versuche bestätigen die Erfahrungstatsache, daß die Schwingungen der Wagenmasse umso geringer sind, je größer die Belastung der Wagen ist. Auch dies Ergebnis steht in einem gewissen Gegensatz zu den Ermittelungen über die Leistungsverluste.

Es ist durch die bisher beschriebenen Versuche gezeigt worden, daß eine größere Rahmenbelastung zwar einen ruhigeren Lauf des Wagens ergibt, daß aber die Belastungssteigerung die in der Bereifung auftretenden Leistungsverluste erhöht.

Versuche mit Veränderung der übertragenen Leistung.

Für sämtliche Versuche der Gruppen 1 bis 3 wurde durch die Hinterräder des Fahrgestells nur diejenige Leistung übertragen, die für den Leerlauf der Bremswelle nötig war. Diese Leistung ist aber sehr gering.

Bei einem mit großer Geschwindigkeit auf der Straße laufenden Kraftwagen müssen jedoch im allgemeinen Leistungen von beträchtlicher Größe durch die Hinterräder geleitet werden. Es ist von Interesse festzustellen, welchen Einfluß die Größe der übertragenen Leistung auf die Schwingungsbewegungen des Fahrgestells hat.

Zur Klarlegung dieser Verhältnisse wurden besondere Versuche angestellt. Das Wagenuntergestell lief bei einem Achsdruck von

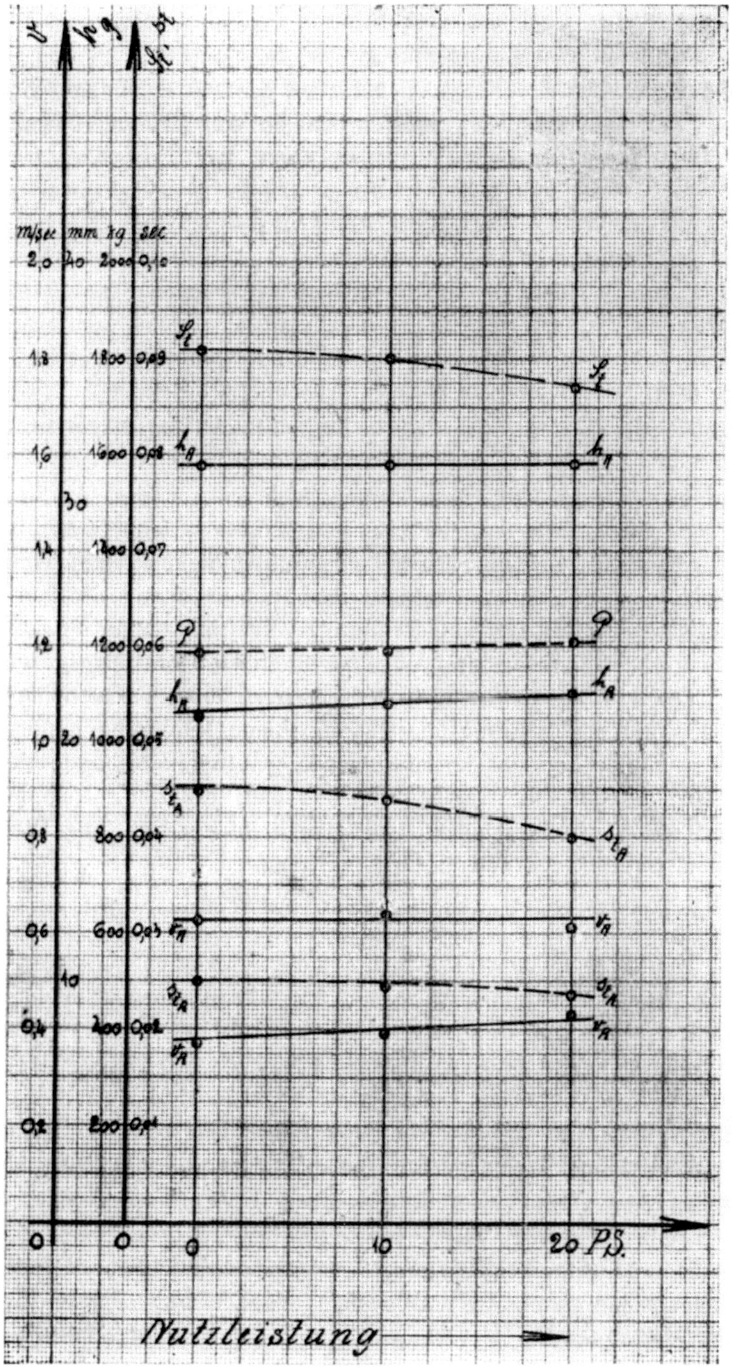

Fig. 92.

800 kg mit einer scheinbaren Fahrgeschwindigkeit von rund 22 km pro Stunde auf den Lauftrommeln der Bremswelle. Es trug eine Bereifung Flaches Profil 895/135 bei einer Luftschlauchinnenpressung von 7 Atmosphären. Für einen ersten Versuch lief die Trommelwelle leer, für einen zweiten wurden durch die Hinterräder 10 PS, für einen dritten Versuch 20 PS Nutzleistung auf die gebremsten Lauftrommeln übertragen. Die Teile der Kraftübertragung standen also unter der Einwirkung der Antriebskräfte.

Durch Nocken auf den Holztrommeln wurden Stoßwirkungen auf die Hinterräder des Fahrgestells ausgeübt. Die Schwingungsbewegungen wurden wiederum aufgezeichnet und ausgewertet. Das Diagramm Figur 92 enthält die sich ergebenden Linienzüge. Es zeigt sich, daß alle Kurven einen nahezu horizontalen Verlauf haben, d. h. es tritt durch die Leistungsübertragung eine nennenswerte Beeinflussung der Schwingungsbewegungen nicht ein. Dieser Zustand ist für den praktischen Fahrbetrieb von größter Bedeutung. Denn es würde unmöglich sein, große Fahrgeschwindigkeiten zu erreichen und die Leistung starker Motoren auch auf unebenen Straßen voll auszunutzen, wenn die Abfederung der Kraftfahrzeuge infolge der Leistungsübertragung in ihrer Wirkung erheblich beeinträchtigt würde.

Dieses Ergebnis rechtfertigt die bisher geübte Versuchsführung, bei der auf die Leistungsübertragung keine Rücksicht genommen wurde. Die im Leerlauf der Bremswelle ermittelten Zustände bleiben auch bei Leistungsübertragung voll und ganz erhalten. Regelmäßig angestellte Kontrollversuche bestätigten in jedem Falle die Richtigkeit und Üebertragbarkeit dieser Ermittlung.

Die Versuche haben ergeben, daß die Schwingungsvorgänge von der Größe der übertragenen Leistung nahezu unbeeinflußt bleiben, daß sie dagegen von der Fahrgeschwindigkeit, der Luftschlauchinnenpressung und der Rahmenbelastung in hohem Maße abhängig sind. In Wirklichkeit sind aber diese einflußreichen Größen für die praktische Benutzung eines Kraftwagens auf der Straße nur wenig veränderlich, denn es muß von einem Kraftfahrzeug eine große Fahrgeschwindigkeit verlangt werden, es muß die Rahmenbelastung dem Verwendungszweck des Wagens entsprechen und es muß sich der Kraftwagenführer in bezug auf die Luftschlauchinnenpressung nach denjenigen Vorschriften richten, die die Reifenfabrikanten im Interesse eines geringen Reifenverbrauches erlassen.

Es ist daher für die Praxis von größerer Bedeutung, durch Versuche festzustellen, ob nicht bereits durch Beachten gewisser Gesichtspunkte beim Bau und bei der Ausrüstung der Kraftwagen unter allen Umständen eine gute Federung erzielt werden kann. Als Hilfsmittel zur Erreichung einer guten Abfederung kommen weiterhin in Frage: Richtige Wahl der Federweichheit, richtige Wahl der Reifenweichheit, soweit sie durch die Bauart des Reifens und nicht durch die Luftschlauchinnenpressung bestimmt wird, die richtige Bemessung der Achsmasse und endlich die Anwendung besonderer Apparate, die die Schwingungsvorgänge beeinflussen.

Zur Untersuchung dieser Verhältnisse wurden weitere Versuche sowohl mit dem Kardan- als auch mit dem Kettenversuchswagen durchgeführt. Die Rahmenbelastung und die Luftschlauchinnenpressung wurden auf einen normalen, mittleren Wert eingestellt und konstant gehalten. Der Hinterachsdruck betrug für alle Versuche 1200 kg, die Luftpressung 7 at. Die Fahrgeschwindigkeit als diejenige Größe, die die schärfsten Unterschiede in den Schwingungsvorgängen hervorruft, wurde wiederum zwischen den Grenzen 15 und 75 km pro Stunde verändert, und es wurde, um die Schwingungserscheinungen möglichst deutlich zur Anschauung zu bringen, ein besonders großes Hindernis zur Stoßerzeugung verwendet. Das Hindernis hatte eine Höhe von 50 mm und eine Länge von 200 mm. Figur 93 gibt seine Form wieder.

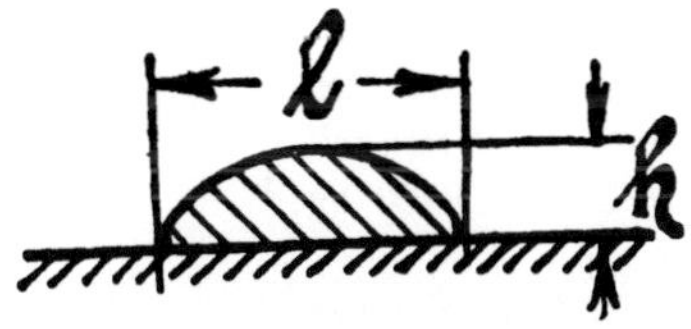

Fig. 93.

Im Anschluß an diese Versuche wurden Ermittelungen darüber angestellt, inwieweit die Form des Hindernisses auf die Schwingungsbewegungen von Einfluß ist.

Für die Versuche am Kardanuntergestell standen Hinterfedern der Weichheit B = 26 mm/100 kg und B = 20 mm/100 kg und für die Versuche am Kettenwagenuntergestell Federn der Weichheit B = 20 mm/100 kg und B = 16 mm/100 kg zur Verfügung. Mit jedem der Federpaare wurde bei einer Pneumatikbereifung Flaches Profil 895/135 eine volle Versuchsreihe durchgeführt, mit den Federn B = 26 mm/100 kg des Kardanwagens außerdem ein Versuch, bei dem die Hinterräder mit einer Bereifung Gummigleitschutz mit Stahlnieten 895/135 ausgestattet waren.

Es wurden wiederum die durch die Registriervorrichtung aufgeschriebenen Diagramme in der bekannten Weise ausgewertet. Die Figuren 94 bis 100 zeigen die sich ergebenden Veränderungen und zwar zeigt:

Fig. 94	die Versuche am Kardanwagen mit Hinterfedern der Weichheit B = 26 mm / 100 kg	Flaches Profil 895/135	Hindernis 50/200
Fig. 95	die Versuche am Kardanwagen mit Hinterfedern der Weichheit B = 20 mm / 100 kg	Flaches Profil 895/135	Hindernis 50/200
Fig. 96	die Versuche am Kettenwagen mit Hinterfedern der Weichheit B = 20 mm / 100 kg	Flaches Profil 895/135	Hindernis 50/200
Fig. 97	die Versuche am Kettenwagen mit Hinterfedern der Weichheit B = 16 mm / 100 kg	Flaches Profil 895/135	Hindernis 50/200
Fig. 98	die Versuche am Kardanwagen mit Hinterfedern der Weichheit B = 26 mm / 100 kg	Gummigleitschutz mit Stahlnieten 895/135	Hindernis 50/200
Fig. 99	die Versuche am Kardanwagen mit Hinterfedern der Weichheit B = 20 mm / 100 kg	Vollgummireifen 900/100	Hindernis 30/150
Fig. 100	die Versuche am Kardanwagen mit Hinterfedern der Weichheit B = 20 mm / 100 kg	Vollgummireifen 900/100	Hindernis 50/200

Sämtliche Kurven zeigen die gleichen Gesetzmäßigkeiten, wie sie sich nach den bereits beschriebenen Versuchen ergeben hatten; sie zeigen das Abfallen der Schwingungsausschläge, das geringe Ansteigen der maximalen Vertikalgeschwindigkeiten, das Gleichbleiben der Schwingungszeiten und die Verminderung der Aufpralldrücke mit steigender Fahrgeschwindigkeit.

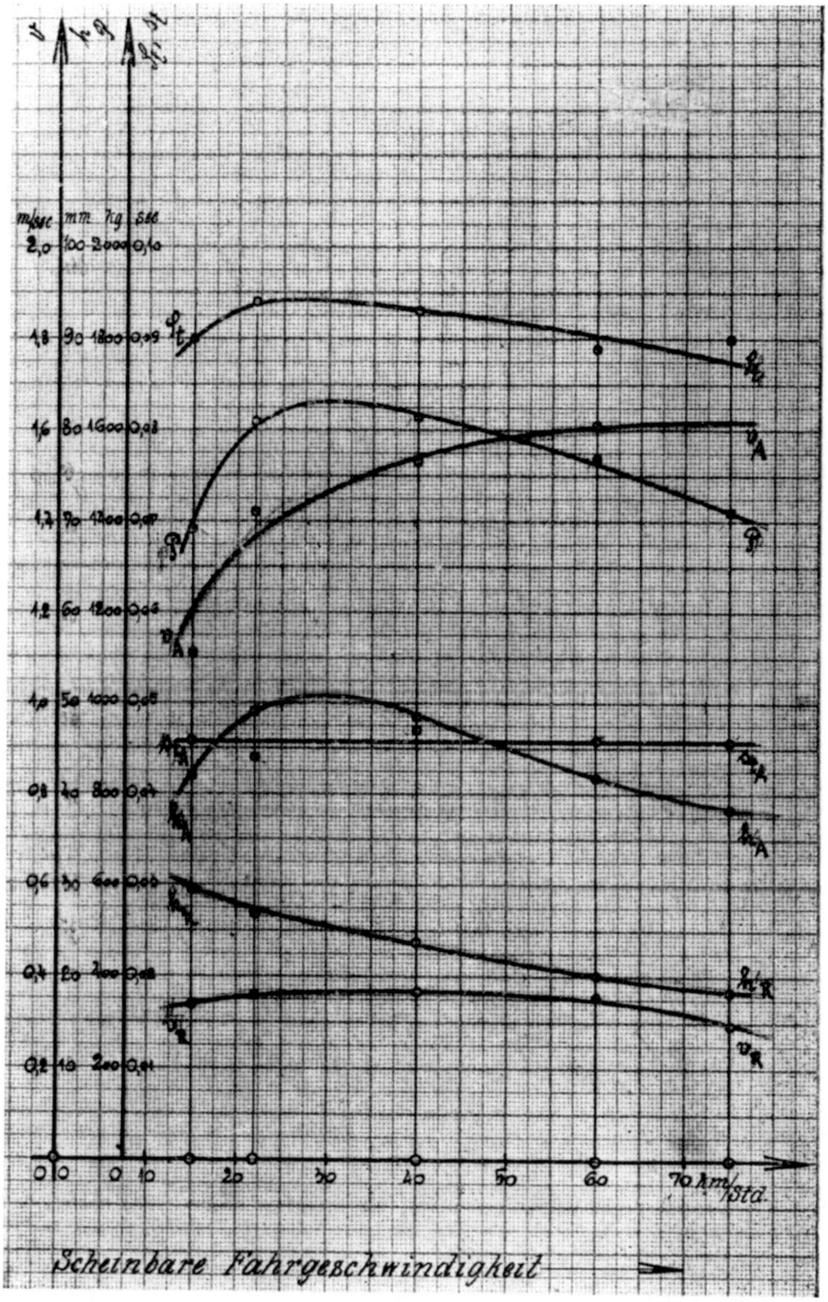

Fig. 94.

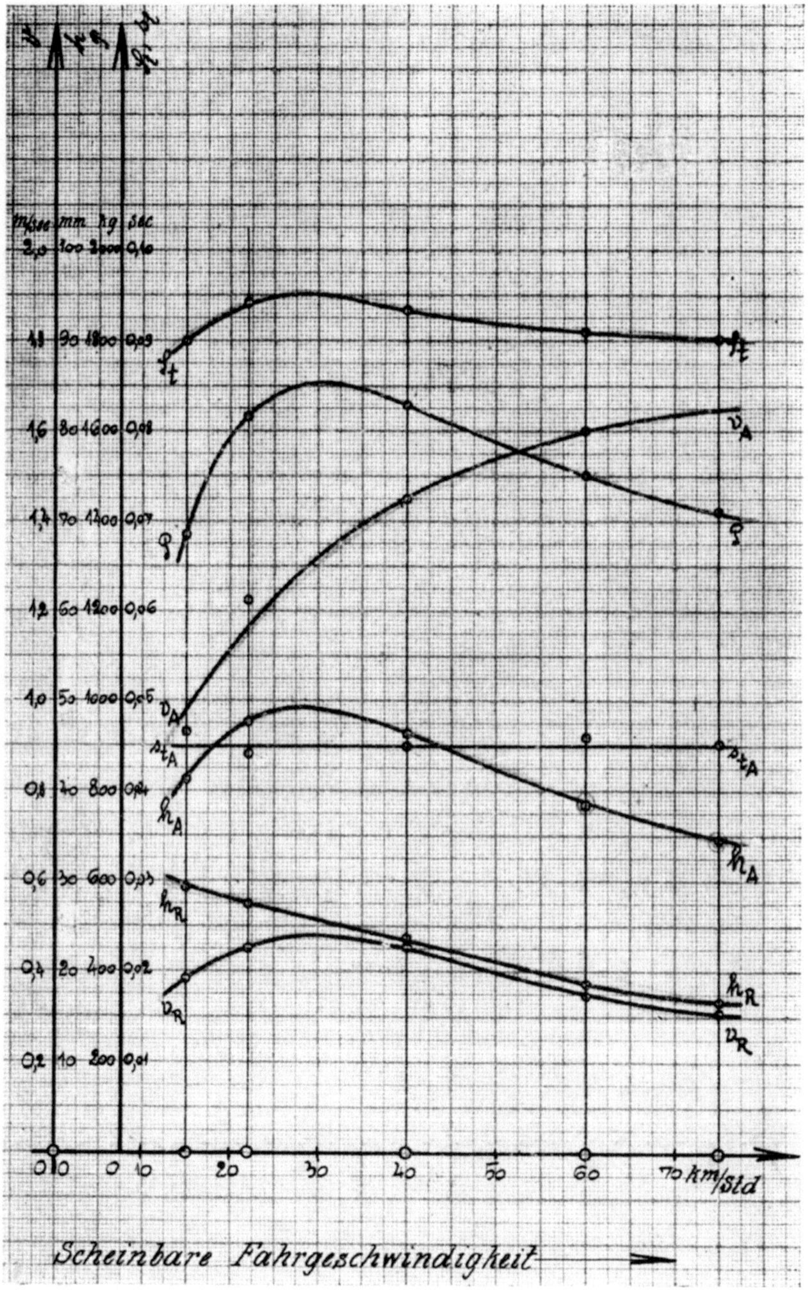
m/sec mm kg sec
2,0 100 2000 0,10
1,8 90 1800 0,09
1,6 80 1600 0,08
1,4 70 1400 0,07
1,2 60 1200 0,06
1,0 50 1000 0,05
0,8 40 800 0,04
0,6 30 600 0,03
0,4 20 400 0,02
0,2 10 200 0,01
10 20 30 40 50 60 70 km/Std
Scheinbare Fahrgeschwindigkeit

Fig. 95.

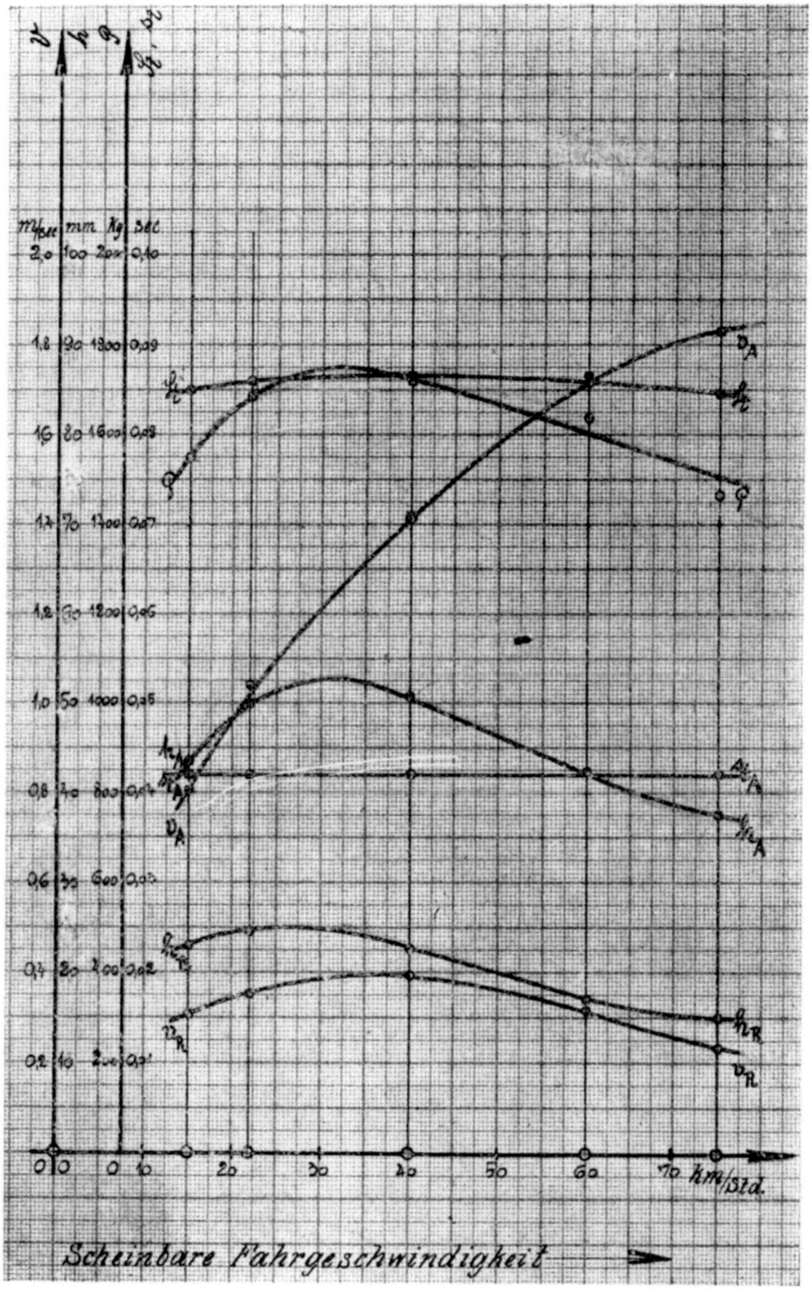

Fig. 96.

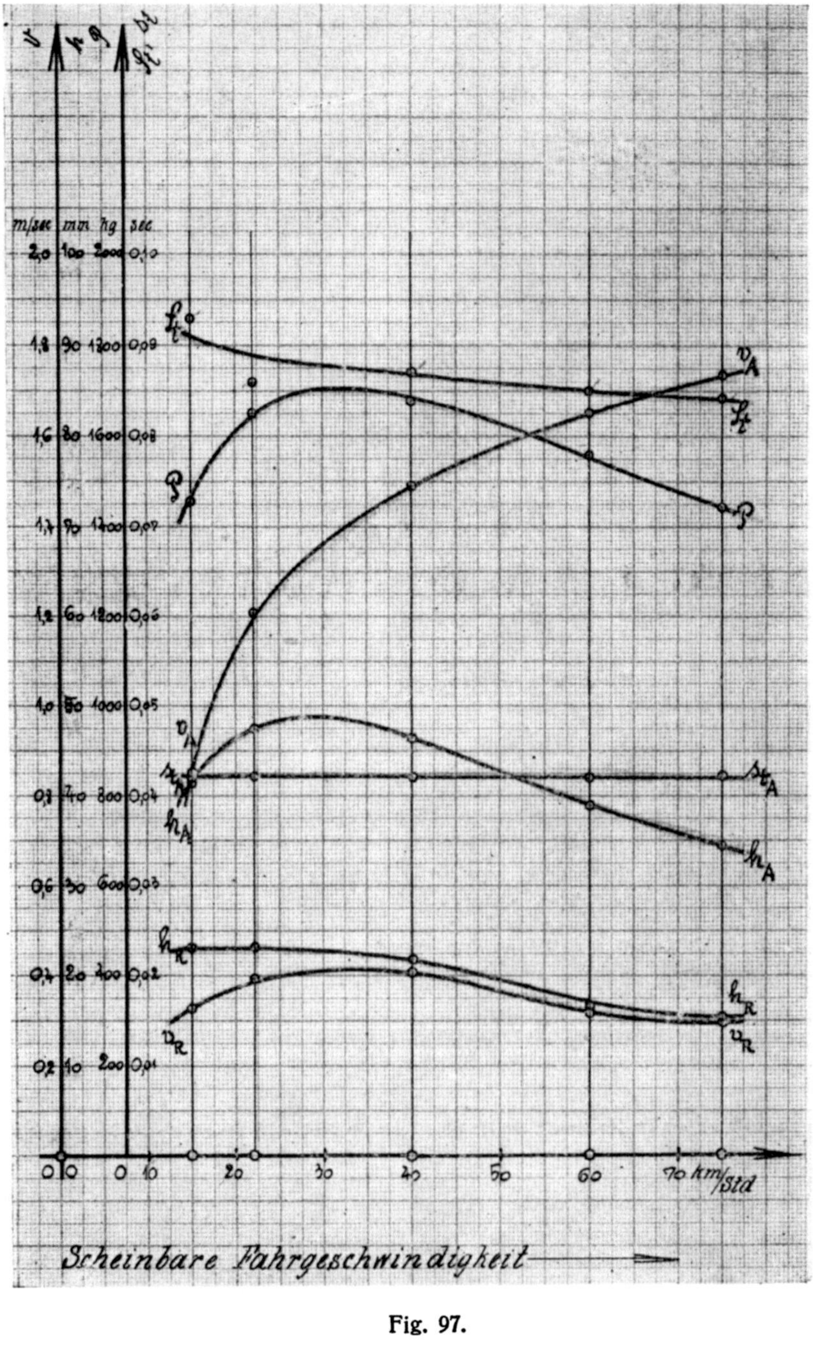
m/sec mm kg sec
2,0 100 2000 0,10
1,8 90 1800 0,09
1,6 80 1600 0,08
1,4 70 1400 0,07
1,2 60 1200 0,06
1,0 50 1000 0,05
0,8 40 800 0,04
0,6 30 600 0,03
0,4 20 400 0,02
0,2 10 200 0,01
0 10 0 10 20 30 40 50 60 70 km/Std
Scheinbare Fahrgeschwindigkeit

Fig. 97.

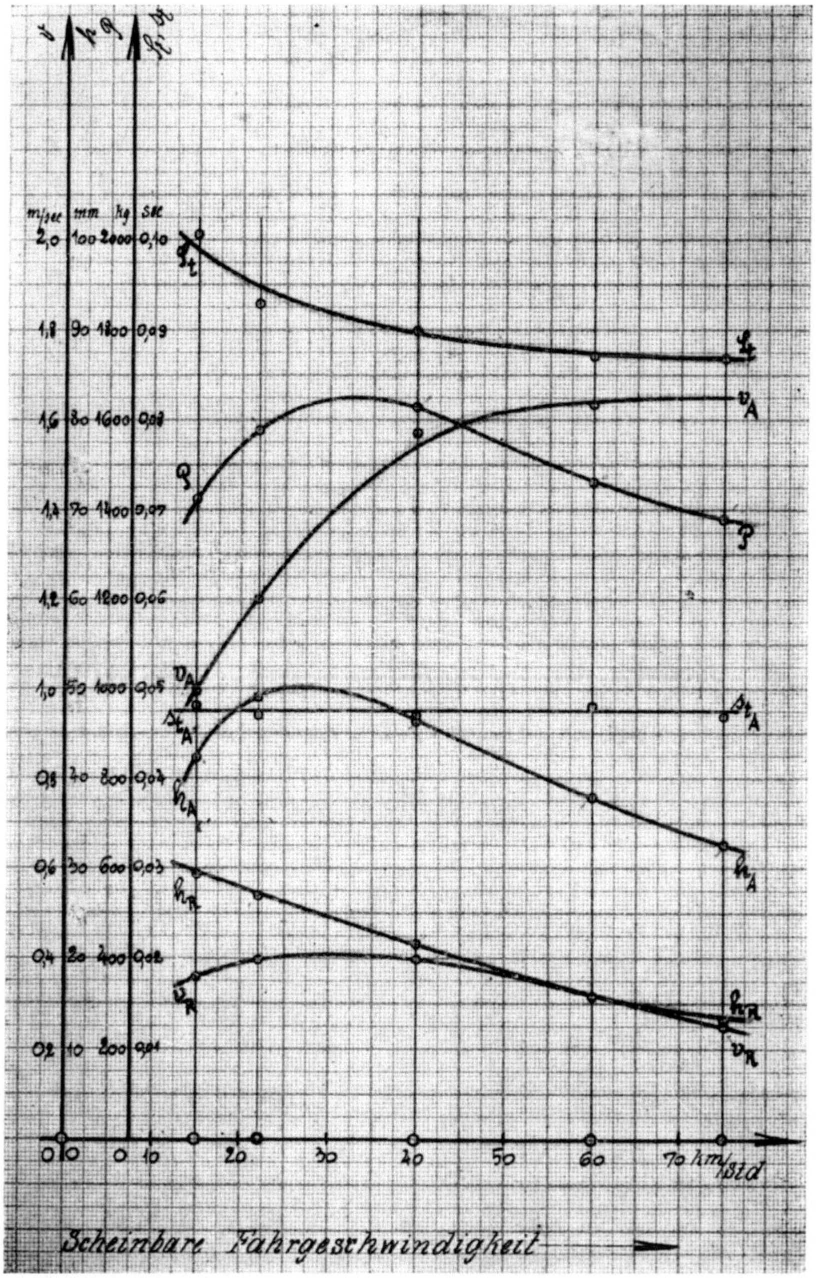
m/sec mm kg sec
2,0 100 2000 0,10
1,8 90 1800 0,09
1,6 80 1600 0,08
1,4 70 1400 0,07
1,2 60 1200 0,06
1,0 50 1000 0,05
0,8 40 800 0,04
0,6 30 600 0,03
0,4 20 400 0,02
0,2 10 200 0,01
0 0 0 10 20 30 40 50 60 70 km/Std
Scheinbare Fahrgeschwindigkeit

Fig. 98.

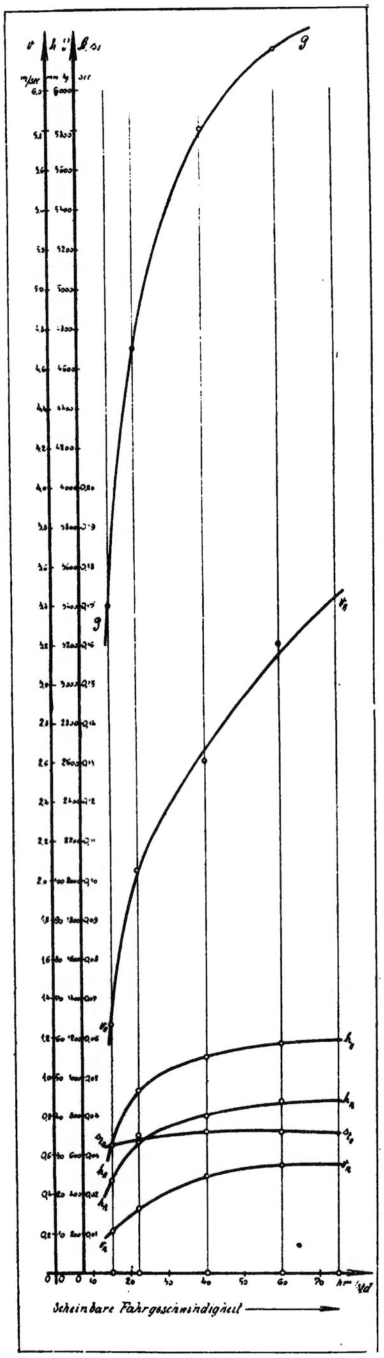

Fig. 99.

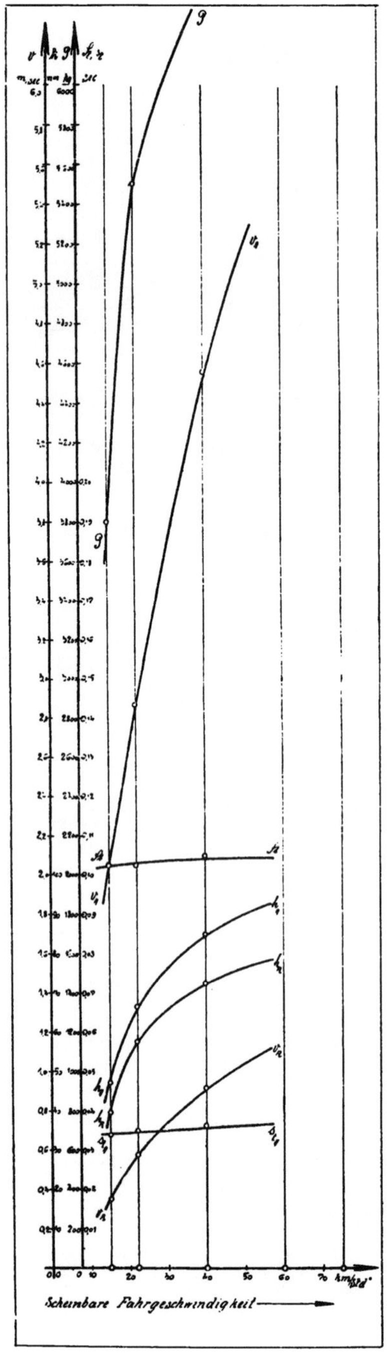

Fig. 100.

Versuche über den Einfluß der Federweichheit.

Die Versuche bei Verwendung verschieden starker Federn unter Gleichhaltung aller übrigen Verhältnisse erlauben ein sicheres Urteil über den Einfluß der Federweichheit auf die Schwingungsbewegungen. Die Figuren 94—95 und 96—97 enthalten die sich ergebenden Kurvenzüge. Um den Vergleich zu erleichtern, wurden die Linienzüge der wichtigsten Größen, das sind die Kurven der Schwingungsausschläge von Achse und Rahmen, in besonderen Diagrammen vereinigt.

Figur 101 zeigt die Vergleichskurven für die Versuche am Kardanwagen. Die Achse wird bei Anwendung der weicheren Federn durchweg höher geworfen als bei harten Federn. Auch die Schwingungsausschläge der Rahmenbewegung sind bei weichen Federn durchweg größer, wenn auch die Unterschiede hier geringer sind als für die Achsbewegungen. Die Schwingungszeiten und die Aufpralldrücke bleiben in beiden Fällen gleich (Figur 94 und 95).

Diese Erscheinung ist erklärlich. Der Stoßimpuls, den die Wagenräder durch das Hindernis empfangen, darf in beiden Fällen als angenähert gleich groß gelten. Der Achse wird die gleiche kinetische Energie im Aufwärtsschwingen erteilt, und es ist bei Anwendung einer schwächeren Feder eine größere Federdurchbiegung nötig als bei Anwendung einer starken Feder, um die kinetische Energie aufzuzehren. Sie wird aufgezehrt durch die Arbeit der Gegenkräfte der Feder, durch die Arbeit der Schwerkraft und durch die Arbeit aller derjenigen Kräfte, die sich außer den erwähnten Kräften der Aufwärtsbewegung der Achse entgegenstellen, in erster Linie also durch die Arbeit der schwingungsdämpfenden Kräfte.

Das nahezu gleichstarke Ausschwingen des Rahmens ist ebenfalls erklärlich. Auf die Rahmenbewegung hat die stark durchgebogene schwache Feder naturgemäß eine gleiche oder ähnliche Wirkung wie die weniger duchgebogene starke Wagenfeder.

Ebenso verändern sich die Aufpralldrücke nicht wesentlich, denn es ist gleichgiltig, ob die Achsmasse von einer schwächeren Feder aus größerer Höhe oder von einer starken Feder aus geringerer Höhe auf die Fahrbahn herabgeschleudert wird.

Von besonderem Interesse ist die Feststellung, daß Veränderungen in der Federweichheit die Schwingungszeiten wenig beeinflussen, während, wie bereits gezeigt worden ist, eine Veränderung der Reifenweichheit durch Veränderung der Luftschlauchinnenpressung schon eine

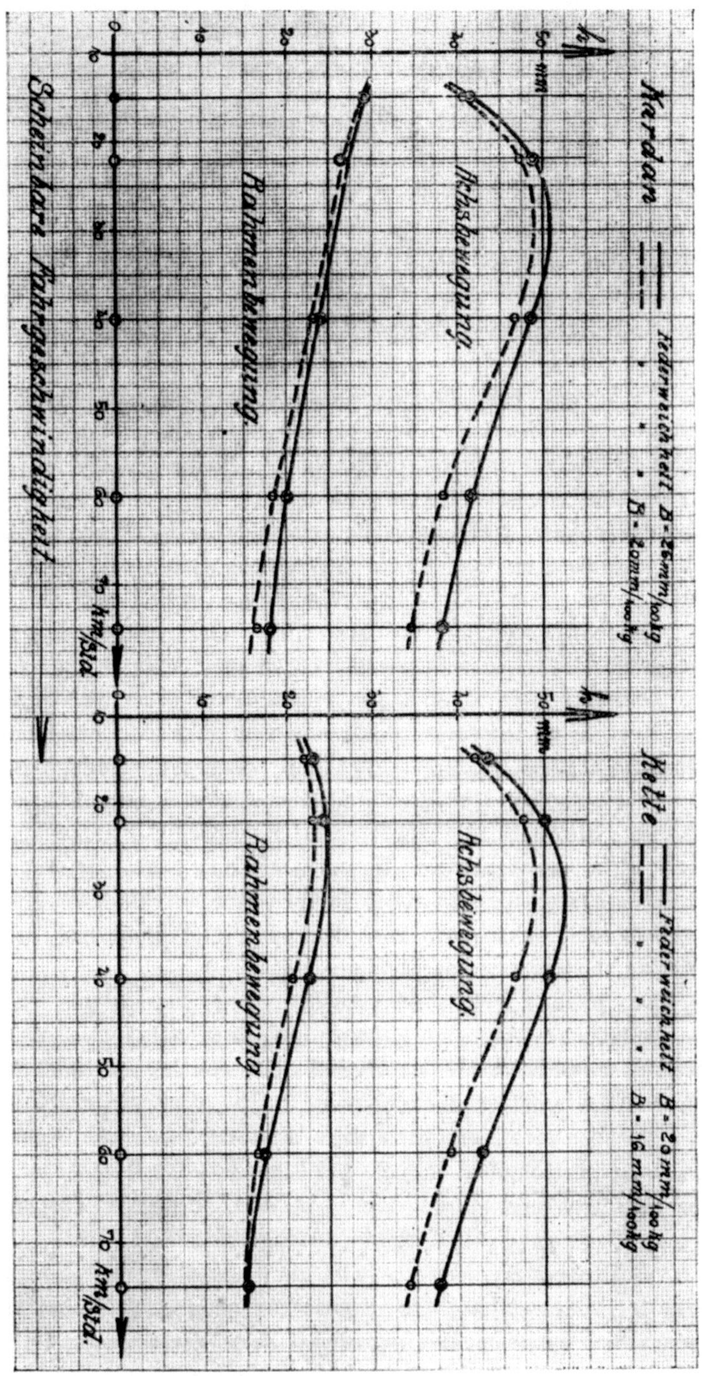

Fig. 101 und 102.

merkliche Veränderung der Schwingungszeiten hervorbringt. Die Veränderung in der Kräftewirkung bei Veränderung der Reifenweichheit ist viel intensiver als bei Veränderung der Federweichheit. Die bei der statischen Prüfung der Federn und der Bereifung erhaltenen Diagramme, insbesondere das Diagramm Figur 60, haben dies deutlich gezeigt. Das Gleichbleiben der Schwingungszeiten ist also erklärlich.

Die durch die Figuren 96, 97 und 102 dargestellten Ergebnisse der Versuche am Kettenwagen bestätigen die Beobachtungen. Es zeigen sich durchaus die gleichen Zustände. Der Unterschied in den Achsschwingungen ist hier noch mehr zu ungunsten der weichen Federn verschoben, und es sind auch die Aufpralldrücke infolge des höheren Ausschwingens der Achsmasse bei schwacher Feder gesteigert.

Die Versuche zeigen somit, daß durch Verändern der Federweichheit allein keine wesentliche Verbesserung erzielt werden kann, ja daß die Verhältnisse zum Teil sogar ungünstiger liegen. Wenn trotzdem nach den Erfahrungen der Praxis die Anwendung weicher Federn erhebliche Vorteile bietet, so hat dies besondere und schwerwiegende Gründe, auf die jedoch erst im weiteren Verlauf des Versuchsberichtes des näheren eingegangen werden kann.

Versuche über den Einfluß der Reifenweichheit.

Durch die Versuche des Abschnittes 2 hat sich gezeigt, daß sich die Schwingungsvorgänge mit der Luftschlauchinnenpressung, d. h. mit der Reifenweichheit, sehr stark verändern. Die Weichheit eines Reifens hängt aber nicht allein von dem Luftdruck im Schlauchinnern ab, sondern wird auch durch die Bauart, die Ausstattung und die Profilgröße des Reifens bestimmt.

Die Versuche bei statischer Beanspruchung der Reifen hatten diese Verschiedenheit für die marktgängigen Reifentypen bei Anwendung verschiedener Profilgrößen gezeigt. Es darf aber nicht ohne weiteres angenommen werden, daß die Reifen auch bei dynamischen Beanspruchungen die gleichen Verschiedenheiten zeigen. Es wurden daher dynamische Prüfungen angeschlossen.

Zur Prüfung diente der Kardanwagen mit Hinterfedern der Weichheit B = 26 mm/100 kg. Die Wagenräder wurden nacheinander mit den zu untersuchenden Reifentypen versehen, und es wurde eine Luftschlauchinnenpressung von 7 at eingestellt und konstant gehalten.

Die Schwingungsvorgänge bei Benutzung der Bereifung Flaches Profil 895/135 waren bereits durch die früheren Versuche ermittelt worden, Figur 94. Es wurde die Prüfung der Bereifung Gummigleitschutz mit Stahlnieten 895/135 angeschlossen. Das Diagramm Figur 98 enthält die sich ergebenden, für die Schwingungsvorgänge charakteristischen Größen. Deutlich ist zu erkennen, daß der Reifen, der sich bei der statischen Prüfung als der weichere gezeigt hatte, auch bei der dynamischen Prüfung günstigere Verhältnisse liefert. Die Schwingungsausschläge von Achse und Rahmen und ebenso die Aufpralldrücke sind geringer. Die Schwingungszeiten der Achse sind um ein Geringes kleiner. Nach früheren Beobachtungen war dies zu erwarten, denn die die schwingende Masse in die Gleichgewichtslage zurückführenden Kräfte sind für den weicheren Reifen geringer als für den härteren. Im übrigen sind die Gesetzmäßigkeiten, nach denen die Schwingungen von Achse und Rahmen vor sich gehen, durchaus gleich. Die Reifenweichheit hat in erster Linie Einfluß auf die Achsbewegung, die weiterhin die Rahmenbewegung zwangläufig verändert.

Für die Prüfung der weiteren Reifentypen erschien es daher hinreichend, die Bewegungen der Achse allein durch die Registriervorrichtung aufzuschreiben und aus den erhaltenen Diagrammen nur die Schwingungsausschläge der Achsbewegung als die wichtigste, für die übrigen Werte bestimmende Größe auszumitteln. Ebenso wurde die Geschwindigkeit nur in den Abstufungen 40, 60 und 75 km pro Stunde verändert, da die Schwingungsbewegungen bei diesen Fahrgeschwindigkeiten besonders große Verschiedenheiten aufweisen.

Geprüft wurden die folgenden Reifentypen der gleichen Profilgröße 895/135: Flaches Profil, Profil Type Course extra stark — 3 Rippen, Gummigleitschutz mit Stahlnieten und Ledergleitschutz mit Stahlnieten.

Die Werte, die sich für den Schwingungsausschlag der Achse ergeben, sind des besseren Vergleiches wegen in ein besonderes Diagramm Figur 103 eingetragen. Es zeigt sich deutlich der Unterschied der einzelnen Reifentypen. Es ist klar zu erkennen, daß der Schwingungsausschlag der Achse um so geringer ist, je weicher sich der Reifen bei der statischen Prüfung gezeigt hatte. Die Unterschiede sind für geringe Geschwindigkeiten klein, nehmen aber für große Geschwindigkeiten erhebliche Werte an. Die statischen und dynamischen Prüfungen der Reifen ergeben also eine vollkommene Übereinstimmung. Dies ist von großer Wichtigkeit, da hiernach dem Reifen-

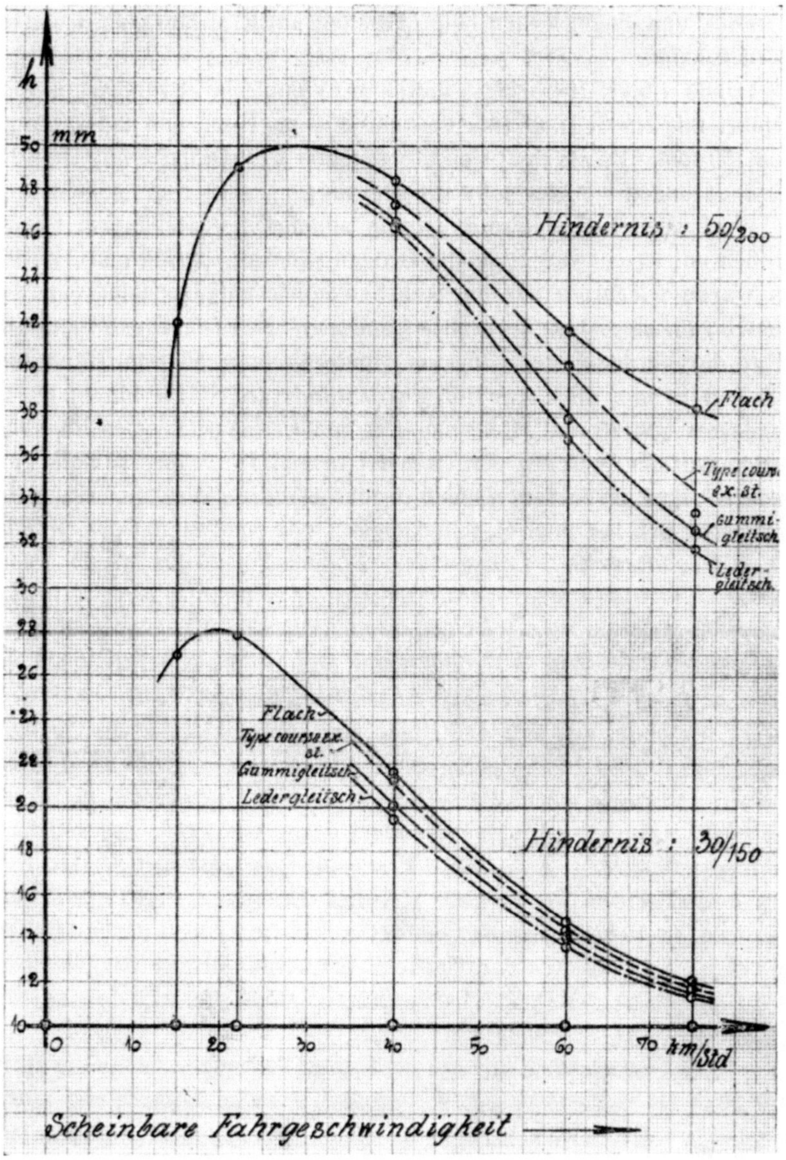

Fig. 103 und 104.

fabrikanten die Möglichkeit gegeben ist, durch die leicht anzustellende statische Prüfung zweifelfrei festzustellen, welche stoßmildernde Wirkung von einem Reifen beim Arbeiten am Kraftfahrzeug erwartet werden kann.

Die Figur 104 zeigt dieselbe dynamische Prüfung, durchgeführt mit einem Hindernis von nur 30 mm Höhe und einer Länge von 150 mm. Es ergeben sich die gleichen Verhältnisse, nur sind die Veränderungen weniger scharf ausgeprägt.

Für das Flache Profil wurden sodann 3 verschiedene Profilgrößen untersucht und zwar die Größen 880/120, 895/135 und 935/135. Es wurde wiederum nur die Achsbewegung aufgezeichnet und der Schwingungsausschlag der Achse gemessen. Das Diagramm Figur 105 zeigt die Veränderungen für ein Hindernis von 50 mm Höhe und 200 mm Länge, die Figur 106 die Veränderungen für ein kleineres Hindernis von 30 mm Höhe und 150 mm Länge. Die Geschwindigkeiten wurden zwischen den Grenzen 15 und 75 km pro Stunde verändert. Die Kurven haben einen beachtenswerten Verlauf. Sie überschneiden sich bei einer Geschwindigkeit von rund 40 km pro Stunde.

Die statische Prüfung hatte ergeben, daß das große Profil härter ist als das kleine. Diese Beobachtung stimmt überein mit dem Kurvenverlauf bei niedrigen Geschwindigkeiten; die Achse wird bei Verwendung des großen Profils höher geworfen als bei dem kleinen Profil. Steigt die Geschwindigkeit jedoch auf hohe Werte, und wird es sonach nötig, daß sich das Hindernis während des Stoßvorganges tiefer und tiefer in den Reifen eindrückt, so ist das große Profil dem kleinen bedeutend überlegen. Die Verhältnisse haben sich für große Geschwindigkeiten umgekehrt, hier ist das große Profil das weichere und vorteilhaftere. Auch diese Erscheinung ist erklärlich. Denn in den Reifen großen Profils kann sich bei dynamischen Beanspruchungen ein Hindernis leichter einbetten als in den kleinen Reifen, bei dem das Einbetten der Unebenheit überaus starke Biegungen in den Seitenteilen des Profils hervorbringt. Die Unterschiede sind, wie Figur 105 zeigt, erheblich.

Die Unterschiede werden naturgemäß geringer, wenn die Höhe des Hindernisses kleiner ist. Es wurden Parallelversuche mit einem Hindernis von den Abmessungen 30/150 mm durchgeführt, bei dem sich durchaus die gleichen, nur etwas weniger scharf ausgeprägten Unterschiede ergaben, Figur 106. Auch hier ist für kleine Geschwindigkeiten das große Profil das härtere und ungünstigere, während es für große Geschwindigkeiten dem kleinen gegenüber wesentlich im Vorteil ist.

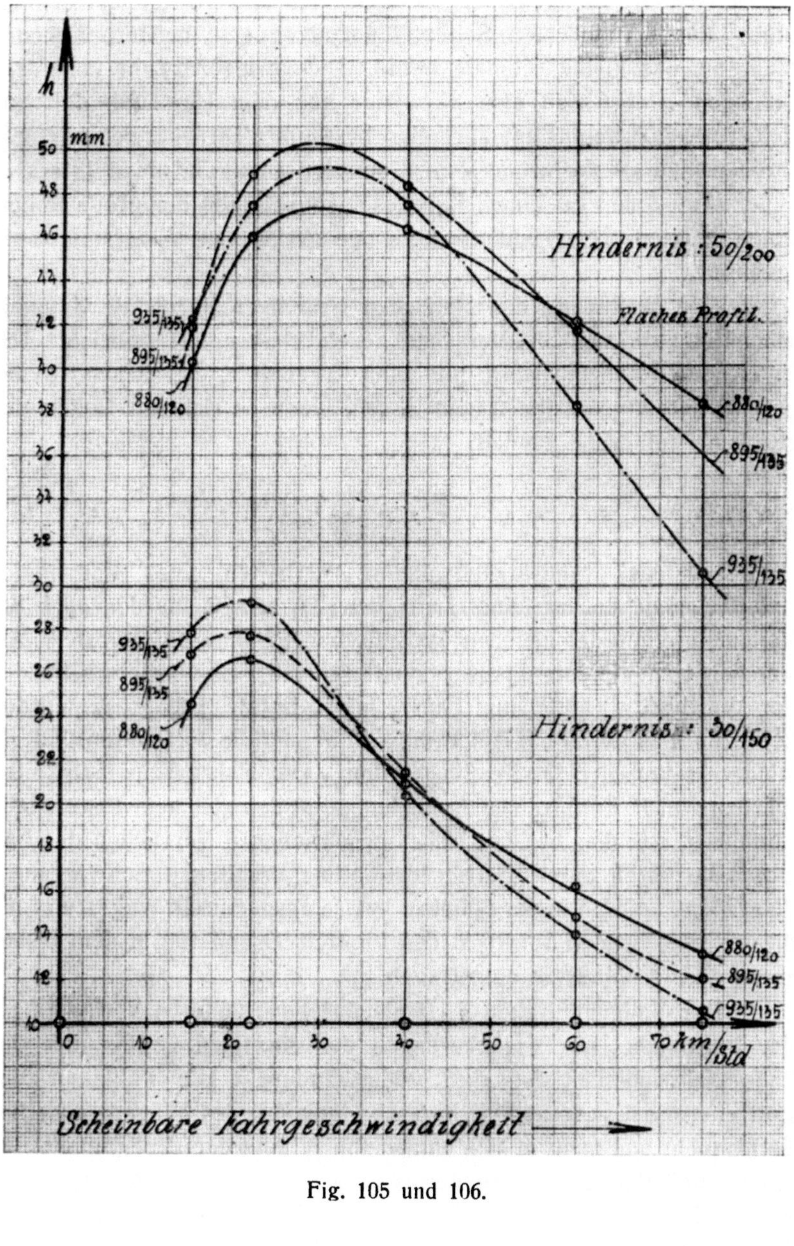

Fig. 105 und 106.

Diese Erscheinung deckt sich mit den Erfahrungen der Praxis, denn das große Reifenprofil ermöglicht nicht nur ein angenehmeres Fahren, sondern es hat im allgemeinen auch und zwar hauptsächlich infolge der verminderten Seitenteilbiegungen eine größere Lebensdauer als das kleine schmale Profil. Die geringere Zahl von Verletzungen erklärt sich also nicht nur aus dem Umstand, daß der kleinere Reifen beim Lauf über eine bestimmte Strecke sich häufiger abrollen muß als der große Reifen, sondern auch, und zwar in erster Linie, daraus, daß bei hohen Fahrgeschwindigkeiten der große Reifen dem Einbetten eines Hindernisses einen geringeren Widerstand entgegensetzt.

Eine Ergänzung der statischen Prüfungen durch die dynamischen ist also, wie die Versuche gezeigt haben, erforderlich. Die statischen Prüfungen liefern nur dann Ergebnisse, die sich auf dynamische Verhältnisse übertragen lassen, wenn es sich um Reifen der gleichen Profilgröße handelt.

Um das grundsätzlich andere Verhalten eines Vollgummireifens gegenüber dem eines Luftreifens zu zeigen, wurden auch die Vollgummireifen der gleichen dynamischen Prüfung unterworfen. Als Versuchswagen diente das Kardanuntergestell. Es wurde mit Federn der Weichheit B = 20 mm/100 kg ausgestattet. Die Stöße wurden hervorgerufen durch ein Hindernis von der Größe 30/150 mm und ein Hindernis von der Größe 50/200 mm. Die Fahrgeschwindigkeiten wurden von 15 km pro Stunde beginnend in den gleichen Abstufungen verändert, wie dies bei den bisher beschriebenen Versuchen der Fall war. Die durch die Registriervorrichtung erhaltenen Schwingungsdiagramme wurden in der üblichen Weise ausgemittelt, und es wurden die sich ergebenden Werte in den Figuren 99 und 100 in dem bisher angewendeten Maßstab eingetragen.

Der Vollgummireifen zeigt ein durchaus anderes Verhalten als der Luftreifen. Die Veränderungen der einzelnen Größen mit der Fahrgeschwindigkeit ist eine völlig andere. Die Fähigkeit des Luftreifens, bei steigender Fahrgeschwindigkeit des Wagens das Hindernis mehr und mehr in sich aufzunehmen, fehlt dem Vollgummireifen nahezu vollständig. Das Hindernis ist auch beim Auftreten der größten Kräfte nicht imstande, sich in den Reifen einzudrücken. Die Schwingungsausschläge von Achse und Rahmen und ebenso die Maximalwerte der Vertikalschwingungsgeschwindigkeiten wachsen nahezu proportional mit der Fahrgeschwindigkeit und übersteigen die Hindernishöhe um ein Beträchtliches. Die Aufpralldrücke steigen auf außerordentlich hohe Werte.

Während die Versuche mit Luftreifen gezeigt hatten, daß bei einem nicht übermäßig großen Hindernis eine bestimmte Grenze für die Fahrgeschwindigkeit des Wagens nicht besteht, daß vielmehr die Schwingungsbewegungen bei wachsender Fahrgeschwindigkeit abnehmen, ist es unmöglich, mit Vollgummireifen eine bestimmte Fahrgeschwindigkeit zu überschreiten. Diese Grenze liegt im Vergleich zum Luftreifen sehr tief. So war es beispielsweise für den Versuchswagen ohne Gefährdung seiner Teile nicht möglich, bei dem kleineren der benutzten Hindernisse die Geschwindigkeit von 60 km pro Stunde zu überschreiten, und bei Benutzung des größeren Hindernisses führte schon die Überschreitung der Geschwindigkeit von 40 km pro Stunde zu gefährlichen Kräftewirkungen. Da aber für die Fahrt eines mit Vollgummireifen versehenen Wagens auf der Landstraße die Größe der auftretenden Hindernisse nicht vorausgesagt werden kann, ist die anwendbare Fahrgeschwindigkeit gering. Die von der Heeresverwaltung erlassene Vorschrift, nach der subventionierte Lastkraftwagen mit Vollgummibereifung eine bestimmte Höchstgeschwindigkeit nicht überschreiten dürfen, erscheint nach den Versuchen durchaus gerechtfertigt.

Nur wenn es möglich wäre, Vollgummireifen herzustellen, in die sich die Hindernisse der Fahrbahn in ähnlicher Weise einbetten können, wie in einen Luftreifen, würde auch für Kraftwagen, die mit Vollgummireifen ausgerüstet sind, eine größere Fahrgeschwindigkeit zulässig sein. Für einen solchen Vollgummireifen dürfte die statische Prüfung nicht die in Figur 57 gezeigte Durchbiegungskurve liefern, sondern es müßte sich dieser Linienzug dem Verlauf der Kurven annähern, die die statische Prüfung der Luftreifen ergibt. Der Vollreifen zeigt sich verhältnismäßig weich, wenn kleine Kräfte auf unbelastete Teile des Reifenumfanges einwirken; erfahren aber Teile des Reifens eine Vorbelastung, wie sie vor allem durch das Wagengewicht an der Bodenberührstelle entsteht, so ist der Widerstand gegen jedes w e i t e r e Eindrücken außerordentlich groß. Für den praktischen Fahrbetrieb ist es aber gerade notwendig, daß sich Unebenheiten der Fahrbahn an dieser vorbelasteten Stelle, der Bodenberührstelle, einbetten können, denn hier treffen die Unebenheiten auf den Radreifen auf.

Von Interesse ist es festzustellen, daß die Schwingungszeit der Achse für die Verwendung von Vollgummireifen sehr geringe

Werte annimmt. Der harte Vollgummireifen führt die Achsmasse schnell in ihre Gleichgewichtslage zurück. Die Erscheinung deckt sich mit den Beobachtungen während der Versuche mit Luftreifen. Auch hier hatte die Achsschwingung bei Verwendung der härteren Reifen die kürzere Schwingungsdauer.

Versuche über den Einfluß der Achsmasse.

Das Anheben der Achse beim Auftreffen der Räder auf ein Hindernis kann um so leichter erfolgen, je geringer die anzuhebende Masse ist. Die gesamte Schwingungsbewegung von Achse und Rahmen ist daher von der Größe dieser Masse abhängig. Zur Achsmasse sind die Massen aller derjenigen Teile der Kraftübertragung hinzugezählt, die nicht von den Wagenfedern getragen werden.

Das Gewicht der unabgefederten Wagenteile beträgt für das Kardanuntergestell 250 kg, für den Kettenwagen 180 kg. Es standen also für die Versuche zwei Kraftfahrzeuge zur Verfügung, deren unabgefederte Massen sehr verschiedene Größe hatten.

Es wurden unter möglichster Gleichhaltung aller weiteren, die Schwingungsbewegungen beeinflussenden Größen mit diesen Untergestellten Versuche durchgeführt.

Beide Wagen hatten Federn der Weichheit B = 20 mm/100 kg, eine Bereifung 895/135 bei 7 at Luftschlauchinnenpressung, und es betrug der Hinterachsdruck 1200 kg. Die Verhältnisse lagen also recht gleichartig. Unterschiede bestanden einerseits in der verschiedenen Dämpfung der beiden Untergestelle und andererseits darin, daß die Rahmenmasse des Kettenwagens wegen der leichteren Achse etwas größer sein muß, wenn derselbe Achsdruck vorhanden sein soll. Die Versuche an demselben Wagen derart durchzuführen, daß etwa durch Aufbringen von Gewichten auf die Achse die Achsmasse verändert wurde, war nicht möglich.

Immerhin liefern die mit dem Kardan- und Kettenwagen angestellten Vergleichsversuche einen guten Einblick in die bestehenden Verhältnisse. Die Figuren 95 und 96 und weiterhin insbesondere die Figur 107, in der, um den Vergleich zu erleichtern, die Kurven der Achs- und Rahmenbewegung und der Aufpralldrücke der Figuren 95 und 96 vereinigt sind, zeigen die mit Hilfe der Registriervorrichtung gewonnenen Ergebnisse. Die Schwingungsausschläge der Achse sind für den Kettenwagen größer als für den Kardanwagen, die Ausschläge des Rahmens für den Kardanwagen größer als für den Ketten-

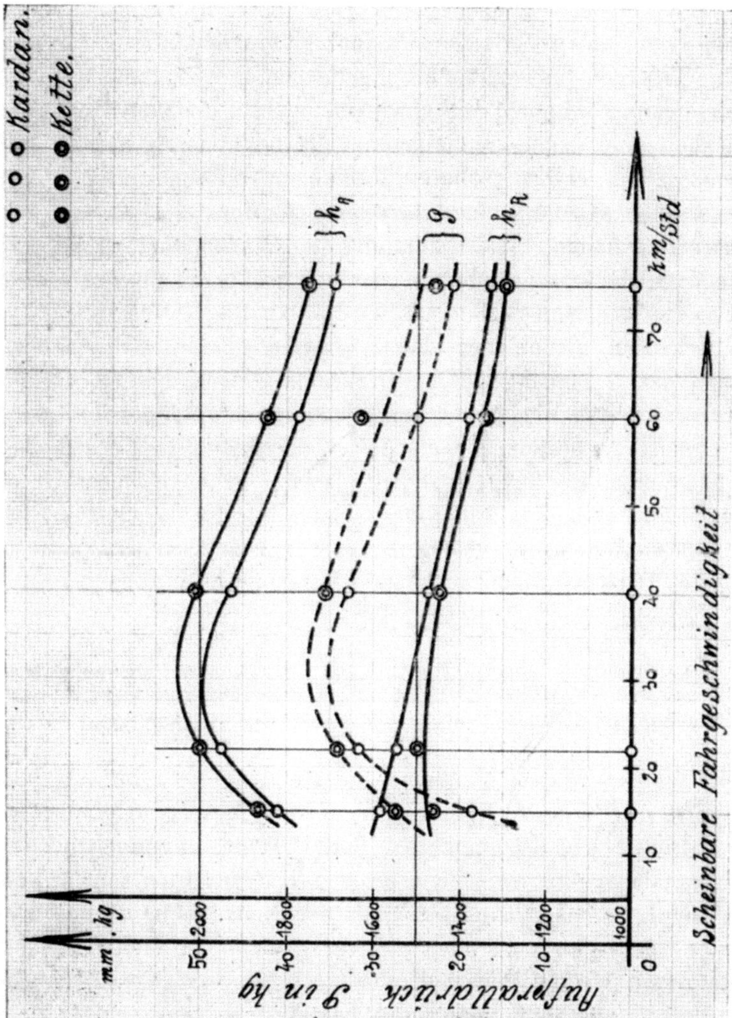
Kardan.
Kette.
h_1
g
h_R
km/std
Scheinbare Fahrgeschwindigkeit
Schwingungsausschlag h in mm
Aufpralldruck g in kg
mm
kg

Fig. 107.

wagen, die Aufpralldrücke endlich sind für den Kettenwagen etwas höher. Wird die vom Hindernis erzeugte Stoßarbeit als nahezu gleich angenommen, so ist auch die den schwingenden Massen erteilte kinetische Energie gleich groß. Zur Vernichtung dieser kinetischen Energie sind gleiche Federarbeiten erforderlich, durch die wiederum nahezu gleiche Rahmenschwingungen sich ergeben müssen. Trotzdem also annähernd die gleichen Schwingungsbewegungen für beide Fahrzeuge zu erwarten waren, zeigten sich Verschiedenheiten in den Schwingungen. Sie dürften ihre Begründung einerseits in der etwas größeren Rahmenmasse des Kettenwagens, andererseits in der verschieden großen Dämpfung des Kardan- und Kettenwagens finden. Die Dämpfung des Kardanwagens ist, wie frühere Versuche gezeigt haben, wesentlich größer als die des Kettenwagens. Bei gleichem Stoßimpuls wird daher die Kettenwagenachse höher geworfen, ohne aber dabei einen größeren Schwingungsausschlag der Rahmenmasse hervorzurufen. Ebenso zeigt die aus größerer Höhe und mit geringerer Dämpfung herabfallende Kettenachse größere Aufpralldrücke als die stark gedämpfte Kardanachse.

Die Versuchsergebnisse stehen also mit denen früherer Untersuchungen im Einklang. Immerhin erschien es erforderlich, die Richtigkeit der vorstehenden Erklärungen durch besondere, im weiteren Verlauf des Berichts wiederzugebende Versuche zu ergänzen.

Versuche über den Einfluß der Form des Hindernisses.

Es wurden weitere Versuche angestellt, um zu ermitteln, welchen Einfluß die Form des Hindernisses auf die Schwingungsbewegungen von Achs- und Rahmenmasse hat. Trifft, entsprechend der Schwingungsbewegung nach Figur 38, das Wagenrad bei seinem Lauf auf ein Hindernis, so muß es sich über dieses hinwegbewegen. Das Hindernis drückt sich mehr oder weniger stark in den Reifen ein und es treten vom Beginn des Auflaufens an bis zum Verlassen des Hindernisses Kräfte auf, die die Achsmasse in senkrechter Richtung zu beschleunigen suchen. Hierdurch wird eine Schwingungsbewegung der Achsmasse eingeleitet, deren Zeiten, Sprungzeit sowohl wie Schwingungszeit, wie gezeigt worden ist, nahezu konstant sind. Die Sprungzeit AF (Figur 38) ist im allgemeinen wesentlich größer als die Zeit $AA'A''$, während der sich das Rad über das Hindernis hinwegbewegt. Es tritt, wie bereits erwähnt wurde, nicht ein einfaches

Rollen über das Hindernis ein, sondern es vollführt die Achse mit den Rädern eine weit freiere, an die Hindernisform im besonderen wenig gebundene Schwingungsbewegung *ABCDEF*.... Der sinuslinienartige Charakter dieser Schwingungsbewegung wird nicht geändert, wenn statt des für die bisherigen Versuche benutzten, gewölbten Hindernisses (Figur 39) Unebenheiten von anderer Form benutzt werden. Es wurden Hindernisse der gleichen Höhe von runder, halbrunder, quadratischer, rechteckiger Form verwendet. Eine Änderung trat nur in der Ausschlaggröße der Schwingungsbewegungen ein. Da sich ein Hindernis mit scharfen Kanten leichter in den Reifen einbettet als ein Hindernis, das sich mit großer Fläche gegen den Reifen anlegt, sind bei einer Unebenheit der letzteren Art die die Achsmasse in vertikaler Richtung beschleunigenden Kräfte erheblich größer. Es entstehen außerordentlich große Schwingungsausschläge, die oft das durch die Wagenkonstruktion zulässige Maß überschreiten. Die für Kraftfahrzeuge gefährlichsten Hindernisse sind daher diejenigen Unebenheiten, die sich wegen zu großer Berührungsfläche mit dem Reifen nicht in diesen eindrücken können; solche Hindernisse bilden beispielsweise die sogenannten Wasserabschläge unserer Landstraßen.

Die Versuche zeigten, daß sich bei Hindernissen von gleicher Höhe und gleicher, nicht zu großer Länge aber verschiedener Form nur die Schwingungsausschläge der Achse und alle diejenigen Größen ändern, die von dieser Ausschlaggröße abhängig sind. Der sinusartige Verlauf der Schwingungsbewegungen selbst, insbesondere auch die Schwingungszeiten von Achse und Rahmen, bleiben dagegen ungeändert. Die Art der Versuchsführung, für sämtliche Ermittlungen die gleiche Grundform des Hindernisses bei verschiedener Höhe der Unebenheit zu benutzen, ist daher durchaus gerechtfertigt.

Tritt infolge besonderer Länge des Hindernisses oder infolge besonders geringer Fahrgeschwindigkeit der an sich seltene Fall ein, daß die Zeit *AA'A''* größer ist als die Zeit *ABCDEF*, so drückt sich das Rad mit der Achsmasse beim ersten Rückschwingen *DEF* ein zweites Mal auf das Hindernis auf, während das Rad im andern Falle erst weit hinter dem Hindernis auf den Boden aufschlägt. Die Schwingungsbewegungen sind für diesen Sonderfall sinngemäß dieselben.

Die bisher beschriebenen Versuche haben gezeigt, daß die Schwingungsversuche durch Verändern der beim Bau von Kraftfahrzeugen frei wählbaren Größen nur wenig beeinflußt werden können. Die Schwingungsbewegungen wurden während dieser Versuche durchweg in der Weise hervorgerufen, daß nur e i n Hinterrad die Unebenheiten der Lauftrommeln überspringen mußte. Es ist jedoch nötig, die Schwingungsvorgänge auch für den Fall zu untersuchen, daß beide Räder gleichzeitig auf ein Hindernis auftreffen. Denn für die Benutzung eines Wagens auf der Landstraße wird bald der eine, bald der andere Fall sich einstellen und es werden auch Zustände eintreten, die zwischen beiden Fällen liegen.

Der wichtigste Unterschied der beiden Stoßarten liegt darin, daß beim Anheben nur eines Rades die Achse schief zum Rahmen angehoben wird, während beim gleichzeitigen Auftreffen beider Räder auf eine Unebenheit eine Parallelbewegung der Achse zum Rahmen eintritt. Während in diesem letzten Fall die Bewegung der Achse durchaus ungezwungen ist, da die Federn nur in ihren Schwingungsebenen beansprucht werden, muß, wie bereits mehrfach erwähnt wurde, beim einseitigen Anheben der Achse mit starken Klemmungen in den einzelnen Bauteilen der Kraftübertragung, vor allem in den Federn und ihren Gehängen, gerechnet werden.

Es erschien zweckmäßig, vor der Durchführung der Versuche zur weiteren Klärung dieser Verhältnisse Vorversuche anzustellen, um zu ermitteln, wie sich ein Stoß, der nur e i n Hinterrad trifft, auf das andere, auf gleicher Achse laufende Rad überträgt.

An jedem der Wagenräder wurden Registriervorrichtungen der bekannten Art angebracht, welche die von den Rädern ausgeführten Schwingungsbewegungen in Diagrammen aufschrieben. Es ergaben sich die in Figur 108 für den Kardan- und in Figur 109 für den Kettenwagen wiedergegebenen Schwingungsbewegungen. Linienzug *a* ist die Schwingungskurve für das gestoßene, *b* die Kurve für das vom Hindernis nicht getroffene Rad.

Die Diagramme lassen erkennen, daß durch das Anheben des einen Rades zunächst ein Schiefstellen der Achse eintritt, daß aber, sobald beim Aufwärtsschwingen des Rades diese Schiefstellung ein gewisses Maß erreicht hat, dem weiteren Neigen der Achse sich ein so großer Widerstand entgegensetzt, daß das andere Rad mit emporgerissen wird. Der Neigungswinkel der Achse gegen den Rahmen bleibt also auf ein gewisses Höchstmaß beschränkt.

Beim Kettenwagen zeigen sich die gleichen Verhältnisse wie beim Kardanwagen, jedoch ist beim Kettenwagen die Beeinflussung des nicht gestoßenen Rades durch das gestoßene merklich geringer.

Es tritt also durchaus nicht etwa, wie angenommen werden könnte, beim Kettenwagen eine reine Drehung der Achse um den Bodenberührpunkt des nicht gestoßenen Rades und beim Kardan-

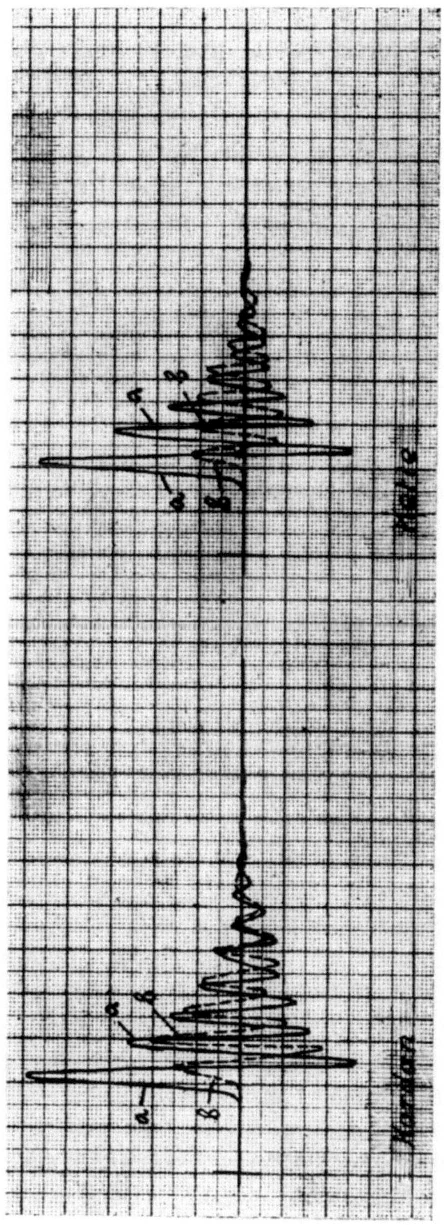

Fig. 108 und 109.

wagen nicht etwa eine reine Drehung um die Kardanwelle ein. Würde dies letztere der Fall sein, so müßte im Diagramm für den Kardanwagen am nicht gestoßenen Rad zunächst eine Abwärtsschwingung entsprechend der durch die Drehung hervorgerufenen Vermehrung des Bodendruckes zu beobachten sein. Die Verhältnisse bleiben für verschiedene Fahrgeschwindigkeiten und für verschiedene Beträge der übertragenen Leistung die gleichen.

Die Begrenzung der Achsneigung und das Anheben des nicht gestoßenen Rades zeigen deutlich, daß überaus starke Klemmungen in den Bauteilen der Kraftwagen, insbesondere in den Blattfedern, auftreten. Dies erscheint nach Betrachtung der Figuren 110 bis 111 ohne weiteres erklärlich. Es sei angenommen, das Rad I werde angehoben, und die Achse führe eine Drehbewegung um den Bodenberührpunkt *A* des Rades II aus. Dann bewegen sich die Befestigungsstellen der Federn auf der Achse ebenfalls auf einem Kreis um den Punkt *A*, während die Befestigungsstellen der Federn am Rahmen zunächst ihre alte Lage beibehalten; denn das Diagramm Figur 38 läßt erkennen, daß der Rahmen erst auszuschwingen beginnt, wenn die Achse ihre Höchstlage bereits überschritten hat. Es müßten daher die Federn eine starke S-Krümmung erleiden. Dies ist aber bei der großen seitlichen Steifigkeit und der geringen Pfeilhöhe der Federn ganz unmöglich; daher wird das nicht gestoßene Rad nach der Wagenmitte zu vom Boden weggerissen (Figur 111), und ebenfalls angehoben, sobald das gestoßene Rad bis zu einer gewissen Höhe angehoben worden ist*). Es ist erklärlich, daß für eine derartige Bewegung der Achse erhebliche Kräfte an der Bereifung des gestoßenen, sowie des nicht gestoßenen Rades auftreten müssen. Durch den Widerstand der klemmenden Federn sind diese Kräfte erheblich größer als die Kräfte, die an jedem der beiden Hinterräder bei einem doppelseitigen Stoß wirksam sind.

Es galt daher durch Versuche zu zeigen, welche Unterschiede in den Schwingungsvorgängen eintreten, wenn nur ein Rad gestoßen wird gegenüber dem Fall, daß beide Räder gleichzeitig auf ein Hindernis auftreffen. Da aber nicht nur die Größe der Schwingungsbewegungen selbst, sondern auch die Größe der während der Schwingungsvorgänge auftretenden Kräfte von größter Bedeutung sind, mußte der bisher angewendeten Untersuchungsmethode noch ein weiterer Meßwert hinzugefügt werden. Die Bestimmung der Kräfte-

*) Die seitliche Bewegung des nichtgestoßenen Rades kommt im Schwingungsdiagramm nicht zum Ausdruck, sie konnte jedoch während der Versuche deutlich beobachtet werden.

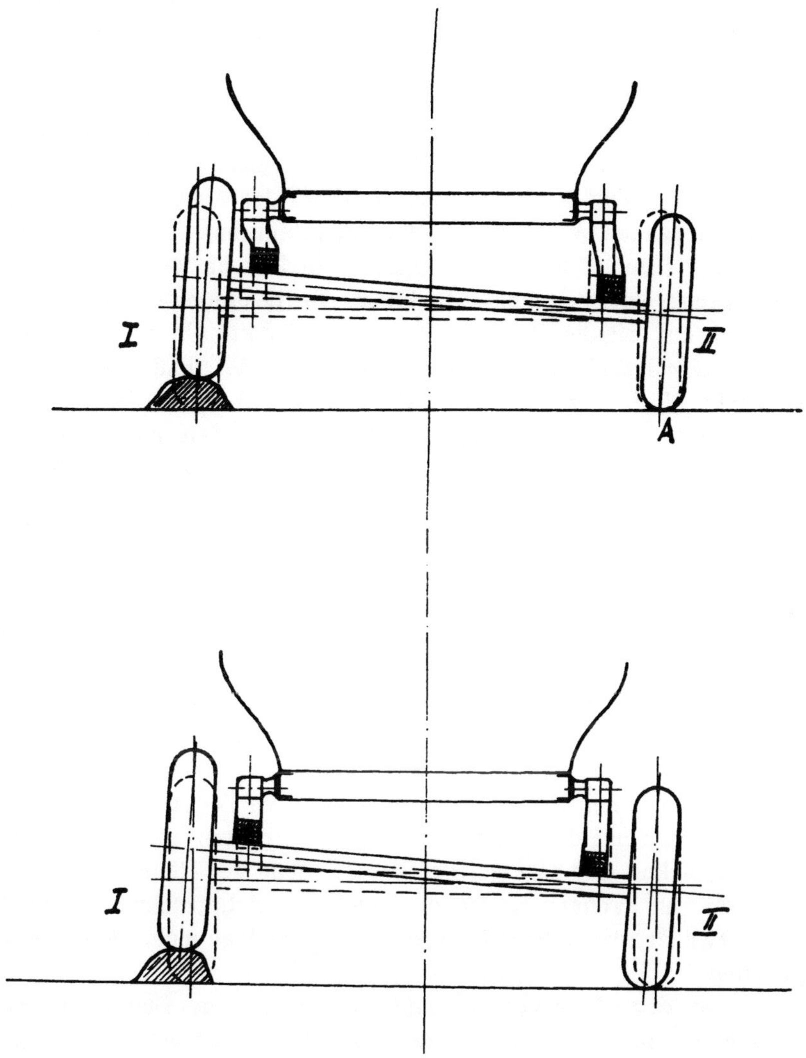

Fig. 110 und 111.

wirkung beschränkte sich bisher auf die Ermittlung derjenigen Bodendrücke, die auftreten, wenn das Rad nach Überwindung eines Hindernisses auf die Fahrbahn zurückgeworfen wird. Es sind aber auch Kräfte erheblicher Größe im Augenblick des Anhebens der Achse wirksam. Diese zwischen Bereifung und Hindernis auftretenden Bodendrücke sind von größter Bedeutung. Sie rufen um so eher Verletzungen der Reifen hervor, je ungünstiger die Form des Hindernisses ist. Besitzt das Hindernis scharfe Spitzen, Ecken oder Kanten, so sind Verletzungen des Reifenmaterials unvermeidlich.

Die Messung der Kräfte zum Anheben der Achsmasse ist aber auf dem folgenden Wege ohne weiteres durchführbar. Durch eine besondere, in Figur 36 dargestellte Schreibvorrichtung wurde für jeden Stoßvorgang der Zeitpunkt *A* (Figur 38) bestimmt, in dem das Rad auf das Hindernis auftrifft, der Zeitpunkt *A'*, in dem sich das Hindernis senkrecht unter dem Rad befindet, und endlich der Zeitpunkt *A''*, in dem das Rad das Hindernis verläßt. Die Strecke *A A'A''* stellt also, wie bereits erwähnt, die Zeit dar, während der das Rad über das Hindernis hinwegrollt. Während dieser Zeit ist aber das Rad erst um einen geringen Betrag angehoben; das Hindernis muß sich in die Radbereifung mehr oder weniger tief eindrücken. Die hierbei auftretenden starken Drücke zwischen Rad und Hindernis beschleunigen die Achsmasse senkrecht nach oben und veranlassen die Ausschwingung nach Kurve *ABCD* (Figur 38). Das Ausschwingen erfolgt zum größten Teil erst, wenn das Rad das Hindernis bereits verlassen hat.

Es ist nun die Annahme berechtigt, daß die größte Eindrückung des Hindernisses in dem Augenblicke eintritt, in dem sich das Rad senkrecht über dem Hindernis befindet, d. h. im Zeitpunkt *A'*. Diese Annahme wird nur dann ihre Berechtigung verlieren, wenn die Fahrgeschwindigkeit eine sehr geringe ist und wenn der Reifen besonders hart ist; für Vollgummibereifung und für Fahrgeschwindigkeiten unter etwa 20 km pro Stunde dürfte diese Annahme nicht mehr völlig zutreffen.

Für den Zeitpunkt *A'* läßt sich aus dem Diagramm die Höhe entnehmen, um die das Rad über seine normale Lage angehoben ist; ebenso ist die Hindernishöhe bekannt. Die Höhe, um die das Rad angehoben worden ist, ist im allgemeinen kleiner als die Hindernishöhe. Die sich ergebende Differenz zeigt an, um wieviel das Hindernis in den Reifen eingedrückt worden ist. Da nun durch Versuche auf der hydraulischen Prüfungsmaschine, Figur 44, bereits bekannt ist, welche Kräfte zur Eindrückung des Hindernisses in den Radreifen nötig sind, sind ohne weiteres auch die Größtwerte der Kräfte bekannt, die im Augenblicke des Stoßes auf die Bereifung einwirken.

Es galt zunächst als Ergänzung zu den bereits beschriebenen Versuchen die Kraftwirkungen beim Auftreten von Stößen auf nur ein Rad zu ermitteln. Es ergeben sich die in Figur 112 dargestellten Verhältnisse, und zwar gelten die ausgezogenen Kurven für die Zustände beim einseitigen Stoß. Gleichzeitig sind in der Figur 113 die für die Schwingungsbewegung besonders charakteristischen Größen der Schwingungsausschläge von Achse (Kurve *a*) und Rahmen (Kurve *b*) wiederholt worden. Die Diagramme zeigen somit die wirksamen Kräfte und die entstehenden Schwingungsausschläge in Abhängigkeit von der Fahrgeschwindigkeit.

Als Versuchsobjekt diente der Kardanwagen, für den normale mittlere Verhältnisse eingehalten wurden. Es wurde ein Hinterachsdruck von 1200 kg, eine Bereifung Flaches Profil 895/135 und eine Luftschlauchinnenpressung von 7 at gewählt und es wurden Federn der Weichheit $B = 26$ mm/100 kg verwendet.

Es zeigt sich (Kurve *a*), daß die Anhebkräfte mit der Fahrgeschwindigkeit in außerordentlich starkem Maße zunehmen. Während die Drücke für geringe Geschwindigkeiten den normalen Raddruck nur um ein geringes übersteigen, wachsen die Drücke bei großen Fahrgeschwindigkeiten bis auf Werte über 2000 kg, d. h. bis auf das drei- bis vierfache des normalen Raddruckes. Dies ist erklärlich, denn es sind überaus große Kräftewirkungen nötig, um in der außerordentlich kurzen Zeit, in der das Rad auf das Hindernis aufläuft, die große Masse der Achse in vertikaler Richtung zu beschleunigen. Diese Kräfte müssen aber bei großen Fahrgeschwindigkeiten anwachsen.

Die Kurve *b* gibt die Veränderung der Aufprallkräfte wieder, die, wie bereits erläutert wurde, auftreten, wenn das Rad nach Überwindung des Hindernisses auf die Fahrbahn zurückgeschleudert wird. Es zeigt sich, daß diese Kräfte ebenfalls von erheblicher Größe sind. Da die Aufpralldrücke von der Höhe abhängig sind, bis zu der die Achse beim Stoßvorgang angehoben wird, diese Höhe aber mit der Fahrgeschwindigkeit des Wagens abnimmt (Figur 113), ist es erklärlich, daß die Aufpralldrücke für geringe Fahrgeschwindigkeiten am größten sind und sich mit Steigerung der Geschwindigkeit vermindern.

Um die Kraft- und Bewegungsverhältnisse bei einem gleichzeitigen Auftreffen beider Räder auf ein Hindernis zu zeigen, wurde

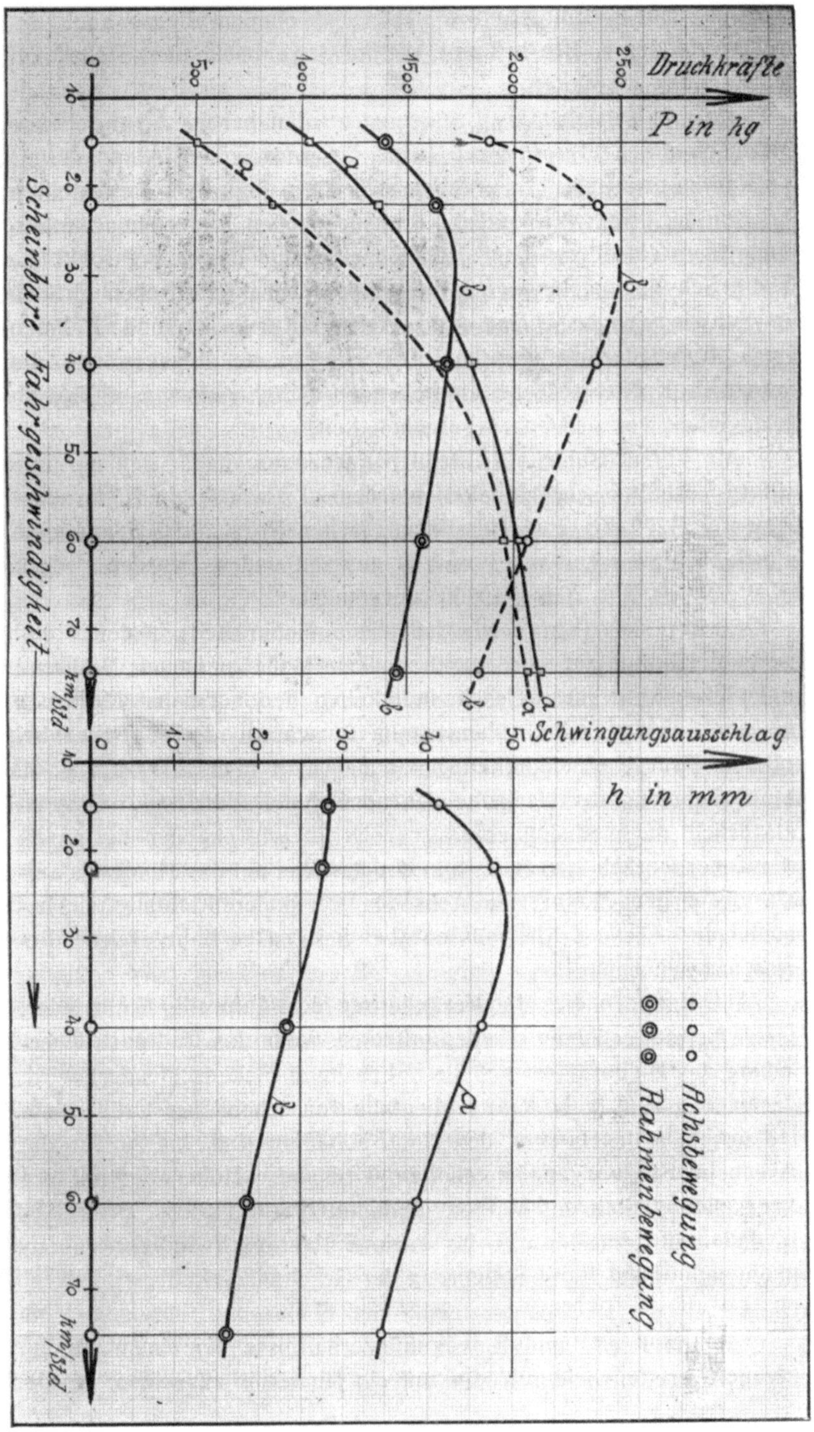

Fig. 112 und 113.

die Versuchseinrichtung vervollständigt. Durch eine Einrückvorrichtung wurde bewirkt, daß die Wagenräder zum gleichen Zeitpunkt auf je einen Nocken aufliefen. Figur 114 und 115 zeigen die sich ergebenden Verhältnisse. Um den Vergleich mit den Kräfteverhältnissen beim einseitigen Stoß zu erleichtern, sind die Kurven *a* und *b* der Figur 114 punktiert auch in das Diagramm Figur 112 eingezeichnet worden.

Die Schwingungsausschläge von Achse und Rahmen sind beim zweiseitigen Stoß erheblich größer, die Kräfte für das Anheben der Achse sind jedoch geringer als beim einseitigen Stoß. Die nur in ihren Schwingungsebenen beanspruchten Federn setzen dem Anheben der Achse einen geringeren Widerstand entgegen als die schiefangehobene, klemmende Feder beim einseitigen Stoß. Der Unterschied ist um so größer, je größer die Schwingungsausschläge der Achse sind, je schräger also die Achse zum Rahmen angehoben wird. Es ist deshalb der Unterschied bei kleinen Fahrgeschwindigkeiten wesentlich größer als bei großen Geschwindigkeiten, da hier die Kräftewirkungen bei erheblich geringeren Schwingungsausschlägen der Achse erfolgen.

Wegen der größeren Höhe der Schwingungsausschläge und ebenso wegen der geringeren Klemmwirkung und Dämpfung sind beim zweiseitigen Stoß die Aufpralldrücke erheblich größer. Die Figuren 112/114 lassen dies deutlich erkennen (Kurve *b*). Die Aufpralldrücke für beiderseitigen Stoß steigen auf außerordentlich hohe Werte, sie übersteigen selbst die Anhebkräfte um ein Beträchtliches und erreichen für die Verhältnisse des Versuches Werte von rund 2400 kg, d. i. das Vierfache des normalen Raddruckes. Die Räder werden also mit außerordentlich großen Kräften auf die Fahrbahn zurückgeschleudert. Dabei ist zu beachten, daß die Aufprallkräfte auch für diesen Fall wiederum für geringe Fahrgeschwindigkeiten am größten sind.

In dem Auftreten der hohen Anheb- und Aufpralldrücke liegt aber eine außerordentlich große Beanspruchung der Bereifung. Denn nicht nur beim Anheben der Räder können gefährliche Ecken und Kanten der Unebenheiten die Bereifung verletzen, sondern es können Zerstörungen des Reifenmaterials ebenso leicht unter der Wirkung der Aufprallkräfte eintreten. Es werden im allgemeinen auch an der Stelle, an der das Rad auf die Fahrbahn zurückgeworfen wird, Steine und gefährliche Unebenheiten vorhanden sein. Dabei ist zu beachten, daß es zwar möglich ist, auf einer unebenen Fahrbahn durch langsames Fahren die Anhebkräfte gering zu halten, daß es aber bei der bisherigen Bauart der Kraftwagen nicht möglich ist, durch das gleiche

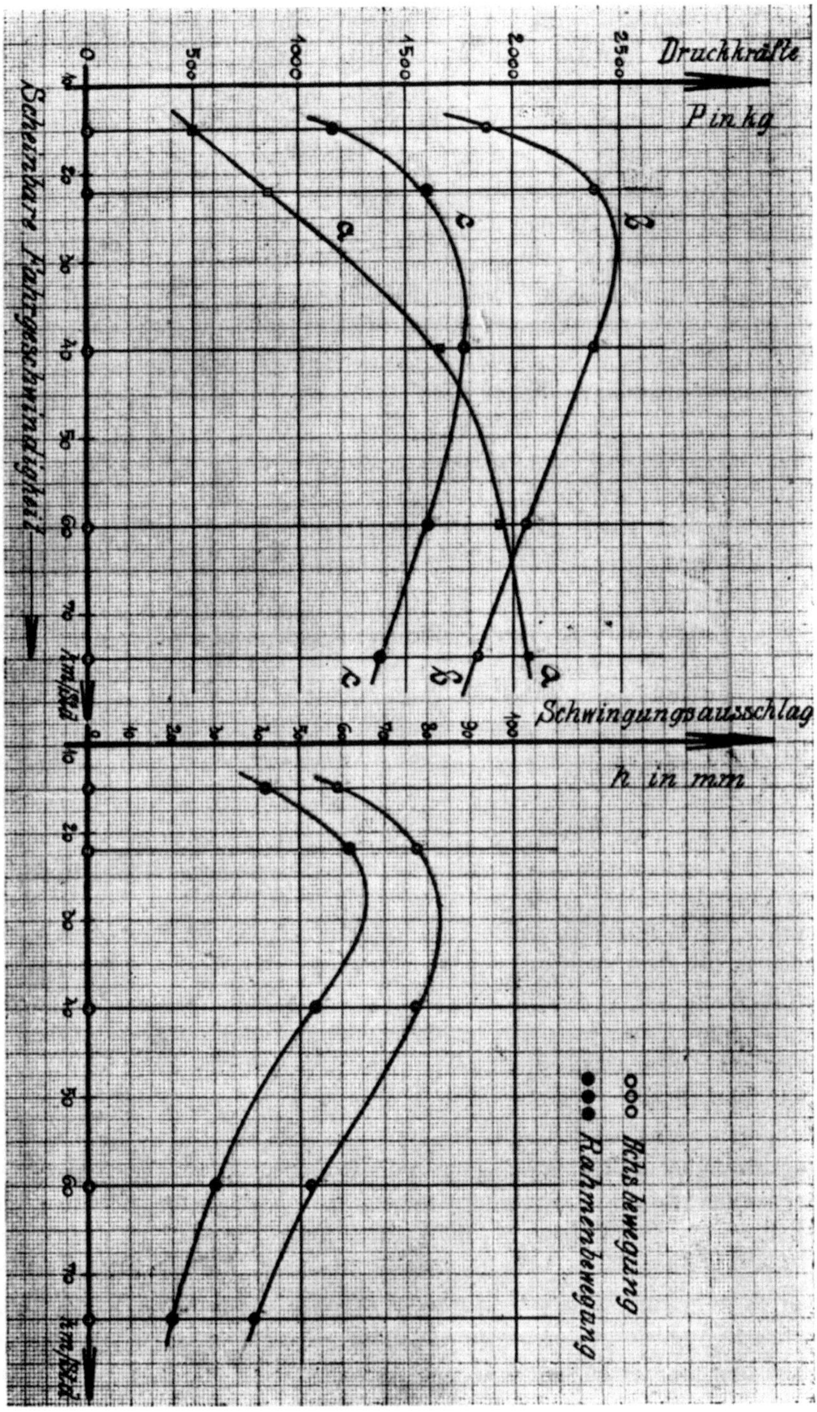

Fig. 114 und 115.

Mittel auch die Aufpralldrücke zu vermindern; sie werden im Gegenteil durch langsames Fahren gesteigert.

Es sind aber nicht nur die Bodendrücke beim erstmaligen Aufprallen des Rades nach Überwindung des Hindernisses sehr groß, sondern es entstehen auch bei den darauf folgenden Aufprallungen des Rades Bodendrücke von erheblicher Größe. Welche Beträge die Kräfte beim zweiten Aufprallen auf die Fahrbahn erreichen, zeigt die Kurve *c* der Figur 114.

Auch für den Kettenversuchswagen wurden die Kraftverhältnisse bei beiderseitigem Stoß ermittelt. Es war anzunehmen, daß infolge der leichteren Achse sowohl die Kräfte beim Anheben wie auch die Kräfte beim Aufprallen der Räder geringer sein würden. Die aus den erhaltenen Schwingungskurven abgelesenen Werte wurden in die Figuren 116/117 eingetragen. Es wurden, um einen Vergleich mit den am Kardanwagen gefundenen Werten zu ermöglichen, die dort erhaltenen Kurven in die Figuren 116/117 als punktierte Linienzüge mit aufgenommen. Die Anhebkräfte des Kettenwagens sind geringer als die des Kardanwagens, jedoch ist der Unterschied nur für hohe Fahrgeschwindigkeiten beträchtlich. Die Aufpralldrücke sind jedoch wesentlich geringer. Der Unterschied beträgt bis rund 500 kg.

Es ist natürlich, daß zum Anheben der leichten Achse geringere Kräfte nötig sind als zum Anheben der schweren Kardanachse, und daß andererseits beim Aufprallen der Räder mit der schweren Achse größere Bodendrücke entstehen, als wenn die leichte Achse aus der gleichen Höhe herabgeschleudert wird. Ferner ist die Wirkung der Schwingungsdämpfung zu beachten. Durch frühere Versuche war festgestellt worden, daß die Dämpfung des Kettenwagens erheblich kleiner ist als die des Kardanwagens. Es wird also für den Kettenwagen infolge der geringeren Dämpfung die Achse beim Aufwärtsschwingen weniger zurückgehalten, die Anhebkräfte werden geringer, andererseits wird aber auch die Rückschwingung der Achse zum Boden in geringerem Maße gedämpft. Die Aufpralldrücke würden sich demnach noch geringer gezeigt haben, wenn die Dämpfung des Kettenwagens gleich der des Kardanwagens gewesen wäre. Aus diesen Überlegungen geht die Wichtigkeit einer geeigneten Dämpfungswirkung ohne weiteres hervor.

Die Veränderungen der Schwingungsvorgänge bei geändertem Hinterachsdruck, bei geänderter Feder- und Reifenweichheit waren bereits durch die Versuche mit einseitigem Stoß gezeigt worden. Die Ergebnisse lassen sich sinngemäß auch auf den Fall des beiderseitigen

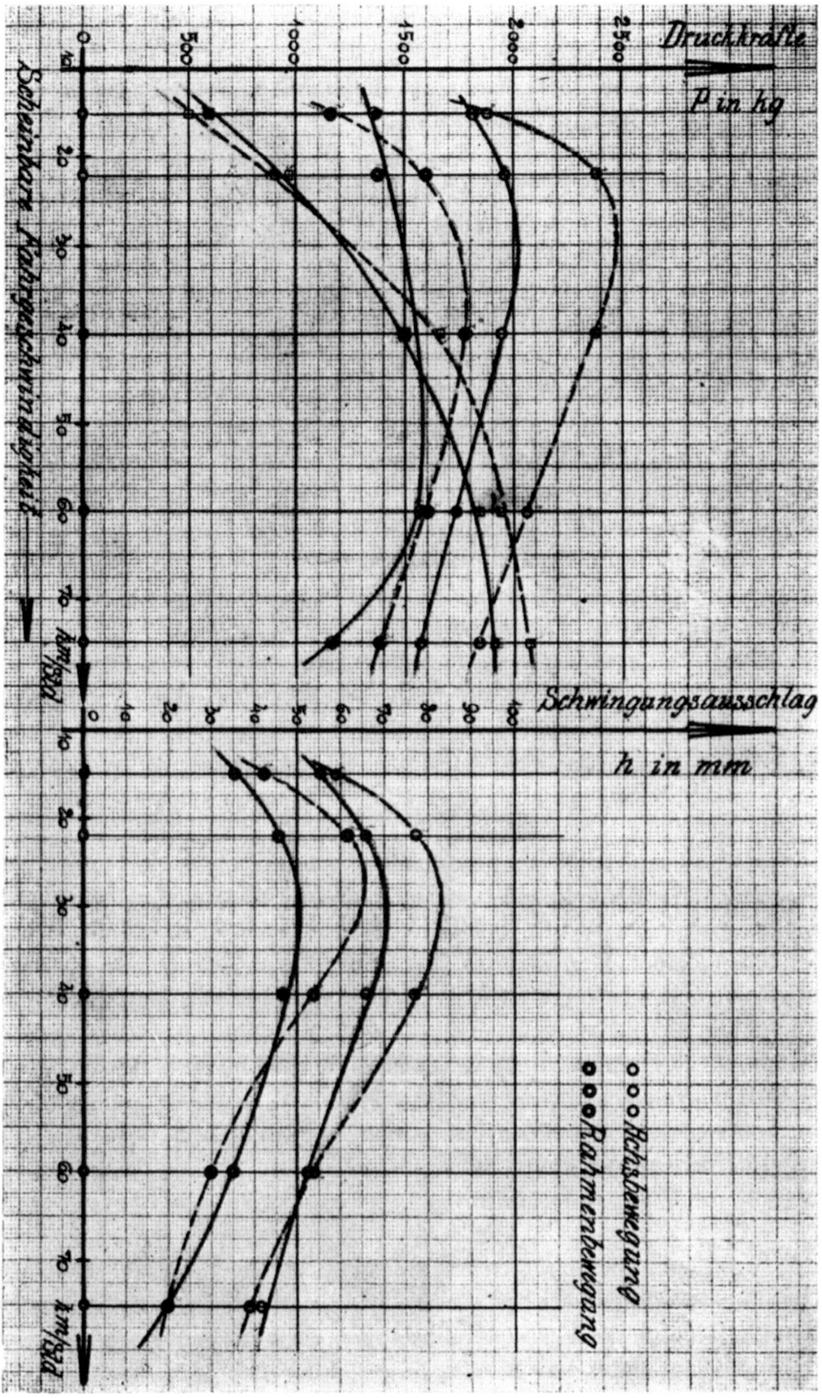

Fig. 116 und 117.

Stoßes übertragen. Es war daher überflüssig, die Versuche mit der gleichen Ausführlichkeit zu wiederholen. Es genügte vielmehr, durch einige Kontrollversuche die Übertragbarkeit der dort erhaltenen Ergebnisse nachzuweisen.

Es wurde daher der Kettenversuchswagen in einem Fall mit einer besonders starken Feder ausgerüstet, für einen weiteren Versuch wurde der Rahmen besonders stark belastet. Die Diagramme der Figuren 118/119 stellen die Ergebnisse dreier Vergleichsversuche dar. Es zeigt:

die Kurve *a* die Ergebnisse eines Versuches mit Federn der Weichheit B = 20 mm/100 kg und einem Achsdruck von 1200 kg,

die Kurve *b* die Ergebnisse eines Versuches mit Federn der Weichheit B = 16 mm/100 kg und einem Achsdruck von 1200 kg,

die Kurve *c* die Ergebnisse eines Versuches mit Federn der Weichheit B = 16 mm/100 kg und einem Achsdruck von 1400 kg.

Es zeigt sich, daß die Anhebkräfte für alle drei Fälle wenig verschieden sind. Die Unterschiede in den Aufpralldrücken sind etwas größer, doch sind auch diese Unterschiede verhältnismäßig klein. Die Schwingungsausschläge der Achse sind nahezu unverändert, die des Rahmens nur für den Fall großer Rahmenbelastung bemerkenswert geringer. Diese Ergebnisse stehen in vollem Einklang mit den beim einseitigen Stoß erhaltenen Werten, nach denen trotz starker Verschiedenheiten in den Verhältnissen der Abfederung und der Kraftübertragung sich nur geringe Unterschiede in den Schwingungsbewegungen ergeben.

Erhebliche Verminderungen in den Schwingungsbewegungen hatten sich bei den Versuchen mit einseitiger Stoßwirkung in den Fällen gezeigt, in denen die Reifenweichheit durch Wahl einer geringen Luftschlauchinnenpressung vergrößert wurde. Es war daher von Interesse, diese Versuche für doppelseitige Stoßwirkung zu wiederholen und sowohl die Veränderungen in den Bewegungsverhältnissen wie die Veränderungen in der Wirkung der Kräfte festzustellen.

Die Versuche wurden am Kardanwagen vorgenommen. Es betrug für die Prüfung der Hinterachsdruck 1200 kg, die Räder waren mit einer Bereifung Flaches Profil 895/135 ausgestattet. Die Reifen wurden für einen ersten Versuch bis auf 7 at, für einen zweiten bis auf 4 at aufgepumpt. Die Figur 120 gibt die Veränderungen in der Wir-

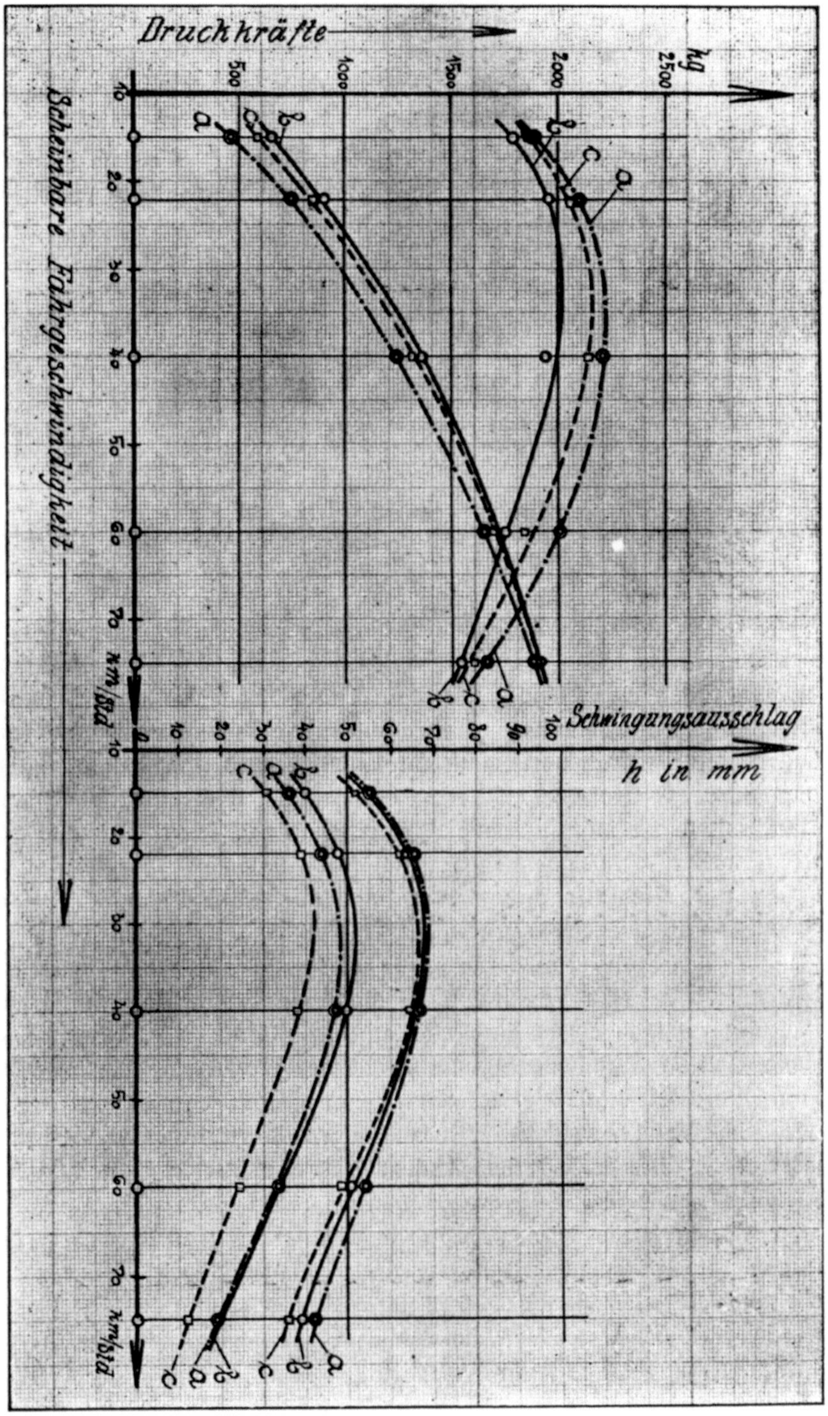

Fig. 118 und 119.

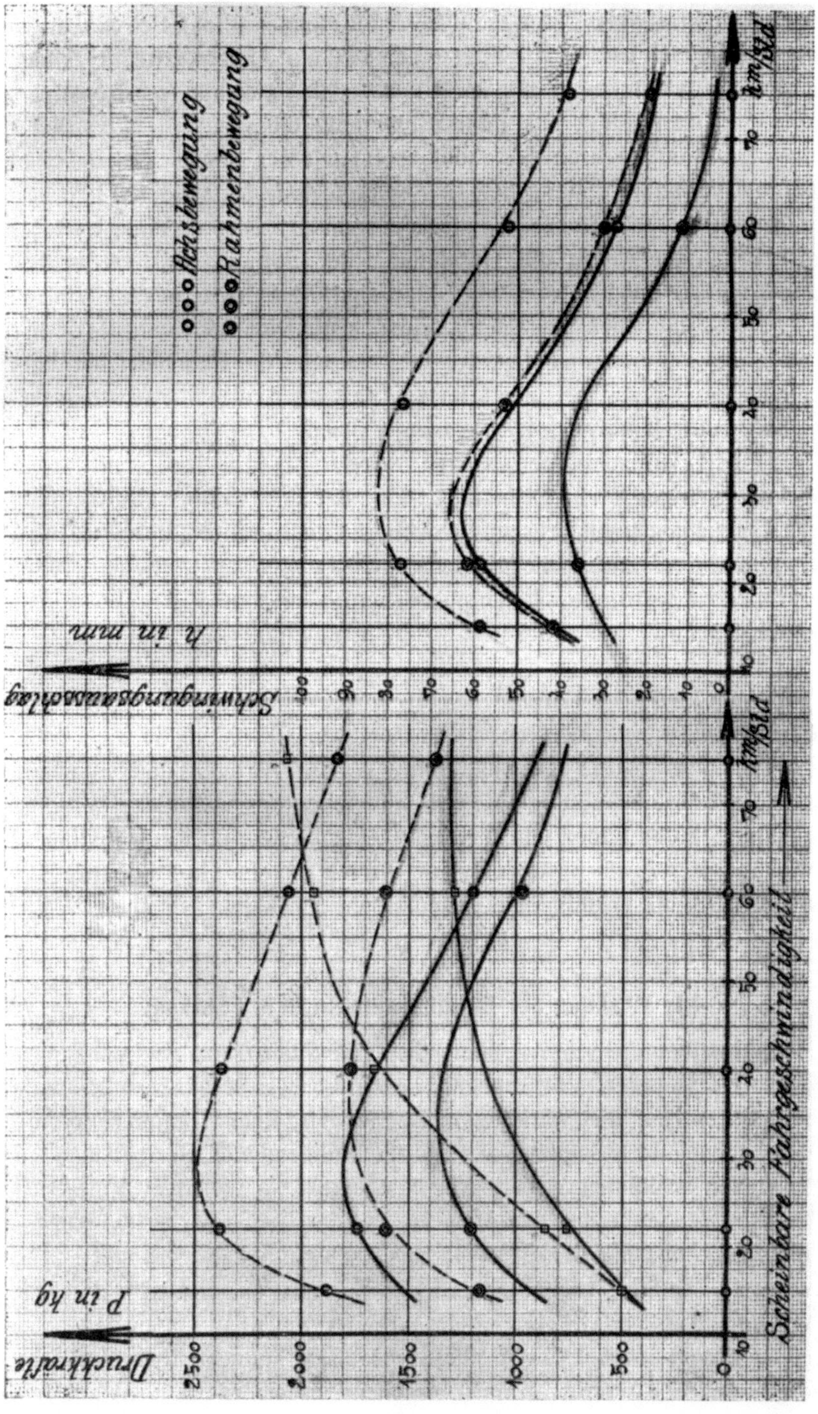

Fig. 120 und 121.

kung der Kräfte, die Figur 121 die Veränderungen in den Schwingungsbewegungen wieder. Es zeigt sich, daß die Anhebkräfte für kleine Fahrgeschwindigkeiten des Wagens zwar den gleichen Wert besitzen, daß sie aber für große Fahrgeschwindigkeiten bedeutend geringer sind. Das Anwachsen der Anhebkräfte mit der Fahrgeschwindigkeit ist viel geringer. Es ergeben sich Unterschiede bis rund 700 kg. Die Aufpralldrücke sind ebenfalls stark vermindert. Dies ist ohne weiteres erklärlich, denn wie die Darstellung der Schwingungsbewegungen nach Figur 90 und 121 erkennen läßt, sind die Schwingungsausschläge der Achse für einen niedrigen Luftdruck um vieles kleiner, die Achse wird also aus bedeutend geringerer Höhe auf die Fahrbahn herabgeschleudert. Figur 121 zeigt ferner, daß auch die Schwingungsausschläge des Rahmens stark vermindert sind.

Die Beobachtungen stehen wiederum mit den Ermittlungen beim einseitigen Stoß im Einklang. Es zeigt sich, daß bei Verringerung der Luftschlauchinnenpressung sowohl die die Bereifung beanspruchenden Kräfte als auch die Schwingungsbewegungen in hohem Maße vermindert werden, in höherem Maße, als dies nach den Versuchen durch irgendwelche andere Maßnahmen möglich war.

Im Laufe der Untersuchungen wurde mehrfach auf die Wichtigkeit von Dämpfungswirkungen hingewiesen. Es handelte sich dabei vornehmlich um die Eigendämpfung der Kraftwagen und es zeigte sich, daß diese Dämpfung eine teils nützliche, teils schädliche Wirkung ausübte. Es ist daher von Interesse festzustellen, ob die Dämpfungswirkung, die durch besondere, am Wagen angebrachte Apparate erzeugt wird, als vorteilhaft bezeichnet werden kann.

Die Wirkung der Dämpferapparate am Fahrzeug.

In dem Abschnitt über die Dämpfung von Schwingungswegungen wurden Vorversuche beschrieben, die angestellt worden waren, um die Wirkungsweise der einzelnen Dämpferapparate von allgemeiner Grundlage aus und nach allgemeinen Gesichtspunkten beurteilen zu können. Es wurde festgestellt, in welchem Maße sich die Dämpfungswirkung der Apparate mit der Größe der Schwingungsausschläge und mit der Schwingungsgeschwindigkeit verändert. Die Versuche mußten ergänzt werden. Es galt zu ermitteln, welche Wirkungsweise die Dämpfer beim Arbeiten am Kraftwagen haben.

Bevor jedoch die in dieser Richtung angestellten Versuche wiedergegeben werden können, erscheint es erforderlich, an die bereits in groben Umrissen dargelegten Bedingungen zu erinnern, denen die Dämpfer beim Arbeiten am Kraftwagen genügen müssen.

Bereits im Abschnitt über die Dämpfung von Schwingungsbewegungen wurde gezeigt, daß das erste Anheben der Achse nach dem Kurvenzug *ABC* der Figur 38 zur Vermeidung unnötig großer Anhebkräfte ungedämpft bleiben muß, solange sich die Schwingungsausschläge in denjenigen Grenzen halten, die durch die Wagenkonstruktion gegeben sind, daß aber eine außerordentlich kräftige Dämpfung einsetzen muß, wenn durch den Stoß eines besonders großen Hindernisses die Gefahr besteht, daß die Achse an den Rahmen anschlägt, Kurvenzug *CD*. Weiterhin muß beim Abwärtsschwingen eine kräftige Dämpfungswirkung einsetzen, sobald die normale Gleichgewichtslage zwischen Achse und Rahmen, Punkt *E* der Figur 38, erreicht ist, und ein Abschwingen *EFG* der Achse vom Rahmen eintritt. Durch eine kräftige Dämpfung während dieses Teils der Schwingungsbewegung wird einerseits das Aufprallen der Räder auf die Fahrbahn vermindert, und andererseits wird der im Aufwärtsschwingen *AMN* begriffene Rahmen durch die nach abwärts gerichteten, dämpfenden Kräfte am weiteren Aufsteigen gehindert. Er wird in seine Gleichgewichtslage zurückgezogen, seine Schwingungsbewegung wird stark vermindert. Da der erste Aufprall der Räder gering ist, ist auch die sich anschließende zweite Aufwärtsschwingung der Achse beträchtlich vermindert. Es hat aber die zweite Aufwärtsschwingung der Achse, wie gezeigt wurde, einen großen Einfluß auf die Rahmenbewegung.

Ein richtig arbeitender Dämpferapparat vermindert daher sowohl die Aufprallkräfte als auch die Schwingungsausschläge von Achse und Rahmen, ohne aber dabei die Kräfte zu erhöhen, die beim Anheben der Achse im Augenblick des Stoßes auftreten.

Von den im Abschnitt über Dämpfungswirkung auf ihre allgemeinen Eigenschaften hin untersuchten Dämpferapparaten wurden einige typische Apparate ausgewählt und auf ihre Arbeitsweise am Kraftwagen geprüft. Untersucht wurde der in geringem Maße progressiv wirkende Reibungsdämpfer (Erzeugnis der Daimler-Motoren-Gesellschaft), der stark progressiv wirkende Reibungsdämpfer Sphinx, der einfache Flüssigkeitsdämpfer Eclipse und der neue Flüssigkeitsdämpfer Bob.

Die Apparate wurden der Reihe nach am Kardanversuchswagen angebracht. Der Wagen war mit Federn der Weichheit

B = 26 mm 100 kg ausgestattet und mit einer Bereifung Flaches Profil 895/135 bei 7 at Luftschlauchinnenpressung versehen, der Hinterachsdruck betrug 1200 kg. Die Diagramme der Figuren 122 bis 134 zeigen die Veränderungen in den Schwingungsbewegungen. Um die Veränderungen leichter übersehen zu können, wurden in jedes der Diagramme diejenigen Kurven mit aufgenommen, die am Kardanwagen ohne Anwendung von Dämpferapparaten unter den gleichen Verhältnissen erhalten worden waren. Es wurde zur Kennzeichnung der Kräftewirkung die Kurve für die Anhebkräfte und je eine Kurve für die Kräfte beim ersten und zweiten Aufprallen der Räder auf die Fahrbahn eingetragen.

Die Figuren 122 und 123 zeigen die Wirkung des in geringem Maße progressiv wirkenden Reibungsdämpfers (Erzeugnis der Daimler-Motoren-Gesellschaft). Es ist leicht zu erkennen, daß die Anhebkräfte, besonders bei kleinen Fahrgeschwindigkeiten, bei denen die Achsbewegungen groß sind, durch den Apparat ganz erheblich gesteigert werden. Die Steigerung beträgt beispielsweise für eine Fahrgeschwindigkeit von 22 km pro Stunde rund 500 kg. Die Bodendrücke werden dagegen sowohl bei dem erstmaligen wie bei dem zweiten Aufprallen der Räder vermindert. Die Wirkung des Apparates ist also günstig inbezug auf die Aufprallkräfte, ungünstig inbezug auf die Anhebkräfte. Die halbe Schwingungszeit der Achsschwingung beträgt im Mittel $s_{t_A} = 0{,}048$ Sek., ist also wenig verschieden von der Schwingungszeit der Achsbewegung ohne Anwendung von Dämpferapparaten ($s_{t_A} = 0{,}045$ Sek.). Die Schwingungszeit wird somit durch den Dämpferapparat praktisch nicht verändert. Figur 123 zeigt die Veränderungen in den Schwingungsausschlägen von Achse und Rahmen. Beide Ausschläge sind durch den Dämpfer bis zu einem gewissen Grade vermindert.

Die Figuren 124 und 125 zeigen die Veränderungen in der Kräftewirkung und in den Schwingungsbewegungen bei Anwendung des Dämpferapparates Sphinx. Auch hier zeigt sich eine Steigerung der Anhebkräfte, wenn auch in einem etwas geringeren Maße als beim vorbeschriebenen Dämpfer. Die Aufpralldrücke sind vermindert, ebenso die Schwingungsausschläge von Achse und Rahmen. Die halbe Schwingungszeit der Achsbewegung ergab sich zu $s_{t_A} = 0{,}040$ Sek. Der Apparat wirkt somit ungünstig inbezug auf die Anhebdrücke, günstig inbezug auf die Aufpralldrücke und die Schwingungsausschläge der Achs- und Rahmenmasse.

Eine ähnliche Wirkung zeigt der Schwingungsdämpfer Eclipse. Sie ist aus den Kurven der Figuren 126 und 127 zu ersehen. Es tritt

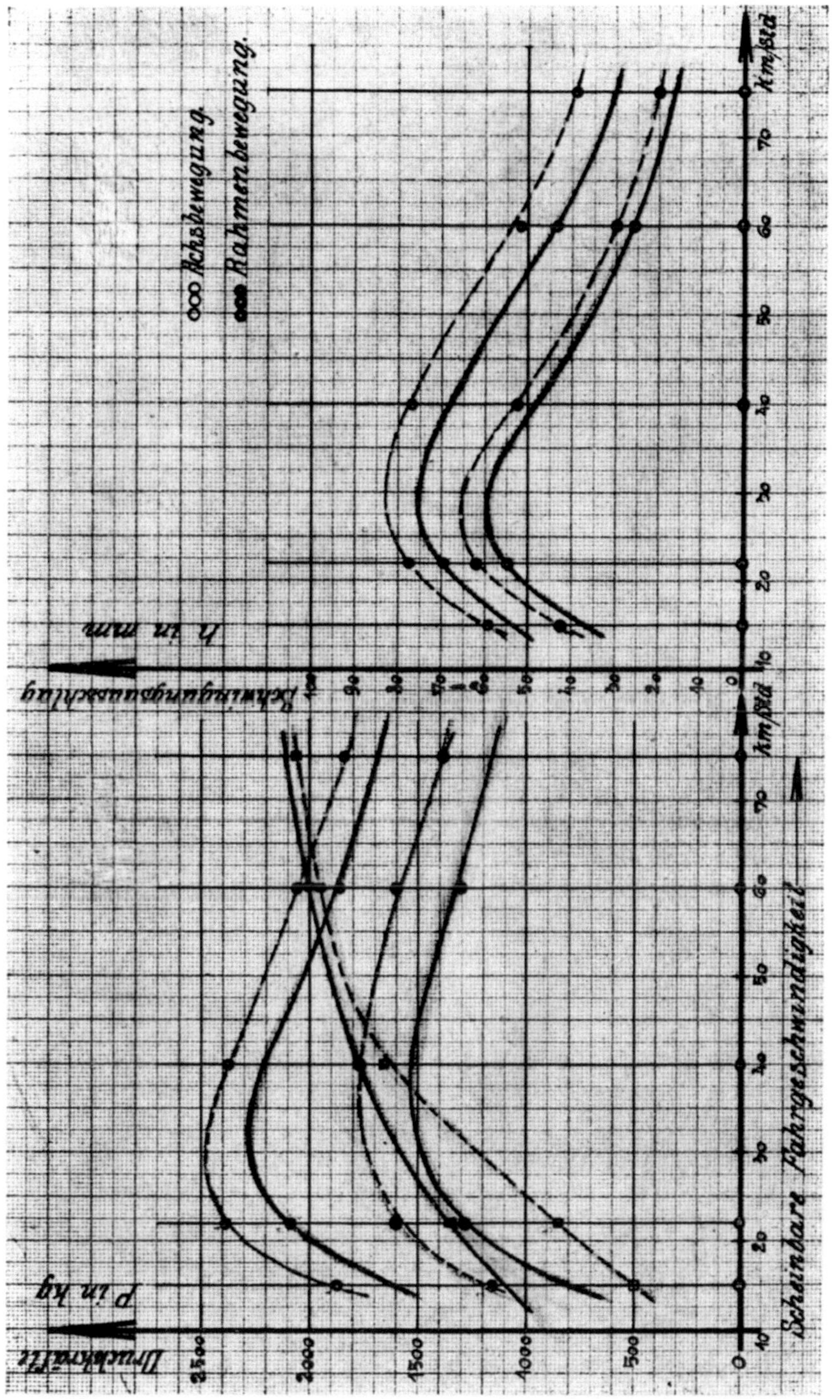

Fig. 122 und 123.

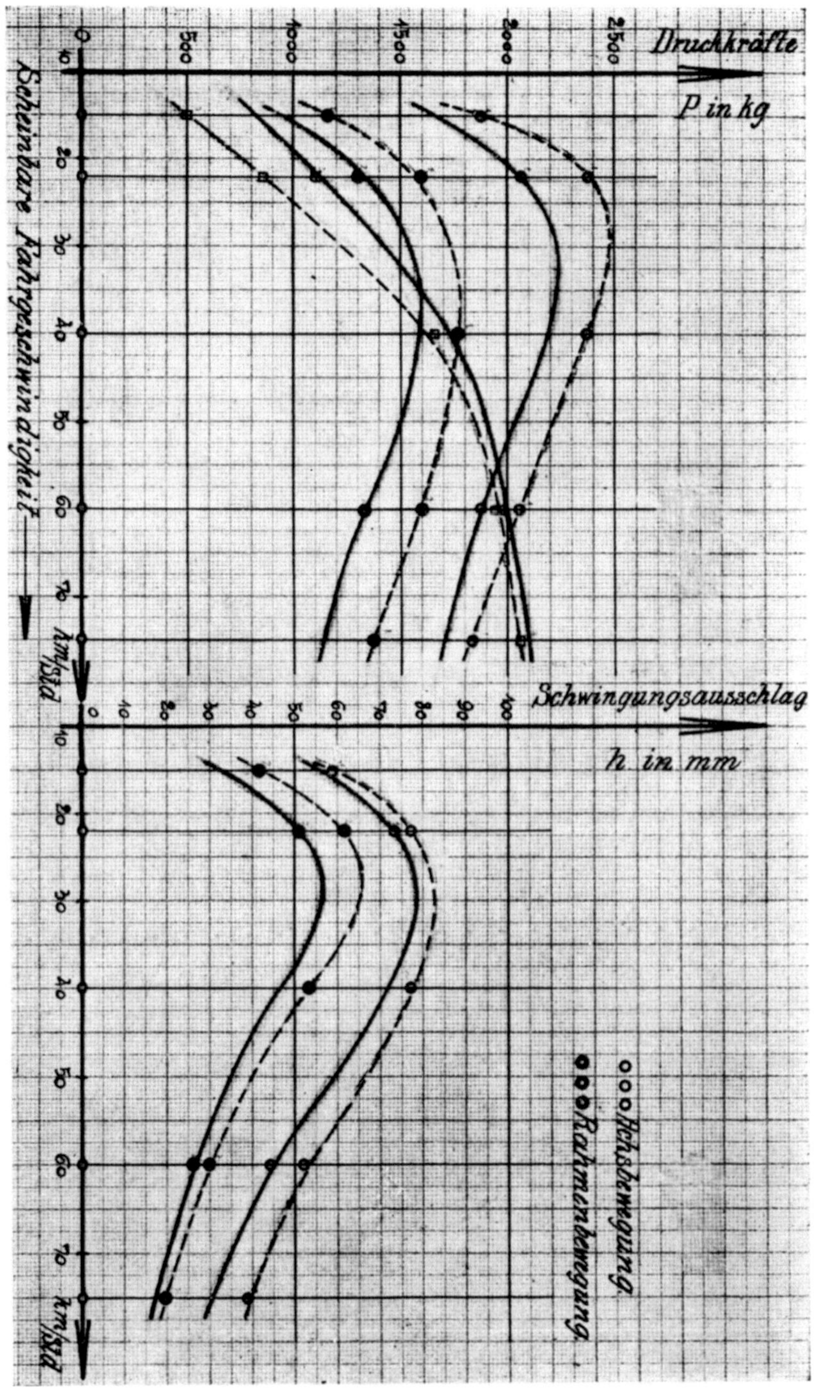

Fig. 124 und 125.

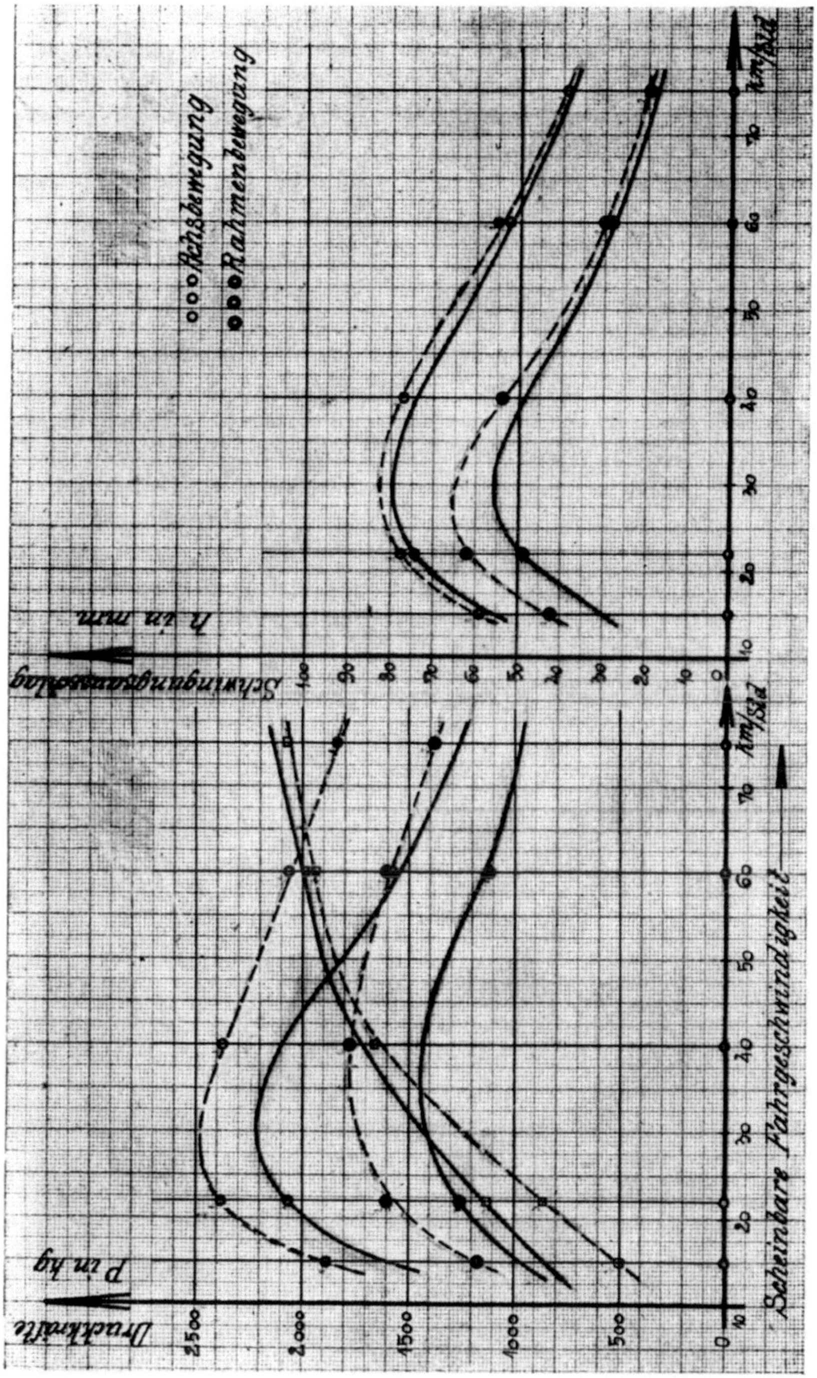

Fig. 126 und 127.

eine Steigerung der Anhebkräfte und eine Verminderung der Aufprallkräfte ein. Die Steigerung der Anhebkräfte ist erklärlich, denn da das Ausschwingen der Achse aus der Gleichgewichtslage nach den aufgenommenen Schwingungsdiagrammen (Figur 38) sofort mit großer Geschwindigkeit erfolgt, muß auch die Dämpfung beim Ausschwingen aus der Mittellage in durchaus unerwünschter Weise sofort auf hohe Werte ansteigen. Das Anheben der Achse wird erschwert. Beim Zurückschwingen der Achse und dem gleichzeitig auftretenden Aufwärtsschwingen des Rahmens entstehen große Relativgeschwindigkeiten zwischen Achse und Rahmen, d. h. der Flügelkolben des Dämpfers bewegt sich außerordentlich schnell im Dämpfergehäuse. Die Dämpfungswirkung des Apparates muß also beträchtlich sein. Sie drückt sich aus durch eine starke Verminderung der Aufpralldrücke beim ersten und zweiten Auftreffen der Räder auf den Boden. Die Schwingungszeit der Achsbewegung wird auch durch diesen Apparat nicht geändert, sie wurde im Mittel zu $s_{t_A} = 0{,}047$ Sek. gemessen.

Die Verminderung der Achs- und Rahmenbewegung ist eine ähnliche wie die Verminderung durch die vorher beschriebenen Reibungsdämpfer.

Diesen drei Dämpfern gegenüber zeigt der Flüssigkeitsdämpfer Bob eine erheblich bessere Wirkung. Sie ist durch die Diagramme der Figuren 128 und 129 zur Anschauung gebracht. Die Anhebkräfte haben eine meßbare Steigerung nicht erfahren. Der Kolben des Dämpferapparates befindet sich in der mittleren Gehäuseerweiterung (Figur 80). die so groß bemessen ist, daß selbst bei größter Geschwindigkeit der Achsbewegung, also selbst bei größter Schwingungsgeschwindigkeit des Kolbens im Gehäuse, eine Dämpfung von merklicher Größe nicht eintritt. Das Anheben erfolgt vielmehr völlig ungehindert. Die Aufpralldrücke sind dagegen sehr stark vermindert. Beim Überschreiten der normalen Gleichgewichtslage des Kolbens um einen gewissen Betrag nach abwärts tritt der Kolben in den stark verengten Teil C_3 des Apparates ein und wird kräftig zurückgehalten. Es ergibt sich eine äußerst starke Dämpfungswirkung. Da das Eintreten in die Verengung nach den Schwingungsdiagrammen erfolgt, bevor das Rad den Boden berührt hat, werden die Aufpralldrücke wesentlich vermindert. Es wurden, wie Figur 128 zeigt, Druckverminderungen bis zu rund 1000 kg durch den Dämpferapparat erreicht. Die mittlere halbe Schwingungszeit betrug $s_{t_A} = 0{,}045$ Sek.

Die Verminderungen der Schwingungsausschläge von Achse und Rahmen sind ebenfalls größer, als sie durch die übrigen Apparate er-

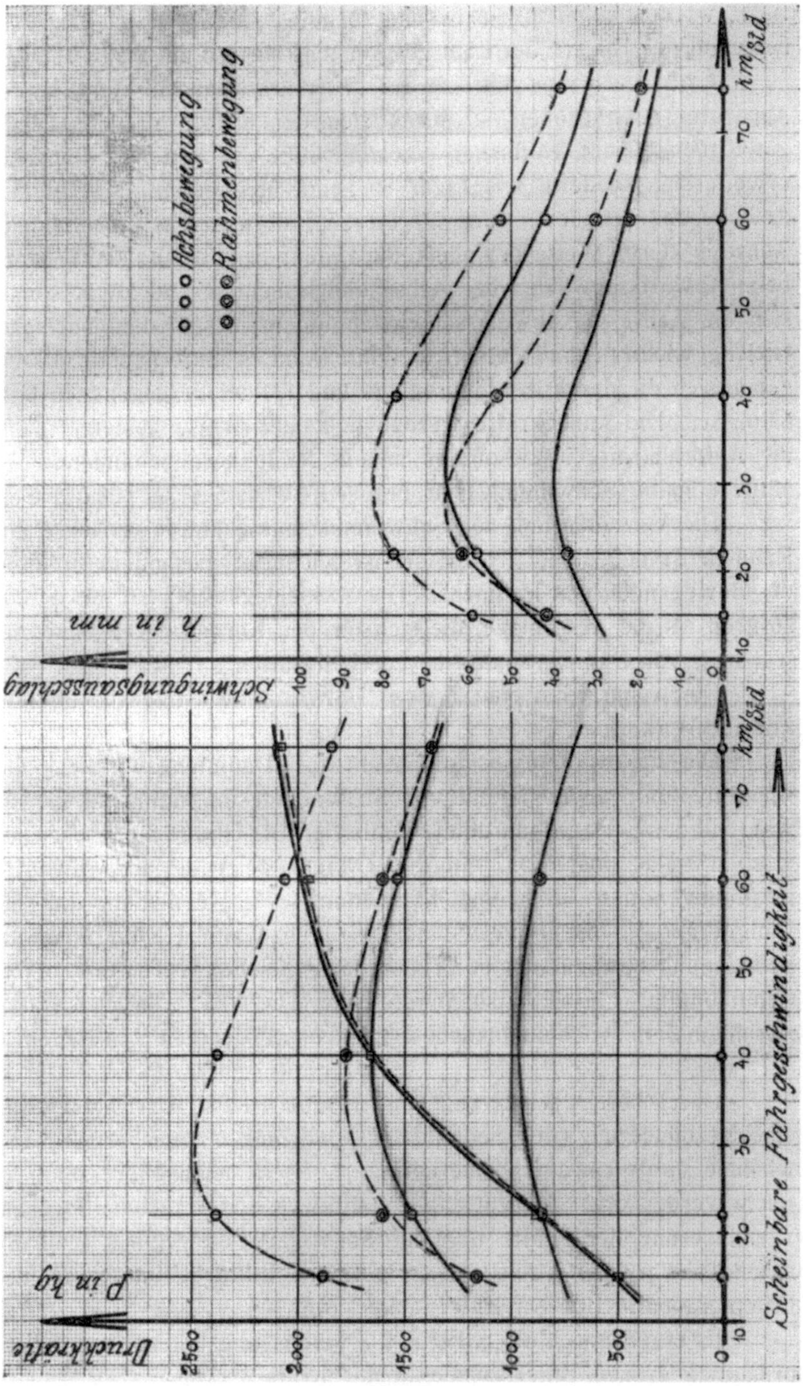

Fig. 128 und 129.

zeugt werden konnten. In besonders hohem Maße ist die Rahmenbewegung verringert, der Lauf des Wagens ist also um vieles ruhiger.

Eine Überlegung führt zu der Erkenntnis, daß die Wirkung des Apparates noch größer ist, wenn sich der Kolben in der Gleichgewichtslage nicht wie bisher angenommen in der Mitte der Gehäuseerweiterung, sondern, wie Figur 80 zeigt, in dem unteren Teil der Erweiterung befindet. Auch für diesen Fall wird das Anheben der Achse in keiner Weise behindert, die Dämpfungswirkung setzt jedoch beim Abwärtsschwingen der Achse viel früher ein und zwar, sobald sich die Achse im Abwärtsschwingen um mehr, als dem normalen Gleichgewichtszustand entspricht, vom Rahmen entfernt hat. Es ergeben sich die durch die Figuren 130 und 131 wiedergegebenen Verhältnisse. Die Anhebkräfte werden in keiner Weise gesteigert, und die Aufprallkräfte in besonders hohem Maße herabgemindert. Die mittlere halbe Schwingungszeit der Achse beträgt $s_{t_A} = 0{,}044$ Sek.

Die Verminderung der Schwingungsausschläge von Achse und Rahmen ist bedeutend größer, sie ist wiederum besonders groß für die Bewegungen des Rahmens. Die Ausschläge sind nur etwa halb so groß als die Ausschläge, die sich für den Kardanwagen ohne Anwendung von Dämpferapparaten ergeben hatten.

Der Apparat hat eine in jeder Beziehung günstige und überaus kräftige Wirkung.

Die Figur 132 veranschaulicht die Dämpfungswirkung des Apparates Bob an der Hand von Schwingungsdiagrammen, wie sie während der Versuche durch die Registriervorrichtung aufgeschrieben wurden. Das obere Diagramm der Figur zeigt die Schwingungsbewegungen der Achs- und Rahmenmasse für den Fall, daß ein Dämpferapparat nicht verwendet wird, das untere Diagramm die Schwingungsbewegungen unter durchaus gleichen Verhältnissen bei Benutzung des Flüssigkeitsdämpfers Bob. Die außerordentlich starke Beruhigung der Schwingungsbewegungen ist deutlich zu erkennen.

Durch bereits wiedergegebene Versuche hatte sich gezeigt, daß eine Verminderung der Schwingungsbewegungen und der Kräftewirkung vor allem durch eine geringe Luftschlauchinnenpressung erreicht werden kann. Es war daher von Interesse festzustellen, welche Verminderung der Kräfte und der Schwingungsbewegungen zu erzielen sein würde, wenn sowohl geringer Luftdruck als auch der Dämpferapparat Bob zur Anwendung kam.

Es ergeben sich die in Figur 133 veranschaulichten, ganz außerordentlich großen Unterschiede in der Kräftewirkung. Die Anheb-

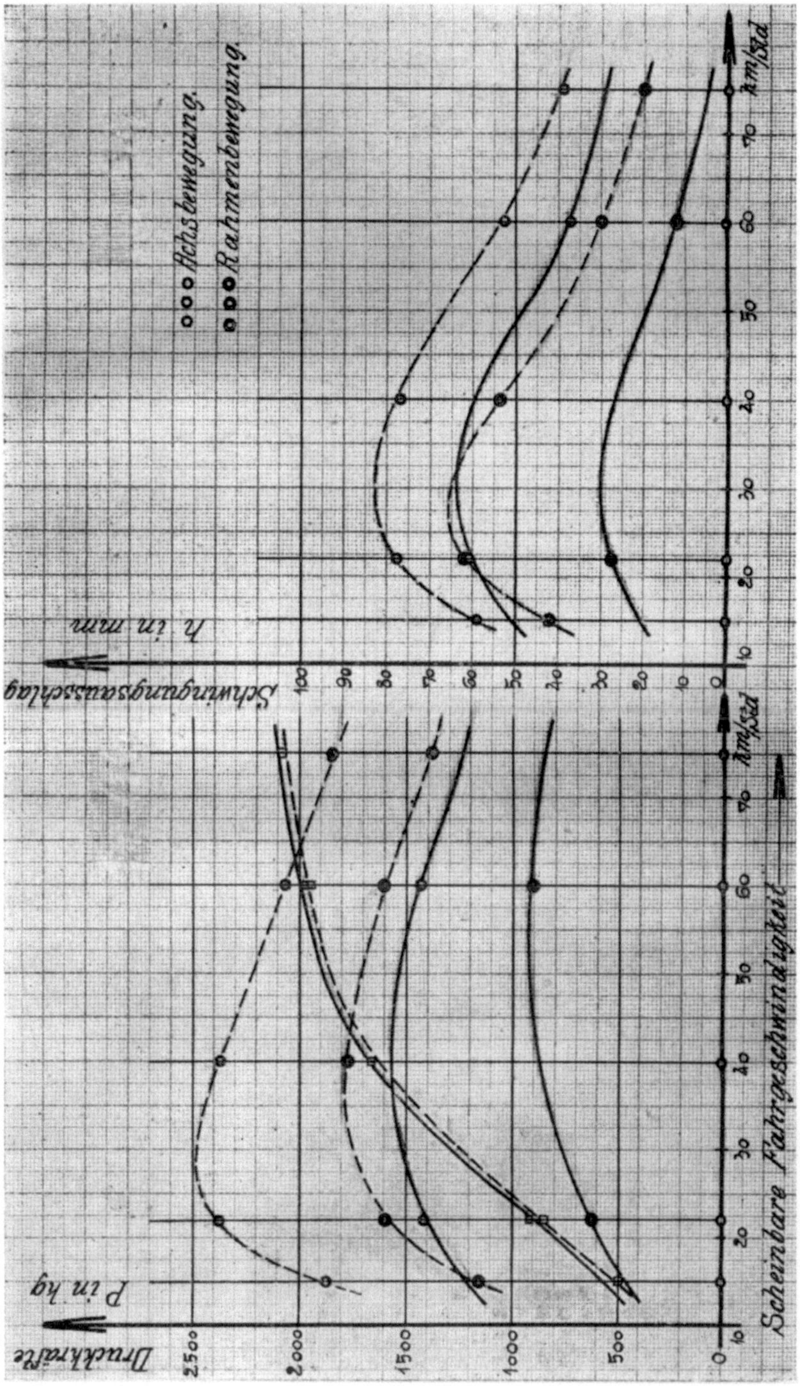

Fig. 130 und 131.

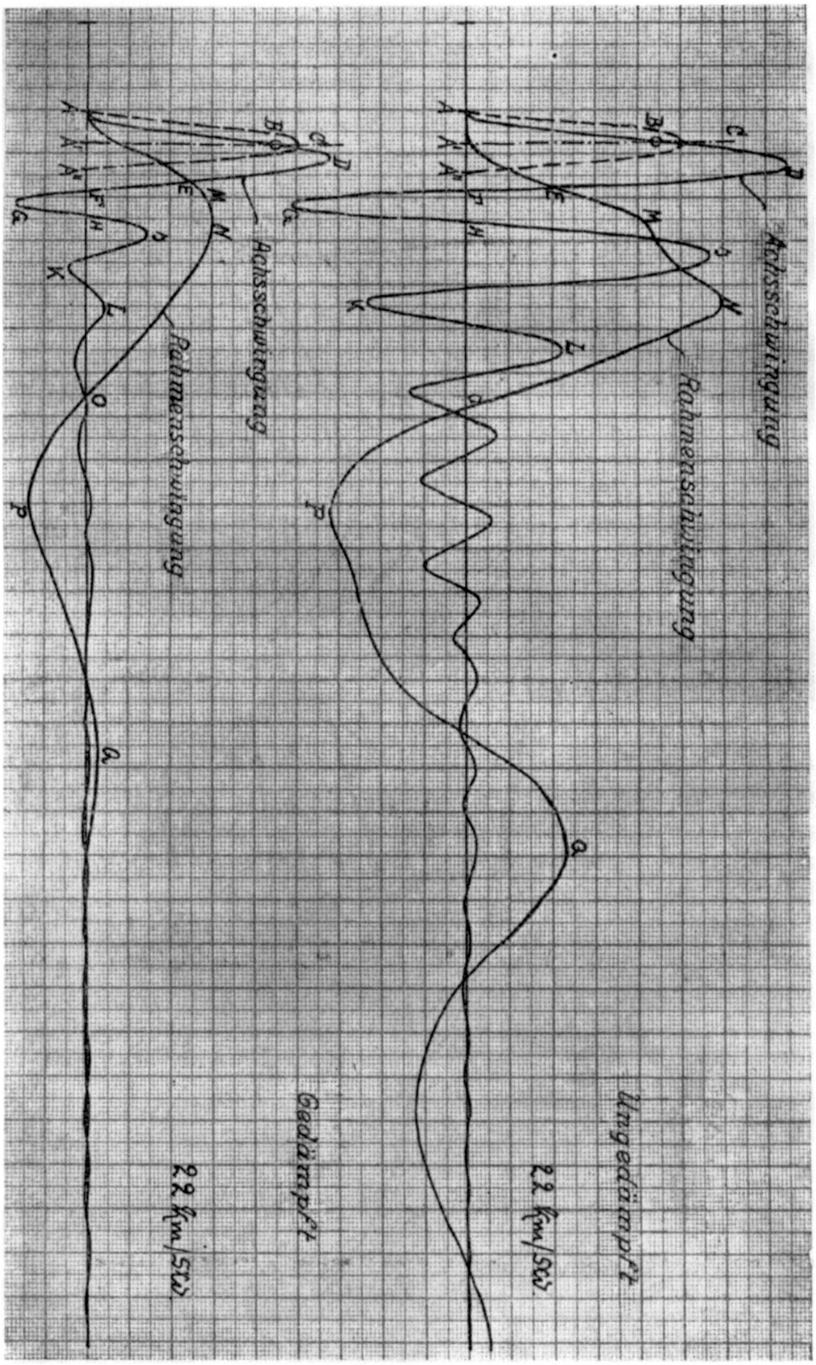
Achsschwingung
Rahmenschwingung
Ungedämpft
22 km/Std
Achsschwingung
Rahmenschwingung
Gedämpft
22 km/Std

Fig. 132.

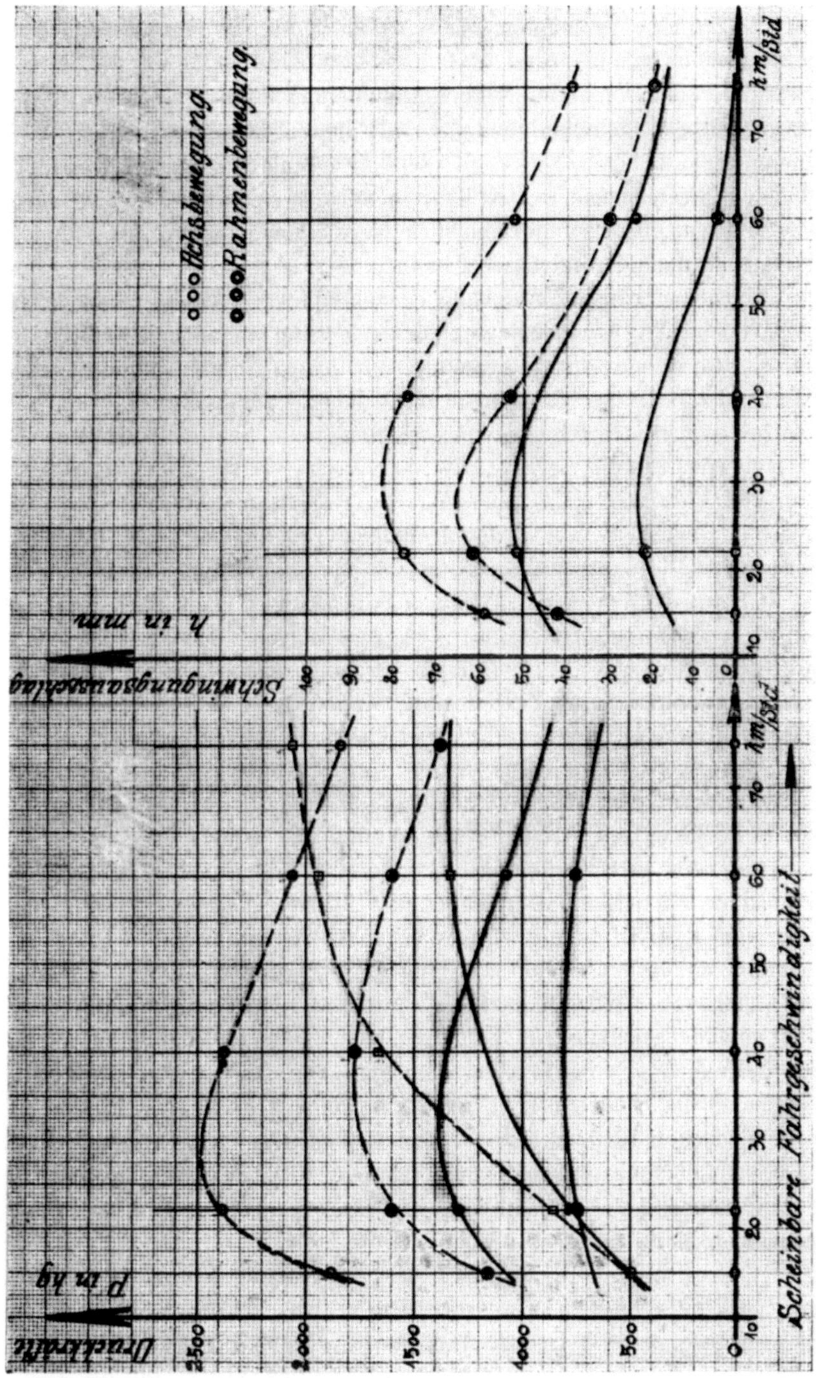

Fig. 133 und 134.

kräfte zeigen eine Verminderung bis rund 700 kg, die Aufpralldrücke eine Verminderung bis rund 1100 kg. Figur 134 zeigt die starken Verminderungen der Achs- und Rahmenbewegungen. Es wird bei großen Fahrgeschwindigkeiten die Rahmenbewegung nahezu vollkommen aufgehoben. Es tritt also eine Beruhigung der Bewegungen und eine Verminderung der Kräfte ein, wie sie beispielsweise durch Veränderungen der Federweichheit, der Achsmasse und der Rahmenbelastung niemals erzielt werden kann.

Da die günstige Wirkung des Dämpfers in erster Linie darauf beruht, daß die Abwärtsbewegung der Achse mit großen Kräften gehemmt wird, sobald sich die Achse um mehr als den normalen Gleichgewichtsabstand vom Rahmen entfernt, ist ohne weiteres erklärlich, daß auch mit der folgenden Vorrichtung eine ähnlich gute Wirkung erzielt werden konnte.

Die Vorrichtung (Achsfänger) ist in Figur 135 dargestellt; sie wurde am Kettenversuchswagen angebracht auf ihre Wirkung untersucht. Die Vorrichtung besteht nach der Figur aus einem mit dem Rahmen verbundenen Flacheisengehänge, das die Achse umfaßt und ein Gummipolster trägt. Die elastische Einlage ist völlig entlastet, wenn Achse und Rahmen sich in der normalen Gleichgewichtslage befinden. Bei einer Annäherung der Achse an den Rahmen ist das Gehänge völlig unwirksam, es hemmt aber die Bewegungen der Achse in kräftigster Weise, sobald sich diese um mehr als den normalen Gleichgewichtsabstand vom Rahmen entfernen will, denn es schlägt die Achse auf das Gummipolster auf.

Aus dem Schwingungsdiagramm Figur 136 läßt sich die Wirkung der Vorrichtung verfolgen. Während der Schwingungsbewegung *ABCDE* der Achse ist die Vorrichtung unwirksam, die Hemmung der Achse beginnt erst im Punkt *E* der Abwärtsschwingung. Die Achsmasse wird durch die zwischen Achse und Gummipolster auftretenden Druckkräfte aufgehalten, die, da das Gummipolster mit dem Rahmen verhängt ist, gleichzeitig den aufwärtsschwingenden Rahmen in die Gleichgewichtslage zurückführen, Kurvenstück *AMN*. Die zwischen Bereifung und Fahrbahn auftretenden Prallkräfte und die Schwingungsausschläge des Rahmens werden also stark vermindert, während die Anhebkräfte und die Wurfhöhen der Achse ungeändert bleiben.

Die Figur 137 zeigt diese Veränderungen der Kräfte und die Figur 138 die außerordentlich großen Verminderungen der Rahmenbewegung. Die lebendige Kraft der abwärtsschwingenden Achsmasse, die ohne die genannte Vorrichtung große, für die Be-

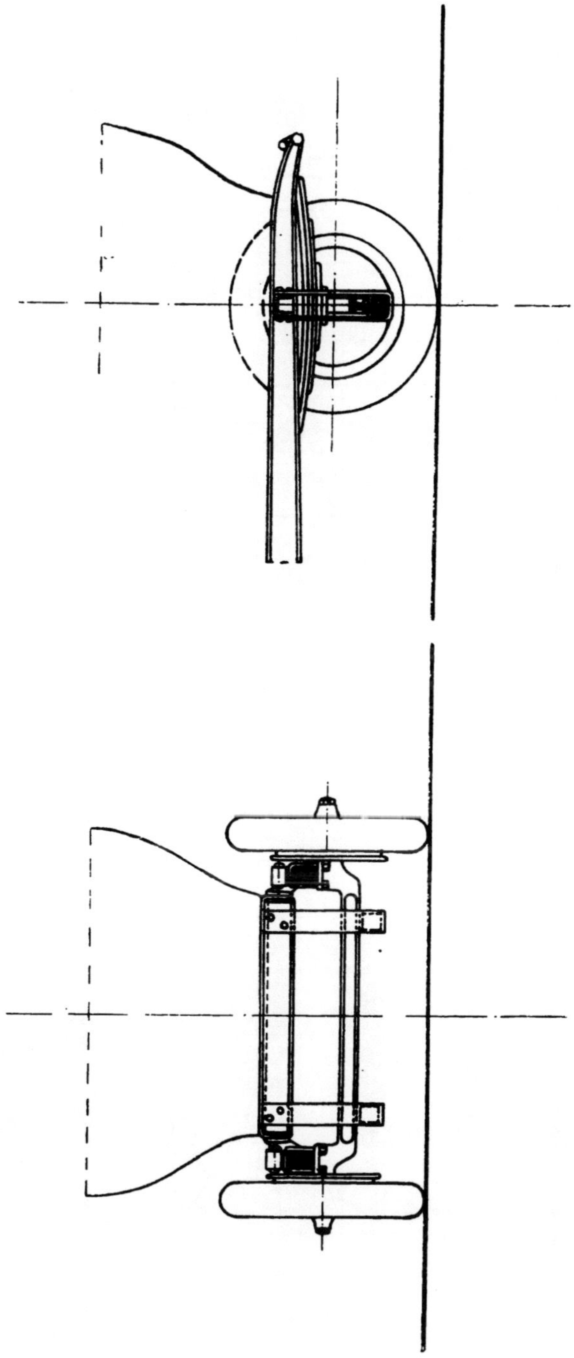

Fig. 135.

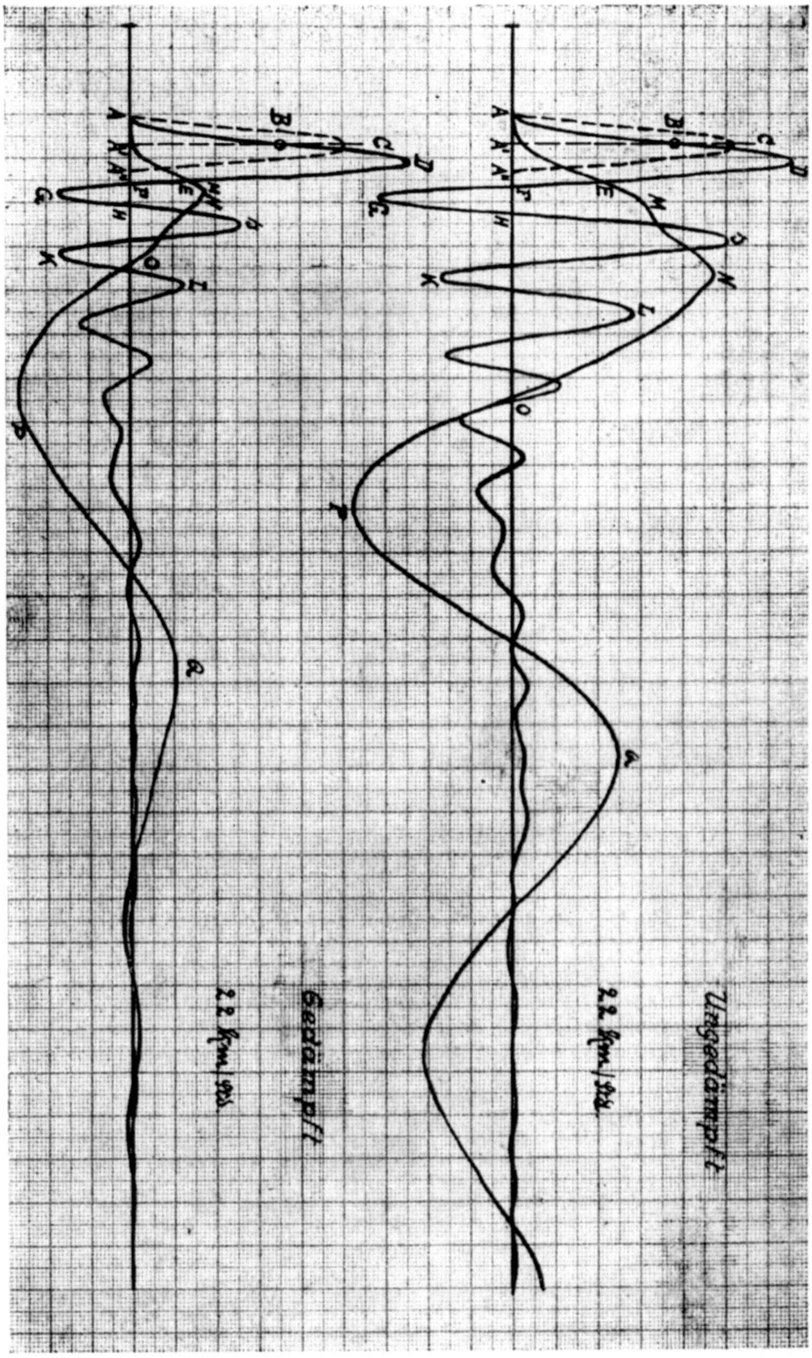

Fig. 136.

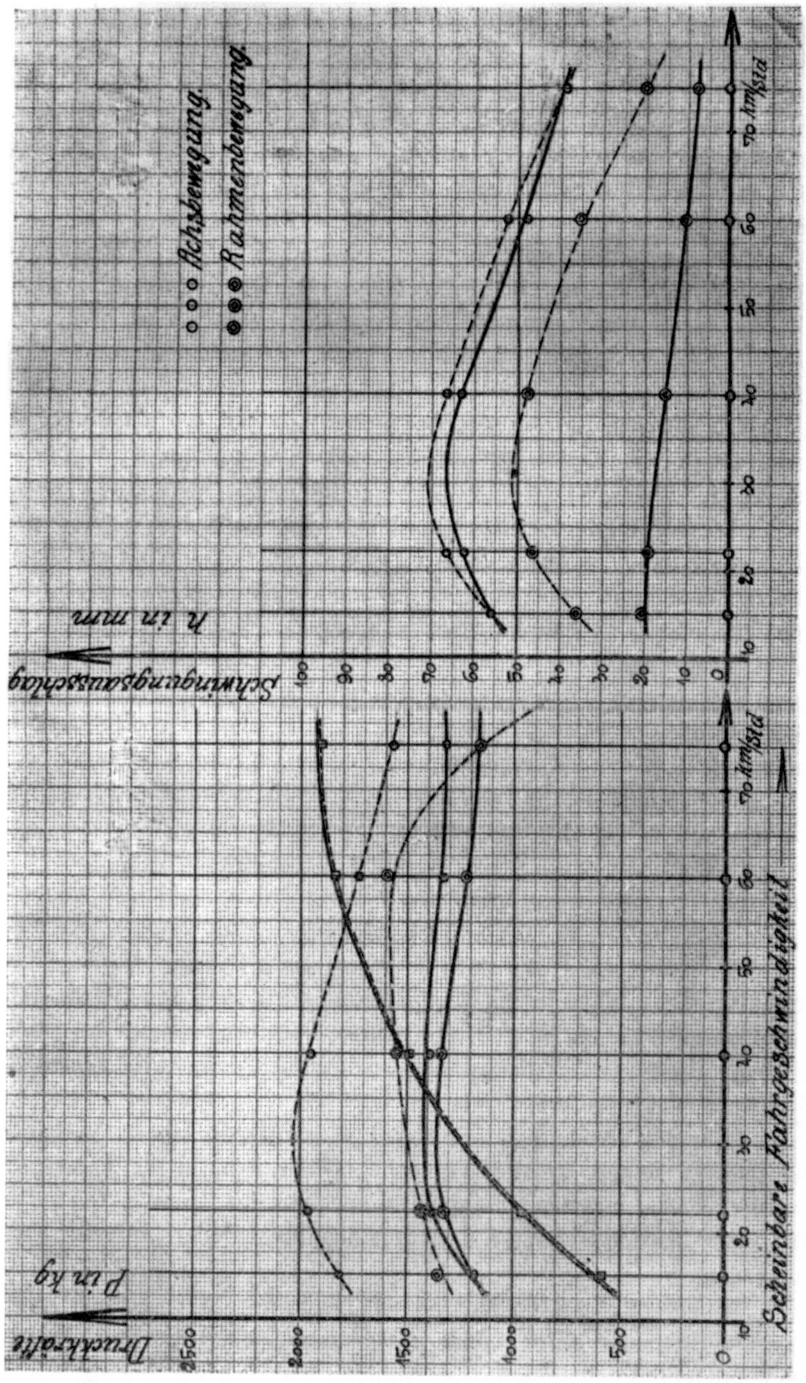

Fig. 137 und 138.

reifung schädliche Bodendrücke hervorrufen würde, ist nutzbar gemacht, um die Rahmenbewegung zu beruhigen.

Als Stoßdämpfer werden vielfach auch diejenigen Spiralfederapparate bezeichnet, die zwischen die hinteren Augen der Wagenlängsfedern und die Federhände des Rahmens bzw. die Augen der hinteren *C*-Federn eingeschaltet werden.

Durch Anbringung derartiger Spiralfedern an die Wagenblattfedern wird der Abfederung des Wagens ein Bauteil hinzugefügt, durch den einerseits die Gesamtabfederung weicher wird und der andererseits eine Eigendämpfung nicht besitzt; die Schwingungen der Spiralfedern sind völlig ungedämpft. Von der Anbringung der Federapparate wird also dort ein Vorteil erwartet werden können, wo entweder die Federung zu hart oder wo die Schwingungsdämpfung der Federn zu groß ist.

Die Dämpfung wird aber beispielsweise unerwünscht groß sein, wenn schwere dicke und vielblättrige Federn mit Blättern von rauher Oberfläche und mit wenig sorgfältig ausgebildeten Federgehängen vorhanden sind, oder wenn die Federn unrichtig montiert oder unzweckmäßig angeordnet sind, wenn also beim Ausschwingen der Achse oder beim Schiefstellen der Achse zum Rahmen Klemmungen von beträchtlicher Größe entstehen. In diesen Fällen wird die Einschaltung eines unter allen Umständen ungedämpften, federnden Konstruktionsgliedes die Schwingungshemmung vermindern, sodaß die Stoßmilderung eine bessere ist.

Demgegenüber ist die Wirkung der Spiralfederapparate für Wagen mit geringer Federdämpfung und gut durchgebildeter Federanordnung nur gering. Die einzige Wirkung, die die Apparate in diesen Fällen haben, ist die, daß die Abfederung weicher wird. Dies kann durchaus unerwünscht sein, denn es wird, falls den Blattfedern bereits beim Bau des Wagens die richtige Weichheit gegeben worden ist, zur Folge haben, daß der Wagenrahmen bei starken Durchfederungen auf die Achse aufsetzt.

Um die Wirkung der Spiralfederapparate an einem typischen Beispiel zu zeigen, wurden Versuche mit dem durch die Figur 139 wiedergegebenen Spiralfederapparat durchgeführt. Auge *A* ist das Auge der Blattfeder, Auge *B* das Auge der festen Federhand am Fahrzeugrahmen.

Überspringt das Wagenrad ein Hindernis, so biegt sich nicht nur die Blattfeder durch, sondern es erfahren auch die Spiralfedern des Federapparates eine mehr oder weniger große Durchbiegung.

Für die Versuche wurden Spiralfedern verschiedener Weichheit benutzt. Das Federpaar des Apparates zeigte bei einer Drahtstärke der Federn von 8,5 mm eine Durchbiegung von 27 mm/100 kg und bei einer Drahtstärke von 7,5 mm eine Durchbiegung von 36 mm/100 kg. Die Gesamtabfederung des Wagens an der Hinter-

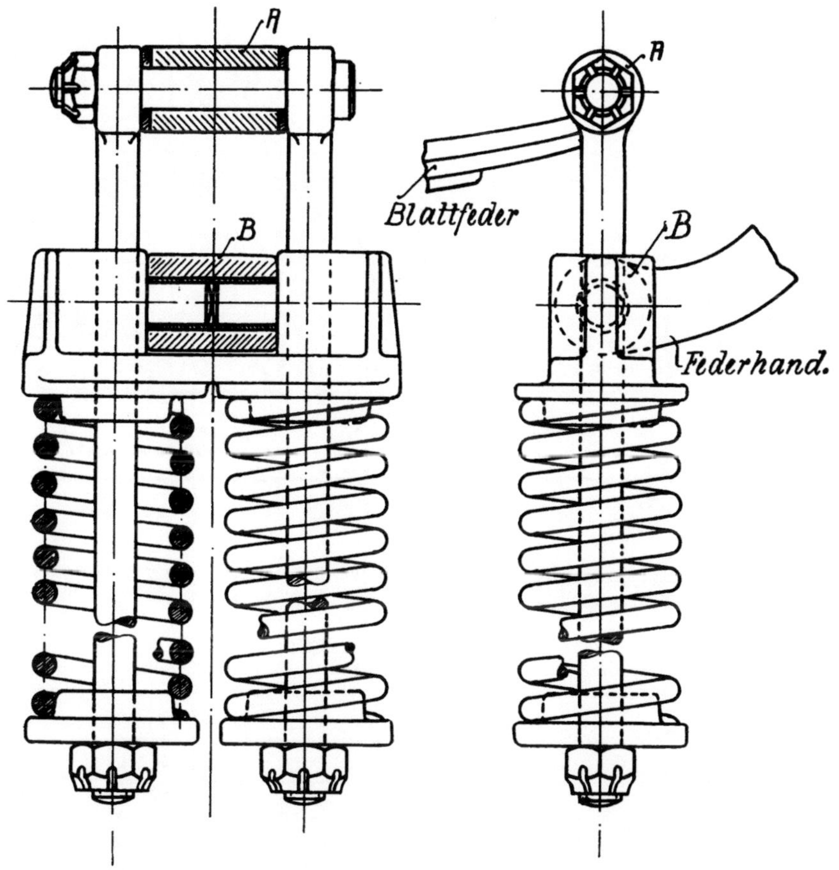

Fig. 139.

achse ist also wesentlich weicher als ohne Benutzung der Spiralfedern.

Die Apparate wurden am Kardanwagen an den hinteren Augen der Wagenlängsfedern angebracht und es wurden die gleichen Schwingungsversuche unter den gleichen Verhältnissen wie bisher

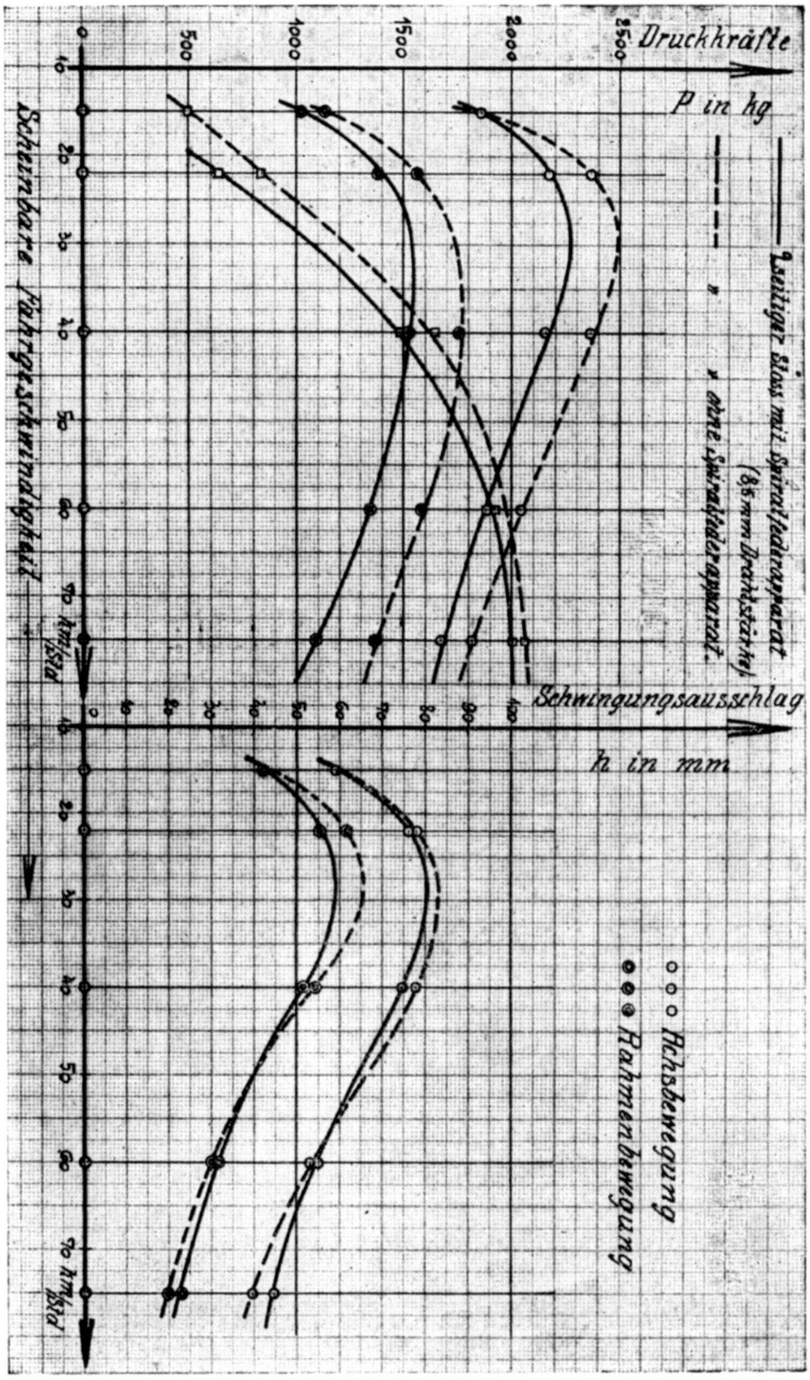

Fig. 140 und 141.

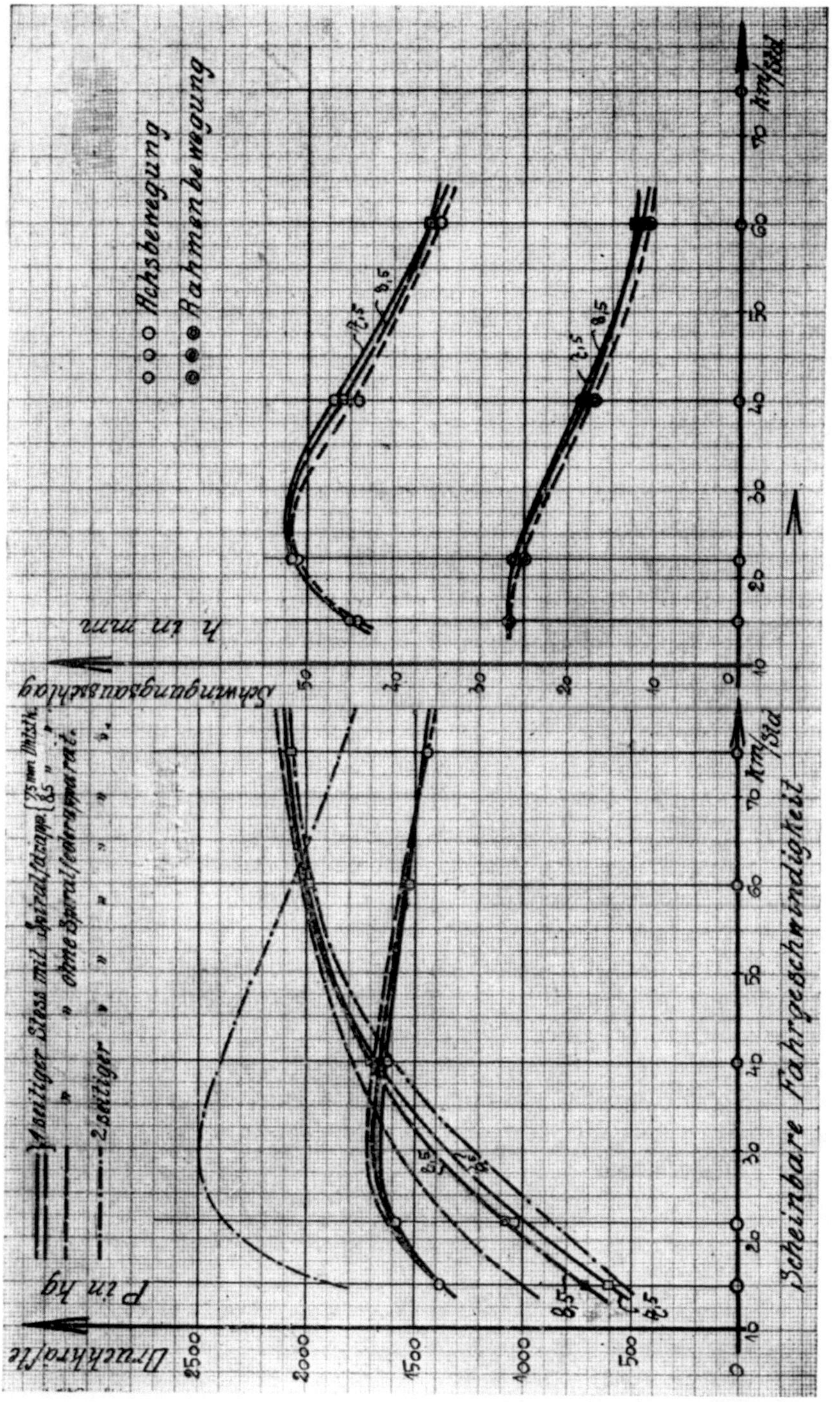

Fig. 142 und 143.

bei verschiedenen Fahrgeschwindigkeiten durchgeführt. Es zeigen sich die in den Figuren 140 und 141 für den zweiseitigen und in den Figuren 142 und 143 für den einseitigen Stoß wiedergegebenen Zustände.

Die Wirkungen des Apparates sind die gleichen, wie sie sich ergeben hatten, wenn die Blattfedern der Hinterachse durch weichere Federn ersetzt wurden. Die Anheb- und Aufprallkräfte sind etwas geringer, die Schwingungsausschläge nahezu gleich groß bzw. um ein geringes größer. Der einseitige Stoß zeigt die an sich geringe Erniedrigung der Anhebkräfte besonders deutlich; die Anhebkräfte sind am größten beim einseitigen Stoß ohne Spiralfedern, sie sind geringer bei Spiralfedern von 7,5 mm bzw. 8,5 mm Drahtstärke und am kleinsten für den beiderseitigen Stoß, d. h. für das Parallelschwingen der Achse zum Rahmen.

Die Ansicht, daß etwa durch die verschiedenen Schwingungszeiten, die Spiral- und Blattfedern an sich haben, eine merkliche Schwingungsdämpfung zustande kommt, ist unrichtig. Ebenso ist die weitverbreitete Ansicht irrig, daß die Wagenräder bei Verwendung von Spiralfederapparaten imstande wären, eine größere Anzahl von Schwingungen pro Sekunde auszuführen und sich daher den Unebenheiten der Fahrbahn in vollkommenerem Maße anzupassen. Das Gegenteil ist der Fall. Nach den Versuchen zeigte sich die Schwingungszeit der Achse, wie dies, da die Federung durch die Apparate weicher wird, nicht anders erwartet werden kann, um ein Geringes größer; sie beträgt $s_{t_A} = 0{,}051$ Sek. Der Unterschied in der Schwingungszeit gegenüber dem Zustand ohne Spiralfederapparate ist sehr gering, die Zeiten sind praktisch dieselben, ob Spiralfedern verwendet werden oder nicht.

Es sind nach den Versuchen die Spiralfederapparate somit als ein willkommenes Hilfsmittel zu betrachten, um eine fehlerhafte Federung zu korrigieren, dagegen haben die Apparate bei einer gut durchgebildeten Federung keine beträchtlich verbessernde Wirkung, sie läßt sich nicht vergleichen mit der überaus kräftigen Wirkung, die die eigentlichen Dämpferapparate hervorzubringen vermögen.

Schluß.

Durch die Erkenntnisse, die die Versuchsführung erbracht hat, ist es möglich geworden, alle Hilfsmittel zur Erreichung einer guten Abfederung und Stoßmilderung bei größter Schonung sämtlicher Bauteile des Wagens einschließlich der Bereifung und bei geringstem Leistungsverbrauch in Anwendung zu bringen. Dabei haben die Versuche gezeigt, daß eine vorteilhafte Abfederung nur erzielt werden kann, wenn die einzelnen Hilfsmittel in richtiger Zusammenfassung ausgenutzt werden. Die Anwendung eines einzelnen Hilfsmittels ist zwecklos.

Wenn diese richtige Zusammenfassung aller Hilfsmittel bisher nicht angewendet worden ist, so liegt dies in erster Linie daran, daß der Verlauf des Stoßvorganges in seinen Einzelheiten nicht genügend bekannt war. Insbesondere war die zeitliche Aufeinanderfolge der Schwingungsvorgänge noch völlig ungeklärt. Die Schwingungsvorgänge spielen sich in so kurzen Zeiträumen ab, daß es nicht möglich ist, bei Probefahrten durch das Gefühl oder durch die bloße Anschauung zu einer Erkenntnis der Sachlage zu gelangen. Erst die Messungen auf dem Prüfstand mit ihren graphischen Aufzeichnungen waren imstande, hier Klarheit zu schaffen. Ferner war es erst durch die eingehenden Messungen auf elektrischem Wege möglich, in einwandfreier Weise die Leistungsverluste in der Kraftübertragung festzustellen.

Die Versuche über die Abfederung mußten mit denen über die Leistungsverluste Hand in Hand gehen. Die Bauteile der Kraftwagen müssen die Aufgabe der Leistungsübertragung in der gleichen vollkommenen Weise erfüllen wie die Aufgabe der Abfederung. Beide Aufgaben stellen aber durchaus verschiedene Anforderungen an die Bauteile der Kraftwagen. Erst die Durchführung sämtlicher Versuche ermöglicht einen klaren Überblick über die verwickelte Sachlage.

Eine Lösung der Fragen auf rein theoretischem Wege ist nicht möglich. Angestellte Rechnungen müssen auf eine so große Anzahl unsicherer Annahmen gestützt werden, daß die Schlußergebnisse sehr wenig zuverlässig sind. Alle bisherigen Bestrebungen in dieser Richtung sind erfolglos geblieben.

Auch Probefahrten auf der Landstraße haben bisher keine genügende Klärung der Sachlage bringen können. Es ist nicht möglich, bei Versuchsfahrten sämtliche Größen bis auf die jeweils untersuchte konstant zu halten und die gleichen Versuche unter denselben Verhältnissen so oft zu wiederholen, daß hinreichend genaue Versuchsmittelwerte erzielt werden. Es fehlt für die Probefahrten die unentbehrliche Vergleichsbasis, ganz abgesehen davon, daß die Herstellung eines am fahrenden Wagen in befriedigender Weise arbeitenden Registrierapparates unüberwindliche Schwierigkeiten verursachen dürfte. Denn die Registriervorrichtung muß die Schwingungsbewegungen von Achse und Rahmen gegen den ruhenden Raum aufzeichnen; die leichter zu bewerkstelligende Aufzeichnung der Relativbewegungen von Achs- und Rahmenmasse vermag durchaus keine hinreichende Aufklärung zu schaffen.

Aus dieser Sachlage erklärt es sich, daß nahezu sämtliche Hilfsmittel für die Verbesserung der Federung und der Leistungsübertragung bei Versuchsfahrten zwar angewendet worden sind, daß aber die erzielten Verbesserungen nur gering waren. Die Hilfsmittel wurden nicht in der allein den Erfolg verbürgenden, richtigen Zusammenfassung angewendet. Durch die Versuche auf dem Prüfstand hat sich gezeigt, daß, trotzdem die frei wählbaren Größen in weiten Grenzen verändert wurden, nur geringe Veränderungen in den Stoß- und Schwingungsvorgängen erzielt werden konnten, daß hingegen bei richtiger Zusammenfassung der Hilfsmittel außerordentlich große Vorteile sowohl in bezug auf die Reifenschonung als auch auf die Beruhigung des Wagenlaufes erreichbar sind.

Insbesondere hat es sich gezeigt, daß es nur wenige Hilfsmittel gibt, um die Ursache der Schwingungsbewegungen, den Stoßimpuls, abzuschwächen oder zu beseitigen, daß also Schwingungsbewegungen der Massen unter allen Umständen auftreten müssen. Eine Beschleunigung der Achsmasse wird immer eintreten. Die größten Vorteile werden aber gerade dadurch erzielt, daß die schwingenden Massen selbst zur Erreichung eines ruhigen Wagenlaufes herangezogen werden. Die lebendige Kraft der schwingenden Achsmasse wird ausgenutzt, um die Schwingung der Rahmenmasse zu vernichten. Trotz gleichen Stoßimpulses, trotz gleicher Massenbeschleunigung im

Augenblick des Stoßes wird der gesamte Schwingungsvorgang wesentlich vermindert und die Bereifung beträchtlich geschont.

Die Frage, ob gewisse bauliche Veränderungen am Kraftfahrzeug einen günstigen oder ungünstigen Einfluß auf die Bereifung ausüben, ist bisher wenig oder gar nicht erörtert worden. Durch Probefahrten wurde lediglich geprüft, ob durch die baulichen Veränderungen Verschiedenheiten in der Leistungsübertragung und in bezug auf die Stoßmilderung erzielt wurden. Da aber die Kraftwagen, wie die Versuche gezeigt haben, sehr verschieden gebaut sein können, ohne daß sich eine wesentliche Änderung in den Schwingungsvorgängen bemerkbar macht, müssen sich die Wagen in bezug auf die Beanspruchung der Reifen sehr verschieden verhalten. Maßnahmen, die die Abfederung wenig verändern, ergeben bereits eine durchaus unzulässige Beanspruchung der Bereifung Es gibt daher Kraftwagen, die das Reifenmaterial überaus schnell verbrauchen.

Durch die Versuche sind die Ursachen eines übermäßigen Reifenverbrauches aufgedeckt worden, es wurde insbesondere festgestellt, daß selbst Wagen, die gut gefedert erscheinen, unter Umständen die Reifen unverhältnismäßig stark beanspruchen. Die Beanspruchung der Reifen zeigte sich von der Größe des Raddruckes, der Größe der Achsmasse, der Beschaffenheit und der Befestigungsart der Federn und vor allem von den Klemmungen in den Bauteilen der Kraftübertragung und Abfederung abhängig. Es ergab sich, daß bei hohem Raddruck eine Erhöhung sowohl der Anheb- als auch der Aufprallkräfte eintritt und daß eine große Achsmasse in erster Linie die Aufpralldrücke steigert. Es zeigte sich ferner, daß eine weiche Feder im allgemeinen geringere Anheb- und Aufprallkräfte ergibt als eine harte Feder. Die Unterschiede sind beachtenswert, sie treten aber zurück gegenüber den außerordentlich ungünstigen Einflüssen, die die Klemmungen in den Teilen der Kraftübertragung und der Abfederung haben.

Während die veränderlichen Größen Achsdruck, Achsmasse und Federweichheit bei dem Bestreben, die Wagenfederung zu verbessern, immerhin berücksichtigt worden sind, ist die schädigende Wirkung der Klemmungen auf die Bereifung völlig unbeachtet geblieben. Es wurde nichts zu ihrer Beseitigung getan, ja in vielen Fällen wurden die Klemmungen sogar absichtlich herbeigeführt. Denn durch eine stark klemmende Kraftübertragung und Federung werden die Wagenschwingungen schnell abgedämpft, die Schwingungen werden schnell beseitigt, und es ist die Gefahr, daß noch bevor die durch einen Stoß hervorgerufenen Schwingungsbewegungen ausgeklungen sind, ein zweiter Stoß die Schwingungen über das zulässige Maß hinaus steigert, wesentlich verringert. Überdies ist ein schnelles Abklingen der Schwingungen mit Rücksicht auf die Bequemlichkeit der Wageninsassen durchaus erwünscht.

Es galten daher die Mittel, durch die das Spiel der Wagenfedern gehemmt wurde, als vorteilhaft. Die Federn wurden in ihrer Schwingungsbewegung beispielsweise dadurch gehemmt, daß die Reibung zwischen den Federblättern vermehrt wurde. Die Federn wurden bandagiert, sie wurden in ihrer ganzen Länge mit einer Schnur fest umwickelt, die Flächen der Federblätter wurden gerauht oder auch mit Längsrillen versehen. Die Längsrillen ergaben ebenfalls eine große Reibung beim Spiel der Federn, wenn auch der Hauptzweck ihrer Verwendung darin bestand, eine seitliche Verschiebung der Federblätter zu verhindern. Es blieb aber völlig unbeachtet, daß durch diese Maßnahmen eine Überanspruchung der kostspieligen Bereifung eintrat, und es wurden solche Wagen als durchaus gut gefederte Fahrzeuge angesprochen. Demgegenüber galt ein Wagen, bei dem das Federspiel ungehemmt war, bei dem also die durch einen Stoß erzeugten Schwingungsbewegungen lange anhielten und häufig durch einen zweiten Stoß bis über das zulässige Maß hinaus gesteigert wurden, berechtigterweise als schlecht gefedert. Zur Verwunderung der Fabrikanten und der Wagenbesitzer zeigten aber gerade solche Fahrzeuge häufig einen recht geringen Reifenverbrauch. Diese Beobachtung erscheint nach den Versuchen durchaus erklärlich.

Die Versuche haben ferner insbesondere gezeigt, daß die Hemmung und Dämpfung der Schwingungsbewegung besonders stark ist, wenn nur ein Rad angehoben wird, wenn also eine Schiefstellung der Achse eintritt. Diese für die Bereifung so ungünstige Sachlage erschien bei dem Bestreben, die Schwingungsbewegungen von Achse und Rahmen gering zu halten, durchaus vorteilhaft. Es ergaben nur die beide Räder gleichzeitig treffenden Stöße, die eine Parallelschwingung der Achse zum Rahmen hervorbrachten, ein unangenehm starkes Ausschwingen des Wagenoberbaues. Das Bestreben, auch diese Schwingungen gering zu halten oder sie wenigstens nach der Entstehung schnell zu beseitigen, führte zur Entwicklung der Dämpferapparate, denn es war nicht möglich, die dämpfenden Kräfte in der Feder selbst noch weiter zu steigern.

Es ist nicht verwunderlich, daß auch die Entwicklung der Dämpferapparate auf die Reifenschonung wenig Rücksicht nahm. Es entstanden Dämpfer, die eine durchaus schädigende Wirkung auf die Bereifung ausübten. So ergab beispielsweise der seinerzeit zu einer großen Verbreitung gelangte Truffault-Stoßdämpfer eine konstante, die Schwingungsbewegung hemmende Kraft. Das Anheben der Räder beim Auftreffen auf ein Hindernis wurde wesentlich erschwert und es hatte die Bereifung gesteigerten Bodendrücken standzuhalten. Die Steigerung in der Beanspruchung der Reifen war dabei sehr groß, wenn überhaupt der Dämpfer eine merkbare Wirkung ausüben sollte. Die anfängliche Überschätzung des Dämpfers ist verschwunden, es ist aber bezeichnend, daß der Dämpfer nicht abgelehnt wurde, weil seiner Wirkung der sich ergebende, erhöhte Reifenverbrauch zugeschrieben wurde, sondern weil es nicht möglich war, längere Zeit die gleiche Dämpfungswirkung durch den Apparat aufrecht zu erhalten. Der Dämpfer, dessen Wirkung auf der Reibung von Leder auf Leder oder von Leder auf Metall bestand, der also im Prinzip dem untersuchten Reibungsdämpfer Figur 68 ähnlich war, verlor schon nach kurzer Zeit der Benutzung jede Dämpfungswirkung. Das Leder wurde glatt und die Reibungskräfte verminderten sich beträchtlich.

Die später entstandenen Dämpfer zeigen ein mehr oder weniger verbessertes Verhalten. Sie ergeben zwar bis zu einem gewissen Grade eine Verminderung der Schwingungsbewegungen, es ist aber bei einem Teil von ihnen die Veränderung in den Schwingungsbewegungen nur gering, bei einem anderen Teil ist auf die Schonung der Bereifung nicht hinreichend Rücksicht genommen worden. Insbesondere aber ist die Möglichkeit, mit Hilfe der Dämpferapparate die schwingenden Massen selbst zur Beruhigung des Wagenlaufes heranzuziehen, nicht genügend berücksichtigt worden. Der Flüssigkeitsdämpfer Bob Figur 80 und seine einfachere Gestaltung, die Achsfangvorrichtung Figur 135, zeigen, welch außerordentlich große Vorteile in bezug auf den ruhigen Lauf des Wagens und in bezug auf die Reifenschonung erreichbar sind.

Die Versuche lassen aber auch erkennen, welch außerordentlich große Kräfte in den Dämpferapparaten angewendet werden müssen, um die beabsichtigte, vorteilhafte Wirkung zu erzielen. Bei der Größe der auftretenden Kräfte ist es um so mehr erforderlich, daß diese Kräfte nicht in einer für die Bereifung schädlichen Weise wirksam sind. Die mit Hilfe des Dämpfers Bob und der Fangvorrichtung erzielte Schwingungsberuhigung und Reifenschonung ist erheblich größer, als sie durch irgend eines der zahlreichen Mittel zur Veränderung der Schwingungsvorgänge erreicht werden konnte.

Die Schaffung eines in jeder Beziehung zweckmäßigen Dämpfers ist von größter Bedeutung, denn erst seine Benutzung erlaubt es, die nach den Versuchen günstigste Federung anzuwenden.

Erst wenn es möglich ist, die an sich unentbehrliche Dämpfung der Schwingungsbewegungen durch einen besonderen, in bekannter, gesetzmäßiger und gleichbleibender Weise arbeitenden Apparat zu erzeugen, kann auf die Dämpfungswirkung der Reibungswiderstände zwischen den einzelnen Teilen der Kraftübertragung und Federung verzichtet werden. Dies bedeutet aber einen großen Vorteil. Denn die Reibung zwischen den einzelnen Teilen läßt sich niemals in vollkommener Weise regeln und in solchem Maße konstant halten, wie dies für eine zweckmäßige und vorteilhafte Dämpfung der Federung nötig ist. Da es nicht möglich ist, die Reibung völlig zu vermeiden, muß sich der Wagenbauer darauf beschränken, die Reibung in allen Teilen so gering als möglich zu halten und vor allem dafür zu sorgen, daß unter den verschiedenen Bedingungen des praktischen Fahrbetriebes ein Anwachsen der Reibungswiderstände, etwa durch Klemmungen, nicht eintreten kann. Bleibt aber die Dämpfungswirkung nahezu vollkommen dem Dämpferapparat überlassen, so ist es, wie die Versuche gezeigt haben, möglich, die Dämpfung in genau der Weise auftreten zu lassen, die für die Reifenschonung und für den ruhigen Lauf des Wagens erforderlich ist. Der Flüssigkeitsdämpfer Bob zeigte sich allen anderen Apparaten überlegen. Bei verminderter Beanspruchung der Bereifung wird in besonders hohem Maße eine Beruhigung des Wagenlaufes herbeigeführt.

Die Ermittlungen erlauben es fernerhin, von sicherer Grundlage aus die einzelnen beim Kraftwagenbau verwendeten Methoden der Federanordnung zu beurteilen.

Die Beanspruchungen, die die Federn beim Arbeiten am Fahrzeug erleiden, sind nach den Versuchen klar zu übersehen. Von besonderem Interesse ist die Frage, ob bei Steigerungen der Fahrgeschwindigkeit die Beanspruchungen in der Feder wesentlich anwachsen. Unter Annahme ein und desselben Hindernisses ist diese Frage zu verneinen. Denn die Steigerung der Fahrgeschwindigkeit hat nur zur Folge, daß sich das Hindernis tiefer in den Reifen einbettet. Die Geschwindigkeit, mit der die Achse angehoben und die Feder durchgebogen wird, ist für alle Fahrgeschwindigkeiten nahezu gleich. Ebenso ist die Schwingungsgeschwindigkeit der Achse bei dem sich anschließenden Auf- und Abschwingen dieselbe, ja es ist infolge der geringeren Zeitdauer der Kräftewirkung der Schwingungsausschlag für große Fahrgeschwindigkeiten sogar kleiner als für kleine Geschwindigkeiten. Es kann also von einer beträchtlichen Mehrbeanspruchung der Federn bei gesteigerter Fahrgeschwindigkeit nicht gesprochen werden. Dennoch ereignen sich

Federbrüche nicht allzu selten. Sie treten auf, wenn das Hindernis, auf das das Rad auftrifft, eine solche Form hat, daß ein Einbetten der Unebenheit in den Radreifen nicht möglich ist. Legt sich das Hindernis mit großer Fläche an den Reifen an, so kann es von diesem nicht aufgenommen werden. Das Rad mit der Achse muß unter allen Umständen vor der Unebenheit ausweichen. Es wird mit größter Heftigkeit aufwärts geworfen, die Achse schlägt an den Rahmen an, und die Feder bricht infolge des heftigen Prallstoßes.

Es treten aber auch Federbrüche auf, ohne daß ein Anschlagen der Achse an den Rahmen stattgefunden hat. Die Möglichkeit eines Bruches ist ohne weiteres durch die starken Verwindungen gegeben, die die Federn erleiden, wenn die Achse schief zum Rahmen angehoben wird. Durch die schematischen Darstellungen der Figuren 110 und 111 war das Auftreten der Verwindungen deutlich gezeigt worden. Die Beanspruchungen, die die Federn dabei erleiden, sind außerordentlich groß, sie sind wesentlich größer als die Beanspruchungen bei den normalen Durchbiegungen der Federn. Wachsen die Verwindungen über ein bestimmtes Maß hinaus, so muß der Federbruch eintreten. Auch die Schwingungsdiagramme ließen das Vorhandensein der Klemmungen aufs klarste erkennen. Es zeigten die Kurven der Schwingungsdiagramme Veränderungen, die auf die Wirkung von starken Klemmungen zurückgeführt werden mußten.

Für die Beurteilung verschiedener Systeme der Abfederungen ist es daher von Wichtigkeit festzustellen, in welchem Maße die einzelnen Abfederungen derartige Verwindungen zulassen, denn es kann die Ursache für die seitlichen Beanspruchungen, das schiefe Anheben der Achse zum Rahmen nicht beseitigt werden.

Eine Abfederung wird um so besser sein, je weniger schädliche Folgen das Schiefstellen der Achse hat. Die einzelnen Federungsarten sind aber in dieser Beziehung durchaus ungleichartig. Es können sich Federn, die eine große Länge haben, die viele dünne, aber breite Blätter besitzen, leichter verwinden als Federn der gleichen Weichheit, die aus kurzen, dicken und schmalen Blättern zusammengesetzt sind. Ferner sind Verwindungen leicht möglich, wenn der Hebelarm, an dem die verwindenden Kräfte angreifen, groß ist, d. h. wenn der Abstand der Federbefestigungstellen an dem Rahmen und an der Achse in senkrechter Richtung groß gewählt wird. Unrichtig wäre es, den Abstand dadurch groß zu gestalten, daß den Federn eine große Pfeilhöhe gegeben wird. Der Abstand ist aber beispielsweise auch dann groß, wenn nach Figur 144 die mittlere Befestigungsstelle *b* der Feder in einem unter der Achse be-

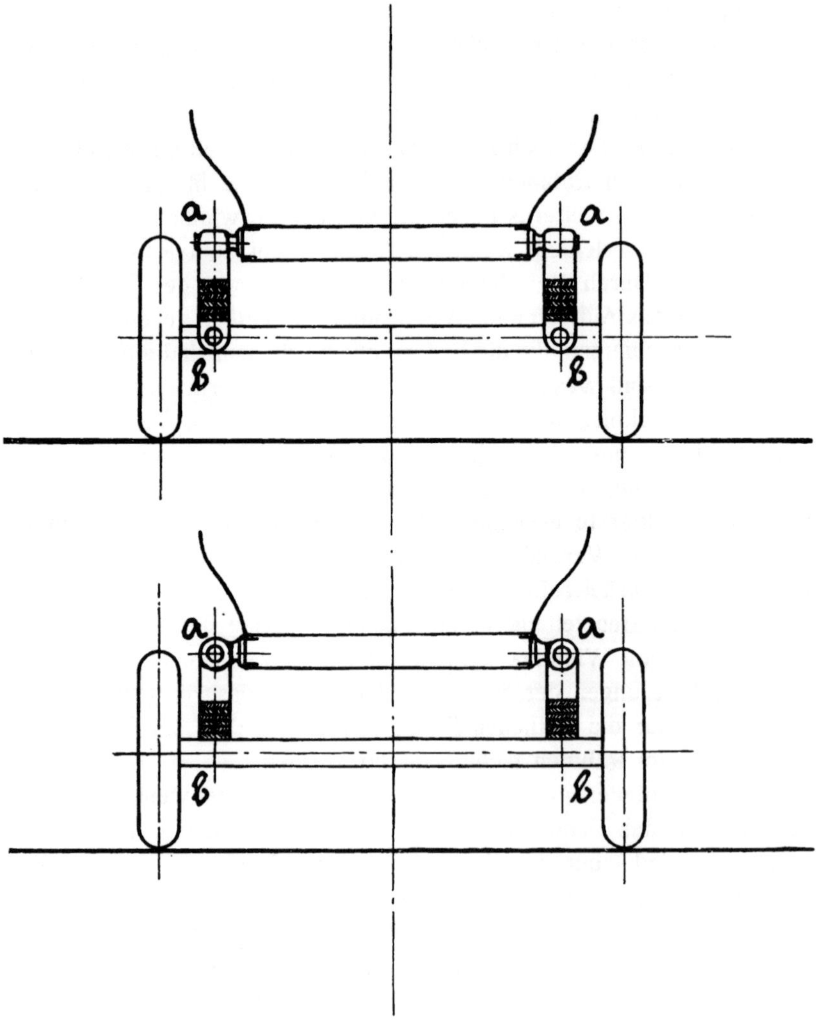

Fig. 144 und 145.

findlichen Drehbolzen besteht, oder wenn nach Figur 145 die oberen Befestigungspunkte a der Feder drehbar um Bolzen parallel zur Federlängsrichtung ausgebildet sind, oder endlich wenn die hintere Federhand nicht in einer festen Stütze besteht, sondern von einer viertelelliptischen Feder, einer sogenannten C-Feder, gebildet wird. Bei dieser letzteren Ausführung ist nicht nur der größere Drehpunktsabstand der verwindenden Kräfte von Vorteil, sondern es nimmt die C-Feder selbst an der Verwindung teil. Der Widerstand gegen die Verwindung ist wesentlich geringer, das freie Spiel der Hinterfedern wird also weit weniger durch Klemmungen beeinträchtigt. Hierin liegt der große Vorteil der Abfederung mit hinterer *C*-Feder, und nur hierdurch ist sie der Federung mit halbelliptischen Federn überlegen. Wohl können bei Schwingungsbewegungen der Achse parallel zum Rahmen die halbelliptischen Federn den gleichen ruhigen Lauf des Wagens sichern, beim Anheben nur eines Rades ist aber die Dreiviertelfeder im Vorteil.

Die Fahrpraxis bestätigt diese Beobachtungen. Die Dreiviertelfederung kommt mehr und mehr in Aufnahme, wenn auch die Gründe für ihre bessere Wirkung nicht immer klar zu Tage getreten sein mögen. Ebenso werden ausschließlich Beobachtungen während der Fahrt die Erkenntnis vermittelt haben, daß viel- und dünnblättrige Federn von großer Länge und Breite, nach obigen Ausführungen also seitlich leicht verwindbare Federn, für ein sanftes Fahren von Vorteil sind. Insbesondere sind bei Anwendung einer leicht verwindbaren Feder die auf den Wagenoberbau übertragenen seitlichen Stöße viel geringer. Dies bedeutet eine große Annehmlichkeit für die Wageninsassen.

In vollem Einklang mit diesen Erscheinungen steht die Tatsache, daß eine weiche Feder einen ruhigeren Lauf des Wagens ergibt als eine harte Feder. Nach den Versuchen schien dies nicht der Fall zu sein, denn es zeigte sich, daß die Achse bei weicher Feder um ein geringes höher geworfen wird als bei harter Feder, und daß somit die Wirkung des Stoßes auf den Rahmen von der Federweichheit nahezu unabhängig ist. Die Vorteile der weichen Feder liegen zum weitaus größten Teile ebenfalls in ihrer größeren seitlichen Verwindbarkeit beim einseitigen Anheben der Achse. Auch die früher viel verwendete hintere Querfeder, die die hinteren Augen der beiden Wagenlängsfedern verband und in der Mitte des Rahmenquerträgers ihren Stützpunkt hatte, ermöglicht ein leichtes Schiefstellen der Achse zum Rahmen. Trotz dieser guten Eigenschaften ist sie nur noch wenig in Verwendung, weil sie infolge der Dreipunktstützung des Rahmens eine unsichere Rahmenlage ergibt.

Demgegenüber sind Federanordnungen, bei denen das schiefe Anheben der Achse zum Rahmen erschwert wird, als unrichtig zu bezeichnen. Diese Erschwerung tritt insbesondere dann ein, wenn die Hinterfedern die Schubkräfte der Treibachse auf den Rahmen übertragen müssen, wenn also die Federn mit einem festen, vorderen Auge an den Rahmen angeschlagen sind. Diese Art der Abfederung, die sich noch immer an den Wagen einiger Automobilfabriken vorfindet, ist verwerflich. Nur dem Umstand, daß bisher die Mittel zur Erzielung einer vorzüglichen Federung unbekannt und unausgenutzt waren, ist es zuzuschreiben, daß die Nachteile dieser Federanordnung nicht offensichtlich zu Tage getreten sind.

Nach den Darlegungen ist somit sowohl für den ruhigen Lauf eines Kraftwagens wie für die Schonung der Wagenteile und der Bereifung eine gewisse seitliche Beweglichkeit der Achse gegen den Rahmen unbedingt erforderlich. Die seitliche Beweglichkeit zeigte sich für die einzelnen Federungsarten durchaus verschieden, es treten mehr oder weniger heftige Verwindungen der Federblätter ein, sodaß das freie Spiel der Federn in vertikaler Richtung stark behindert wurde.

Es könnte daran gedacht werden, die Beweglichkeit zwischen Achse und Rahmen durch Mittel zu erreichen, bei deren Anwendung die Wagenfedern seitliche Beanspruchungen nicht erleiden. Bei den bisher benutzten Federanordnungen ist dies jedoch nicht möglich. Denn die Federn haben hier die wichtige Nebenaufgabe zu erfüllen, die Achse gegen den Rahmen s e i t l i c h z u f ü h r e n. Nur die Seitensteifigkeit der Federn hindert die Achse, Seitenverschiebungen gegen den Rahmen auszuführen. Die Teile der Kraftübertragung wirken entweder gar nicht oder nur in geringem Maße an dieser Seitenstützung mit, denn wenn auch beispielsweise das vordere Ende der Hinterachsbrücke bei einigen Wagenkonstruktionen gabelförmig ausgebildet wird, so ist es doch nicht möglich, daß diese am Getriebekasten angreifende Gabel allein die die Räder treffenden seitlichen Stöße aufnimmt. Sie müßte weit stärker ausgebildet werden, als sie ausgeführt wird und ausgeführt werden kann. Denn es ist der Hebelarm, an dem die seitlichen Stoßkräfte angreifen, inbezug auf die Gabel außerordentlich groß. In Wirklichkeit nehmen die Federn selbst den größten Teil der seitlichen Stoßkräfte auf, die unter Umständen sehr groß sind, besonders wenn die Stoßkräfte durch Anlaufen der Räder an Bordkanten, durch Hängenbleiben der Räder in Fahrgleisen oder durch Schleuderkräfte beim Kurvenfahren entstehen. Tritt unter der Wirkung der die Federn verwindenden Kräfte gleichzeitig ein heftiger Vertikalstoß durch ein Hindernis der Fahrbahn auf, so sind Feder- oder Radbrüche kaum zu vermeiden.

Eine theoretisch und praktisch vollkommene Abfederungsart müßte daher in solcher Weise ausgebildet sein, daß den Wagenfedern die Aufgabe, die Achse seitlich gegen den Rahmen zu führen, vollkommen abgenommen ist. Die Stöße, die die Räder seitlich treffen, müssen an der Stoßstelle selbst, d. i. an den Rädern oder der Achse, aufgenommen werden und zwar nicht durch ein starres, sondern durch ein federndes Organ.

Eine Federung, die in dieser Beziehung allen Anforderungen entspricht, ist in Figur 146 a, b und c dargestellt. Sie besteht in einer Kombination von halbelliptischen Längsfedern, die in der üblichen Weise neben oder unter dem Rahmen liegen, und einer vollelliptischen Querfeder, die in der dargestellten Weise gelenkig oder auch starr mit Achse und Rahmen verbunden ist. Die Wagenlängsfedern sind an ihren Befestigungsstellen *a* und *b* derart gelenkig mit Achse und Rahmen verbunden, daß eine Stützung der Achse gegen Seitenbewegungen nicht durch die Längsfedern, deren Gehänge und Bolzen erfolgt, sondern durch die zusätzliche, elliptische Querfeder. Die Drehbolzen *a* und *b* der Längsfedern sind parallel zur Wagenlängsachse angeordnet, die Drehbolzen *c* der Querfeder senkrecht zur Wagenlängsachse.

Bei dieser Federanordnung sind Verwindungen und Klemmungen in den Längsfedern und ihren Aufhängungen unmöglich, da bei jeder beliebigen Lage der Achse gegen den Rahmen die auf die Federn wirkenden Druckkräfte durch die Achsen der Drehbolzen gehen müssen, somit immer in der Ebene der Blattfedern liegen. Das einseitige Anheben der Achse wird also hier durch keinerlei Klemmungen erschwert, die Bereifung, die Federn und deren Aufhängungen werden beträchtlich geschont, und die Wageninsassen vor harten, seitlichen Stößen bewahrt.

Auch beim Auftreten seitlicher Stöße, wie sie beim seitlichen Anfahren an ein Hindernis, etwa an eine Bordkante, oder beim Hängenbleiben der Räder in Vertiefungen der Fahrbahn auf die Räder einwirken, sind Verwindungen und Klemmungen der Abfederung unmöglich. Die seitlich wirkenden Kräfte werden durch die nachgibige Querfeder in sanfter, stoßfreier Weise auf den Wagenrahmen übertragen, sodaß ein Zurseiteschleudern des Wagenoberbaues, wie es bei den bisher üblichen Federanordnungen unvermeidlich ist, trotz der seitlichen Stöße auf die Räder nicht eintritt. Die heftigen seitlichen Erschütterungen des Wagenkastens werden aber von den Wageninsassen weit unangenehmer empfunden, als die großen und langsamen Wagenschwingungen in senkrechter Richtung.

Die hintere Querfeder stellt somit eine **f e d e r n d e** seitliche Achsabstützung dar im Gegensatz zur starren Achsführung durch eine

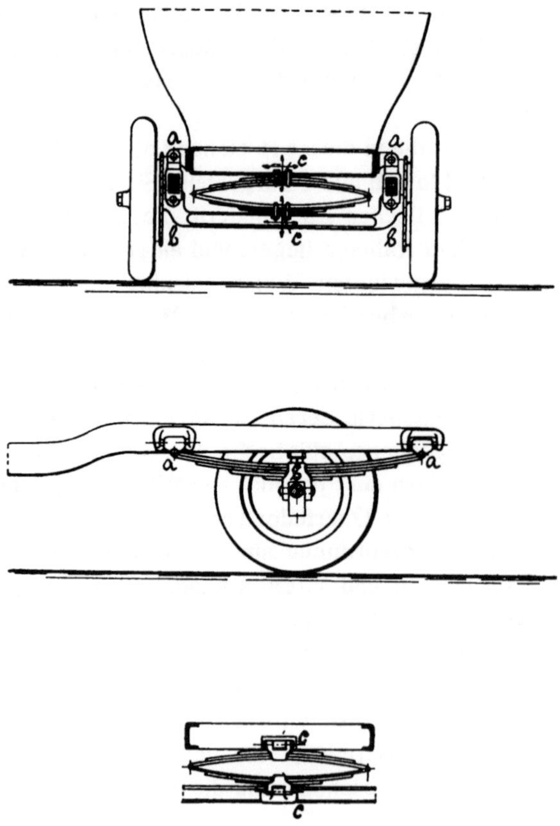

Fig. 146.

vordere Stützgabel am Getriebekasten. Dabei hat die Stützung durch eine Querfeder den großen Vorteil, daß die Stöße in unmittelbarer Nähe der Stoßstelle aufgenommen werden, daß die Stoßkräfte also nicht an einem langen Hebelarm das stützende Organ beanspruchen.

Die seitliche Beweglichkeit der Querfeder läßt sich durch entsprechende Wahl der Federabmessungen in beliebigen Grenzen halten.

Nach angestellten Versuchen ist selbst bei schwacher Querfeder die seitliche Beweglichkeit gering, so daß ein unangenehmes Schwanken des Wagenoberbaues in keinem Fall eintritt. Es entsteht durch die Federung, die den Rahmen über der Hinterachse in fünf Punkten stützt, durchaus nicht eine derartig unsichere Rahmenlage, wie sie die Verwendung einer hinteren Querfeder am Rahmenende infolge der Dreipunktaufhängung mit sich bringt.

Die günstige Wirkung der Federung erhöht sich, wenn die weiteren, durch die Versuche als vorteilhaft erkannten Gesichtspunkte bei der Ausführung der Federung berücksichtigt werden. In erster Linie muß die Eigendämpfung der Federung und der Kraftübertragung nach Möglichkeit herabgemindert werden. Überall sind Reibungskräfte mit allen Mitteln zu verringern, Klemmungen, die während des Laufens des Kraftwagens die Reibungskräfte erhöhen, sind sorgfältig zu vermeiden. Die Federn müssen eine glatte Oberfläche besitzen und dürfen keine klemmenden Bandagen und keine Längsrillen aufweisen, die Gehänge und Drehbolzen müssen leicht beweglich und gut geölt sein, die Achse muß möglichst leicht ausgeführt werden und die Achsabstützungen sowie die Kraftübertragung müssen eine solche konstruktive Durchbildung erfahren, daß eine Erhöhung der Reibungskräfte infolge von Klemmungen und Verwindungen nicht eintreten kann.

Sodann muß die nunmehr zu geringe Eigendämpfung des Untergestelles durch die Wirkung eines zweckmäßigen Dämpferapparates unterstützt werden, damit die Schwingungsausschläge in der gewünschten schnellen Weise zum Ausklingen kommen. Die Versuche haben gezeigt, daß der Flüssigkeitsdämpfer Bob diese Aufgabe in vollkommener Weise erfüllt.

Der Dämpfer erlaubt es, die gesamte Abfederung weicher zu halten, denn es wird, da der Dämpfer ein Aufschlagen der Achse an den Rahmen wirksam verhindert, die größte noch zulässige Weichheit der Federn nicht mehr dadurch bestimmt, daß die Federn allein selbst bei besonders großen Hindernissen, etwa bei Abschlägen, imstande sein müssen, ein Aufschlagen der Achse unmöglich zu machen, sondern der Dämpfer schaltet durch die außerordentlich große Steigerung seines Widerstandes im oberen Hubende die Gefahr des Anschlagens von vornherein aus. Es dürfte daher eine Abfederung nach Figur 146 in Verbindung mit dem Flüssigkeitsdämpfer Bob eine vorzügliche Abfederungsart von Kraftfahrzeugen darstellen.

Die Versuche haben ferner in übersichtlicher Weise gezeigt, durch welche Mittel die Beanspruchungen der Bereifung niedrig gehalten werden können. Dabei wurden die Untersuchungen an einer als durchaus normal zu bezeichnenden Abfederung vorgenommen. Es sind also nicht die Veränderungen in der Reifenbeanspruchung untersucht worden, die durch unzweckmäßige und fehlerhafte Federungen entstehen können, sondern es wurden diejenigen die Bereifung beanspruchenden Kräfte bestimmt, die bei Anwendung einer nach den herrschenden Anschauungen durchaus zweckmäßigen Art der Abfederung auftreten. Es zeigte sich vor allem, daß nicht nur beim Anheben eines Rades durch das Hindernis große Beanspruchungen für die Bereifung entstehen, sondern daß auch bei dem mehrmaligen Wiederaufprallen des Rades auf die Fahrbahn erhebliche Kräfte auf die Radreifen einwirken. Ja es zeigte sich, daß diese Kräfte ganz besondere Beachtung verdienen. Sie wurden bisher vollkommen unterschätzt. Ihre Größe und ihre Abhängigkeit von den den Schwingungsvorgang beeinflussenden Größen ist eine durchaus andere als diejenige der Anhebkräfte.

Es ergeben sich in übersichtlicher Weise die Hilfsmittel, durch die vor allem die Anhebkräfte vermindert werden können. Das wichtigste Mittel ist die Verringerung der Luftschlauchinnenpressung. Je geringer diese angenommen wird, um so leichter kann sich das Hindernis in den Radreifen einbetten, um so kleiner sind die zwischen Hindernis und Bereifung eintretenden Flächenpressungen; um so geringer sind auch die Vertikalbeschleunigungen, die die Achse erfährt, und um so unschädlicher aus dem zuletzt genannten Grunde die zwischen Radreifen und Hindernis auftretenden Kräfte.

Die Reifen werden somit durch momentan auftretende Stoßkräfte, hervorgerufen durch Weghindernisse, um so weniger beansprucht, je geringer der Druck in den Luftschläuchen der Reifen ist.

Diese Erkenntnis darf jedoch die Wahl des Luftdruckes nicht allein bestimmen. Es muß vielmehr beachtet werden, daß es nicht nur momentane Stoßkräfte sind, die die Zerstörung eines Reifens herbeiführen, sondern es wirken auch die beim Lauf eines Reifens auf der Fahrbahn fortdauernd auftretenden Biegungen und Walkungen zerstörend auf das Reifenmaterial. Die Lauffläche und vor allem die Seitenteile des Reifens erfahren aber unter dem normalen Raddruck um so größere und schärfere Einbiegungen, je geringer der im Luftschlauch herrschende Druck ist.

Es besteht der Unterbau eines Reifens aus einer Zahl von Gewebeeinlagen, die durch Gummischichten zusammengehalten werden. Eine innige Bindung der Gewebeeinlagen untereinander ist von größter Wichtigkeit, denn nur wenn die Gewebeeinlagen ein geschlossenes Ganzes bilden, ist die Reifendecke imstande, den hohen Kräften zu widerstehen, die auf sie einwirken. Bei übermäßig starken Biegungen des Reifens treten aber in der Reifenwand starke Schiebungen und Zerrungen ein, und es ergibt sich eine große Wärmeentwicklung als Folge der inneren Reibungen. Die Gummibindung zwischen den einzelnen Gewebeeinlagen wird stark beansprucht, sie beginnt sich zu lösen und der innere Zusammenhalt und die Festigkeit des Reifens sind vernichtet. Einzelne der Einlagen werden überansprucht und zerstört. Nach dem Bruch einer einzigen Einlage tritt aber die völlige Zerstörung des Unterbaues in kurzer Zeit ein.

Die Untersuchungen über die Leistungsausnutzung hatten ergeben, daß bei geringem Luftdruck große Leistungsverluste vorhanden sind. Es ist also die innere Reibungsarbeit beim Lauf des Wagens auf ebener Fahrbahn für geringen Luftdruck größer.

Es wird sonach die Wahl des richtigen Luftdruckes im Innern des Reifens davon abhängen, ob die Zerstörung eines Reifens schneller eintritt, wenn bei Einhaltung einer hohen Luftschlauchinnenpressung die Walkarbeit im allgemeinen zwar gering ist, die vereinzelt beim Vorhandensein großer Hindernisse auftretenden Momentanbeanspruchungen aber groß sind, oder ob der Reifen schneller zugrunde geht, wenn bei Einhaltung einer geringen Luftschlauchinnenpressung die Walkarbeit im allgemeinen groß, die Steigerung der Reifenbeanspruchung durch Hindernisse aber gering ist. Diese Frage läßt sich ohne weiteres nicht beantworten. In dem ersteren Falle ist ein Aufplatzen des Reifens, im letzteren sind Lösungen und Brüche einzelner Einlagen zu befürchten. Es ist nötig, durch sorgfältige Beobachtungen während des praktischen Fahrbetriebes oder durch umfassende Prüfstandsversuche festzustellen, bis zu welchem Grade die Luftschlauchinnenpressung erniedrigt werden kann, ohne daß eine übermäßige Anstrengung und Zerstörung des Reifens infolge der Walkarbeiten eintritt. Mit Sicherheit kann jedoch auf Grund der Versuche und Überlegungen gesagt werden, daß es sich empfiehlt, für Wagen, die vornehmlich auf ebener Fahrbahn benutzt werden, beispielsweise also für Stadtwagen, eine verhältnismäßig hohe Luftpressung anzuwenden, für Wagen dagegen, die vorwiegend auf unebenen Straßen mit scharfen, den Reifen gefährlichen

Hindernissen gefahren werden, die Luftschlauchinnenpressung zu erniedrigen, eine Regel, die in der Fahrpraxis bereits mit Erfolg beachtet wird.

Hervorgehoben zu werden verdient ferner die durch die Versuche bestätigte Erfahrungstatsache, daß inbezug auf die Reifenbeanspruchungen ein großes Profil günstiger ist als ein kleines.

Weiterhin ist klar zu erkennen, in welcher Richtung sich Bestrebungen zur Vervollkommnung der Reifen und zur Erhöhung ihrer Lebensdauer zu bewegen haben. Die Reifen müssen in solcher Weise entwickelt werden, daß sie die Seitenteilbiegungen in vollkommenerem Maße aushalten als bisher. Ist dies erreicht, so kann die Luftschlauchinnenpressung ermäßigt werden, und es halten sich die die Reifen beanspruchenden Kräfte trotz hoher Fahrgeschwindigkeiten und trotz hoher Wagengewichte in zulässigen Grenzen. Es ist Angelegenheit der Reifenfabriken, zu ermitteln, durch welche Mittel diese Verbesserungen der Reifen erzielt werden können. Die Entwicklungsmöglichkeiten in dieser Richtung sind durchaus nicht als erschöpft zu betrachten. Nahezu allgemein kann beobachtet werden, daß die Luftschlauchinnenpressungen, die die Fabriken für das Aufpumpen der Reifen vorschreiben, erniedrigt worden sind. Dies ist ein Zeichen, daß die Reifenfabriken bereits den angedeuteten Weg zur Verbesserung ihrer Fabrikate eingeschlagen haben.

Die Erniedrigung der Luftschlauchinnenpressung erwies sich aber nicht als das einzige Mittel zur Verminderung der Anhebkräfte. Diese Kräfte sind um so geringer, je kleiner die beim Anheben zu beschleunigende Masse ist. Die Räder, die Achse und die zugehörigen Teile müssen so leicht als möglich ausgebildet werden. Der Kettenwagen ist in dieser Beziehung dem Kardanwagen gegenüber wesentlich im Vorteil. Sodann müssen alle das Anheben hindernden Kräfte vermieden oder wenigstens gering gehalten werden. Es wurde bereits darauf hingewiesen, welch wichtige Rolle hierbei die zweckmäßige Ausbildung der Federn und Federanordnungen sowie der Kraftübertragung spielt. Es sei daran erinnert, daß durch Klemmungen insbesondere beim Schiefstellen der Achse nicht nur die Kräfte am Reifen beim Anheben der Räder erhöht werden, sondern daß auch beträchtliche Seitenbeanspruchungen der Reifen auftreten. Außer den Federn und den Teilen der Kraftübertragung sind es vor allem aber unzweckmäßige Dämpferapparate, die die Bereifung überanspruchen. Die Steigerung der Anhebkräfte durch derartige Apparate kann, wie gezeigt wurde, von beträchtlicher Größe sein.

Außer durch die Anhebkräfte werden die Reifen vor allem durch diejenigen Kräfte beansprucht, die auftreten, wenn die Räder nach Überwindung des Hindernisses auf den Boden zurückprallen. Von besonderem Interesse waren daher die Untersuchungen über die Mittel, diese Kräfte gering zu halten. Die Aufprallkräfte sind bisher völlig unterschätzt worden. Sie betragen nach den Versuchen ein Vielfaches des normalen Raddruckes und sind um so bedenklicher, da sie sich nicht, wie dies bei den Anhebkräften der Fall ist, durch Verminderung der Fahrgeschwindigkeit des Wagens gering halten lassen. Sie behalten auch bei geringer Fahrgeschwindigkeit eine für das Reifenmaterial gefährliche Höhe, da sie nur von der Fallhöhe des Rades abhängen, und diese sich, wie gezeigt worden ist, mit Abnahme der Fahrgeschwindigkeit vergrößert und nicht vermindert. Jedem Anheben entspricht überdies ein mehrmaliges Aufprallen. Da es nur als Zufall bezeichnet werden muß, wenn die Fahrbahn an den Stellen, auf die die Räder aufprallen, keine scharfen und gefährlichen Unebenheiten besitzt, so werden auch durch die Aufpralldrücke häufig Verletzungen der Reifen eintreten. Die Versuche haben gezeigt, daß Mittel vorhanden sind, um diese Kräfte erheblich zu vermindern. Die Reifen können auf diese Weise beträchtlich geschont werden. Dabei ist es als besonders günstiger Umstand zu bezeichnen, daß durch die Verminderung der Aufprallkräfte gleichzeitig eine wesentliche Beruhigung der Rahmenschwingung erzielt werden kann.

Nach den Versuchen darf gesagt werden, daß bei Anwendung einer mäßigen Luftschlauchinnenpressung, eines geeigneten Dämpfers, einer zweckmäßigen Federanordnung und einer leichten Wagenachse die Beanspruchung der Reifen wesentlich herabgemindert ist, daß also die durchschnittliche Lebensdauer der Reifen bei Benutzung eines zweckmäßig gebauten und zweckmäßig ausgerüsteten Kraftwagens bedeutend erhöht sein wird. Dabei stehen der Anwendung dieser Mittel zur Erhöhung der Lebensdauer der Reifen praktische Schwierigkeiten nicht entgegen. Es genügt vielmehr, auf die Hilfsmittel durch die Versuchsführung hingewiesen zu haben.

Von besonderem Interesse ist die Feststellung, daß die Räder während eines Schwingungsvorganges, hervorgerufen durch die Unebenheit der Fahrbahn, mehrmals vom Boden abschwingen. Sie verlieren die Berührung mit dem Boden, und es gibt kein Mittel, um dieses Abschwingen zu verhindern. Die Massenbeschleunigung, die der Achse erteilt wird, ist so groß, daß die Räder infolge ihrer kinetischen Energie im allgemeinen höher springen als die Hindernishöhe beträgt.

Dieses Abschwingen*) ist zwar an und für sich für die Bereifung schädlich, es ist jedoch nicht allzu bedenklich, denn die halbe Schwingungszeit der Achse, im Mittel etwa $^1/_{20}$ Sekunde, ist so klein, daß in diesem Zeitraum eine wesentliche Steigerung der Umdrehungszahl der Wagenräder nicht eintreten kann. Wenn aber die Wagenräder keine nennenswerte Beschleunigung erfahren, so kann auch ein unvermitteltes Verzögern und Gleiten der Räder beim Wiederauftreffen auf die Fahrbahn nicht stattfinden. Es war wichtig, festzustellen, daß durch Veränderung der die Schwingungsvorgänge beeinflussenden Größen, insbesondere auch durch die Schwingungsdämpfer verschiedenen Systems, an der Tatsache des Abschwingens vom Boden nichts geändert werden kann. Diese Feststellung steht im vollen Einklang mit der weiteren wichtigen Beobachtung, daß die Schwingungszeiten von Achse und Rahmen durch die Verwendung von Dämpferapparaten nicht verändert werden.

Da die günstige Wirkung des Luftreifens vornehmlich darauf beruht, daß er das Hindernis beim Wachsen der Fahrgeschwindigkeit und beim Ansteigen des Druckes zwischen Hindernis und Reifen mehr und mehr in sich einbettet und so unter allen Umständen bewirkt, daß die Vertikalbeschleunigungen der Achse allzu hohe Werte nicht annehmen, besitzt der Vollgummireifen diese Eigenschaft nicht. Beginnt ein Hindernis in den Vollgummireifen sich einzudrücken, so werden diesem Eindrücken anfangs verhältnismäßig geringe Kräfte entgegengesetzt. Der Reifen erscheint ziemlich weich. Ist aber das Hindernis bis zu einer gewissen, recht geringen Tiefe in den Reifen eingedrückt, so läßt sich diese Eindrucktiefe nur noch um sehr geringe Beträge steigern, wie hoch auch die Kräfte anwachsen. Es entstehen große Vertikalbeschleunigungen der Achse, denen große Drücke zwischen Hindernis und Radreifen entsprechen. Die Versuche haben die außerordentlich große Steigerung der Bodendrücke und der Schwingungsbewegungen gezeigt. Bei der großen kinetischen Energie der emporgeschleuderten Achse müssen sehr kräftige Federn angewendet werden, um das Anschlagen der Achse an den Rahmen zu verhindern. Es müssen schwere Räder und eine schwere Achse angewendet werden, damit diese den Bean-

*) Die Eindrückungen, die die Reifen bei normaler Größe des Raddruckes (600 kg) und normaler Luftschlauchinnenpressung (7 Atm.) erfahren, betragen nach den Diagrammen der Figur 45 und der folgenden Figuren rund 10 mm. Es bedeutet daher ein jedes Ausschwingen des Rades um mehr als diesen Betrag nach aufwärts ein Abschwingen des Radreifens von der Fahrbahn.

spruchungen durch die großen Kräfte genügen; die schwingende Masse wird außerordentlich groß.

Der Vollgummireifen ist nicht imstande, den Luftreifen zu ersetzen, er wird dort notwendig, wo durch zu große Raddrücke die Verwendung von Luftreifen sich von vornherein verbietet. Immerhin wäre es möglich, die starken Schwingungsbewegungen des Wagenoberbaues, die der Vollgummireifen hervorzurufen sucht, mit Hilfe von wirksamen Dämpferapparaten der beschriebenen Art hintan zu halten. Es dürfte möglich sein, durch dieses Mittel dem Vollgummireifen auch auf leichteren Wagen ein wenn auch beschränktes Anwendungsgebiet zu eröffnen.

Ein Vorteil des Vollgummireifens ist sein geringer Leistungsverbrauch; er ist in dieser Beziehung dem Luftreifen bedeutend überlegen. Seine Überlegenheit ist jedoch eine bedingte. Läuft ein mit Vollgummibereifung ausgestatteter Wagen auf stark unebener Fahrbahn, so sind infolge der heftigen Schwingungsbewegungen der Achse und des Rahmens die vom Antriebsmotor aufzuwendenden Hebarbeiten so groß, daß die an den Hinterrädern zum Vortrieb des Wagens verfügbare Leistung, wie die Versuche mit verschiedenen stark aufgepumpten Luftreifen Seite 55 gezeigt haben, erheblich herabgemindert ist. Diese Verminderung kann so groß sein, daß der Vorteil der geringeren Walkarbeit in den Vollgummireifen mehr als aufgezehrt wird.

Die Versuche zeigen gleichzeitig, welchen Bedingungen federnde Räder genügen müssen, wenn sie imstande sein sollen, den Luftreifen oder den Vollgummireifen zu ersetzen. Sie müssen an jeder beliebigen Stelle ihres Umfanges Hindernisse unter der Wirkung der mit wachsender Fahrgeschwindigkeit ansteigenden Bodendrücke zum wenigsten in der gleichen Weise in sich aufnehmen können, wie dies beim Vollgummireifen möglich ist. Entweder muß sich der Radumfang einbiegen oder es muß der Radumfang in leichter Weise Relativbewegungen zur Radachse ausführen können. Dabei muß die Masse der Teile des Rades, die vor dem Hindernis ausschwingen, außerordentlich klein sein; diese Masse ist für den Luft- und Vollgummireifen sehr gering, denn hier sind es nur die Gummiteilchen in der direkten Umgebung des Hindernisses, die vor dem Hindernis zurückweichen. Erst später beginnt die Rad- und Achsmasse und hierauf auch die Rahmenmasse an den Schwingungen teilzunehmen.

Die federnden Teile des Rades müssen überdies außerordentlich großen Kräften standhalten. Die Figuren 99 und 100 zeigten die außerordentliche Höhe der Drücke beim Vollgummireifen. Die Drücke werden bei einem federnden Rad von großem Gewicht und geringer Weichheit die gleichen oder noch höhere Werte annehmen. Das Gewicht der federnden Räder wird aber ein sehr großes, denn die federnden Organe der Räder und ihre Befestigungen müssen wegen der außerordentlichen Größe der Kräfte sehr stark und schwer gehalten werden. Bereits Figur 60 zeigte, daß der Radumfang wesentlich größere Festigkeit besitzen und wesentlich größeren Kräften standhalten muß als die Wagenfedern selbst. Es ist zwar leicht möglich, hinreichend widerstandsfähige Wagenfedern zu konstruieren, denn es steht für ihre kräftige Ausbildung verhältnismäßig viel Raum zur Verfügung. sodaß sie eine große Baulänge aufweisen können; viel ungünstiger liegen die Verhältnisse für die Ausbildung der federnden Teile am Radumfang. Hier muß an allen Stellen des Umfanges die gleiche Federung gesichert sein, es müssen daher sehr viele und sehr kräftige Federn am Radumfang untergebracht werden. Dies ist aber, wenn das Rad nicht zu schwer werden soll, eine nahezu unlösbare, konstruktive Aufgabe. Es kommt hinzu, daß der federnde Radumfang nicht nur vertikalen Bodendrücken standzuhalten hat, sondern daß er auch den tangentialen und vor allem auch den außerordentlich großen seitlichen Beanspruchungen gewachsen sein muß, die beim Kurvenfahren auftreten.

Sehr wenige der konstruierten, federnden Räder entsprechen diesen Anforderungen. Bereits eine Untersuchung der Räder nach der durch Figur 44 dargestellten Methode dürfte für viele der bisher bekannt gewordenen Ausführungen den Nachweis erbringen, daß sie für den praktischen Fahrbetrieb durchaus ungeeignet sind. Die Prüfung müßte eine ähnliche Kraft-Durchbiegungskurve für jede Stelle des Umfanges ergeben, wie sie nach den Figuren 45 bis 57 für die Luft- und Vollgummireifen ermittelt worden sind. Die Prüfung müßte dabei zum mindesten bis zu den außerordentlich hohen Kräften durchgeführt werden, die bei Vollgummireifen auftreten.

Ein nahezu vollständiges Urteil über die Brauchbarkeit der federnden Räder ließe sich auf den Versuchsstand nach Figur 6 gewinnen. Sowohl die Weichheit wie auch die Widerstandsfähigkeit der Räder läßt sich ermitteln und es können derartige Prüfungen die Unterlagen für die Konstruktion brauchbarer Räder erbringen. Allerdings darf nicht verkannt werden, daß nach den Versuchen mit Vollgummireifen wenig Aussicht besteht, ein wirklich brauchbares federndes Rad zu schaffen.

Die Untersuchungen ergeben fernerhin eine sichere Grundlage um die Vor- und Nachteile der Kardan- und Kettenwagen gegeneinander abzuwägen. Es hat sich gezeigt, daß der Kardanwagen inbezug auf die Leistungsausnutzung dem Kettenwagen überlegen ist, daß aber die Verhältnisse für die Abfederung und Stoßmilderung beim Kettenwagen günstiger liegen.

Für die Volleistung des Antriebmotors ergab sich beim direkten Schaltgang und einer Fahrgeschwindigkeit von 60 km pro Std. unter Gleichhaltung aller veränderlichen und einflußreichen Größen ein Gesamtwirkungsgrad der Kraftübertragung ausschließlich der Bereifung von 93,3 % für den Kardanwagen, ein Wirkungsgrad von 92,3 % für den Kettenwagen; der Wirkungsgrad des Kardanwagens zeigte sich also um 1 % höher als der des Kettenwagens, ein Unterschied, der sich bei Verschmutzung oder bei starker Abnutzung der Kettenglieder noch um etwas erhöhen dürfte. Ebenso zeigte sich, daß die Leistungsausnutzung des Kettenwagens bei Lauf der Wagenräder über starke Unebenheiten in etwas höherem Maße verschlechtert wird, als dies beim Kardanwagen der Fall ist.

Inbezug auf die Stoßmilderung liegen die Verhältnisse am Kettenwagen günstiger. Der Kettenwagen besitzt eine wesentlich leichtere Achse; die Achse mit den an ihr befestigten, vom Rahmen nicht getragenen Bauteilen des Kraftfahrzeuges hat ein Gewicht von 180 kg, während das Gewicht der entsprechenden Teile am Kardanwagen 250 kg beträgt. Wenn auch durch Anwendung gepreßter Achsgehäuse für den Kardanwagen oder durch besondere konstruktive Ausbildung der Kraftübertragung — es ist beispielsweise versucht worden, das Differentialgetriebe auch beim Kardanwagen nach dem Getriebekasten zu verlegen — eine Erleichterung der Kardanachse erzielt werden kann, so ist es doch nicht möglich, das Gewicht der Kardanachse bis auf das der Kettenachse zu ermäßigen.

Es zeigte sich ferner, daß die Eigendämpfung des Kettenwagens kleiner ist, trotzdem die Federn des Kettenwagens an sich eine größere Dämpfung aufweisen als die Federn des Kardanuntergestells. Es wird also möglich sein, die Eigendämpfung des Kettenwagens besonders klein zu halten und die gesamte Dämpfungswirkung in noch vollkommenerem Maße, als dies beim Kardanwagen geschehen kann, einem besonderen, in zweckmäßiger Weise arbeitenden Dämpferapparat zu übertragen.

Infolge dieser Sachlage entstehen beim Kettenwagen wesentlich geringere Anheb- und wesentlich geringere Aufprallkräfte an den Rädern und der Radbereifung. Die Bereifung wird am Kettenwagen weniger beansprucht. Die schwingenden Massen des Kettenwagens sind kleiner, die Schwingungszeiten sind geringer und es können die Schwingungen durch die gleiche Wirkung der Dämpferapparate daher schneller zum Ausklingen gebracht werden. Die Unterschiede sind besonders groß für das einseitige Anheben der Achse. Es wurde gezeigt, daß gerade dies seitliche Anheben die größten Reifenbeanspruchungen ergibt.

Es empfiehlt sich daher, den Kardanantrieb in erster Linie für kleinere und mittlere Wagen anzuwenden, große und starke Wagen jedoch nur dann mit diesem Antrieb auszurüsten, wenn die Wagen vornehmlich auf guten, ebenen Straßen zu fahren haben. Dagegen müssen große, mit kräftigen Motoren versehene Wagen, die sich mit großen Geschwindigkeiten auf stark unebenen Fahrbahnen bewegen müssen, also die starken Tourenwagen, mit dem Kettenantrieb ausgestattet werden. Diese Regel wird nur von wenigen Fahrzeugfabrikanten eingehalten, denn im allgemeinen werden auch die größten Wagentypen mit Kardanantrieb ausgerüstet. Dies ist ein Zugeständnis an die Wünsche der Abnehmer; diese verlangen in erster Linie einen ruhig laufenden Kraftwagen, selbst auf die Gefahr hin, einen größeren Reifenverbrauch mit in Kauf nehmen zu müssen.

Durch die Versuche sind die Unterschiede, die zwischen dem Kardan- und Kettenantrieb bestehen, ermittelt und durch sichere Meßwerte zum Ausdruck gebracht worden, als dies bisher möglich gewesen ist.

Rosenthal & Co., Berlin NW., Alt Moabit 105.

Bei Fragen zur Produktsicherheit wenden Sie sich bitte an:
If you have any questions regarding product safety,
please contact:

Walter de Gruyter GmbH
Genthiner Straße 13
10785 Berlin
productsafety@degruyterbrill.com